Formelsammlung Mathematik

Gymnasium Bayern

Formeln
Erklärungen
Beispiele

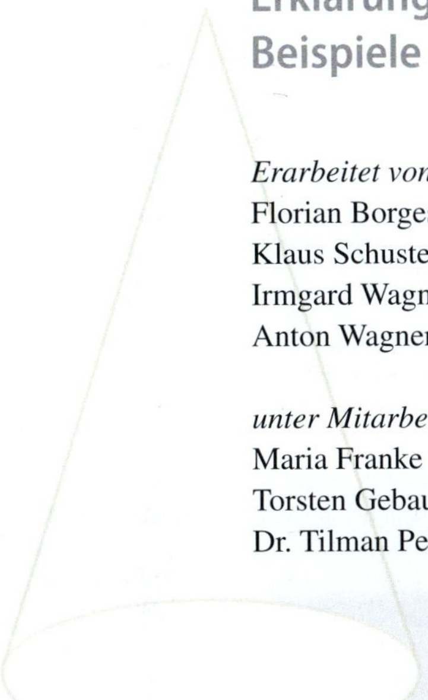

Erarbeitet von
Florian Borges, Traunstein
Klaus Schuster, Würzburg
Irmgard Wagner, Mühldorf
Anton Wagner, Mühldorf

unter Mitarbeit von
Maria Franke
Torsten Gebauer
Dr. Tilman Pehle

Cornelsen

Erarbeitet von: Florian Borges, Maria Franke, Torsten Gebauer, Dr. Tilman Pehle, Klaus Schuster, Anton Wagner, Irmgard Wagner

Redaktion: Dr. Tilman Pehle

Umschlaggestaltung: Hans Herschelmann

Layout und Technische Umsetzung: CMS – Cross Media Solutions GmbH

www.cornelsen.de

1. Auflage, 1. Druck 2010

Alle Drucke dieser Auflage sind inhaltlich unverändert
und können im Unterricht nebeneinander verwendet werden.

Druck: CS-Druck CornelsenStürtz, Berlin

ISBN 978-3-464-54221-7

Inhalt gedruckt auf säurefreiem Papier aus nachhaltiger Forstwirtschaft.

Liebe Schülerin, lieber Schüler,

diese Formelsammlung dient nicht nur zum Nachschlagen wichtiger Formeln und Sätze; sie enthält auch zahlreiche Beispielaufgaben und Erläuterungen, die helfen, den Stoff des Mathematikunterrichts bis zum Abitur besser zu verstehen und sicher anwenden zu können.
Um die Übersichtlichkeit zu gewährleisten, wurden die Inhalte systematisch nach Themengebieten geordnet.

Im ersten Teil (bis Seite 163) stellt die Formelsammlung die Themen dar, die im Unterricht nach dem aktuellen Lehrplan verpflichtend behandelt werden. Innerhalb der vier Themenbereiche „Zahlen“, „Funktionen“, „Geometrie“ und „Stochastik“ wurden die verschiedenen mathematischen Gegenstände möglichst in der Reihenfolge angeordnet, in der sie im Unterricht – nach und nach von Jahrgangsstufe 5 bis 12 – besprochen werden. Neben Formeln, Definitionen und Sätzen finden sich Beispiele, Hinweise und auch längere erklärende Texte, in denen grundlegende Aufgaben bzw. typische Anwendungen aus dem Unterricht oder aus Prüfungen erläutert werden.
Die Formelsammlung bietet somit im ersten Teil die Möglichkeit, sich einen Überblick über den wesentlichen Lernstoff zu verschaffen, und diesen beispielsweise als Vorbereitung auf Prüfungen gezielt zu wiederholen und zu vertiefen.

Der zweite, wesentlich kürzere Teil enthält Ergänzungen und Vertiefungen des für das Abitur relevanten Schulstoffes. Einige der hier angebotenen Inhalte werden unter Umständen auch im regulären Unterricht behandelt; sie gehören aber nicht zum verbindlich vorgeschriebenen Pflichtstoff. Anderes aus diesem Teil kann für unterschiedliche Seminarfächer, Arbeitsgemeinschaften oder ein späteres technisches Studium interessant sein.

Der besondere Aufbau der Formelsammlung bedingt, dass manchmal Inhalte, die eigentlich eng zusammengehören, an verschiedenen Stellen auftauchen, oder dass derselbe Gegenstand an mehreren Stellen zu finden ist. In diesen Fällen wurden Querverweise eingefügt.
Besonders wichtig ist in diesem Zusammenhang das ausführliche Sachregister. Wann immer nach einem bestimmten Sachverhalt gesucht wird, sollte es zu Rate gezogen werden.

Inhaltsverzeichnis

Ergänzungen und Vertiefungen

Zahlenbereiche

Überblick

Natürliche Zahlen
$\mathbb{N} = \{1, 2, 3, 4, \dots\}$ ist die **Menge der natürlichen Zahlen**.
$\mathbb{N}_0 = \{0, 1, 2, 3, 4, \dots\}$ ist die **Menge der natürlichen Zahlen mit Null**.

Ganze Zahlen
$\mathbb{Z} = \{\dots, -3, -2, -1, 0, 1, 2, 3, \dots\}$ ist die **Menge der ganzen Zahlen**.

Die Menge der ganzen Zahlen enthält die positiven ganzen Zahlen $\mathbb{Z}^+ = \mathbb{N}$, die Zahl Null und alle **Gegenzahlen** natürlicher Zahlen ($\mathbb{Z}^-$).

Rationale Zahlen
$\mathbb{Q} = \left\{\frac{p}{q} \middle| p \in \mathbb{Z}, q \in \mathbb{N}\right\}$ bezeichnet man als **Menge der rationalen Zahlen**.

Jede rationale Zahl kann als eine endliche oder als eine periodische Dezimalzahl dargestellt werden.

Umgekehrt kann man jede endliche bzw. jede periodische Dezimalzahl in einen Bruch verwandeln.

Reelle Zahlen
Die **Menge $\mathbb{R}$ der reellen Zahlen** enthält alle rationalen und alle irrationalen Zahlen.
Irrationale Zahlen sind nicht-endliche, nicht-periodische Dezimalzahlen.

Zu jeder reellen Zahl gibt es beliebig genaue rationale Näherungswerte.
(⇒ Intervallschachtelung, S. 167)

Es gilt:
$\mathbb{N} \subset \mathbb{N}_0 \subset \mathbb{Z} \subset \mathbb{Q} \subset \mathbb{R}$

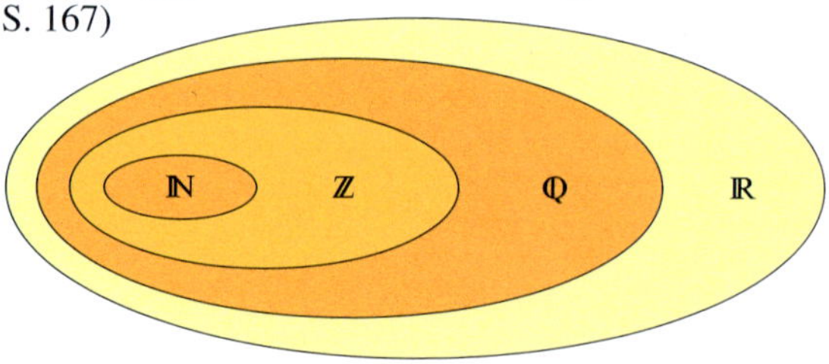

Siehe auch: Ergänzungen und Vertiefungen: ⇒ Zahlenbereiche (S. 165), ⇒ Komplexe Zahlen (S. 168), ⇒ Algebraische Strukturen (S. 170)

Beispiele

(1) **Beispiele für rationale Zahlen**

Bruchdarstellung einer ganzen Zahl: $-5 = -\frac{5}{1} = \frac{-15}{3} = \frac{20}{-4}$

endliche Dezimalzahl: $14{,}236794 = 14\frac{236\,794}{1\,000\,000}$

periodische Dezimalzahl: $0{,}\overline{3} = \frac{1}{3}$; $\frac{3}{22} = 0{,}1\overline{36}$

(2) **Beispiele für irrationale Zahlen**

$0{,}500\,500\,050\,000\,5\ldots$; $\pi = 3{,}14\ldots$; $\sqrt{2} = 1{,}414\ldots$

Jeder reellen Zahl entspricht genau ein Punkt auf der **Zahlengeraden**.

Der **Betrag** $|a|$ einer Zahl a bedeutet anschaulich ihren Abstand auf der Zahlengeraden von der Null. Er ist nie negativ und nur für Null gilt: $|0| = 0$.
Eine Zahl a und ihre Gegenzahl $-a$ haben den gleichen Betrag und liegen auf der Zahlengeraden symmetrisch zum Nullpunkt. Für *positives a* gehört zu den drei Symbolen a, $|a|$ und $|-a|$ derselbe Punkt auf der Zahlengeraden.

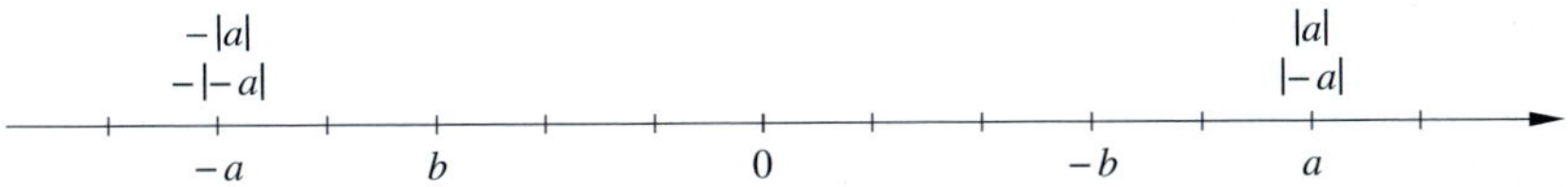

Vergleichen und Ordnen

Von zwei reellen Zahlen a und b liegt die größere auf der Zahlengeraden weiter rechts. Sind beide Zahlen negativ, so ist die Zahl mit dem kleineren *Betrag* die größere. Von zwei Dezimalzahlen kann die größere durch Vergleich der Ziffern von links nach rechts ermittelt werden.

Beispiele

(1) Die Zahlen 0,067 596 8 und 0,067 589 9 unterscheiden sich zuerst in der fünften Nachkommastelle. Da $9 > 8$ ist, ist $0{,}067\,596\,8 > 0{,}067\,589\,9$.

(2) Die Zahlen $-0{,}1473$ und $-0{,}1472$ unterscheiden sich nur in der vierten Nachkommastelle. Wegen $2 < 3$ ist $-0{,}1473 < -0{,}1472$.

Teilbarkeit und Primzahlen

Für *natürliche Zahlen* a und b ist ***b*** **ein Teiler von** ***a*****,** wenn gilt:
$a = n \cdot b$ mit $n \in \mathbb{N}$.
Man schreibt in diesem Fall: $b \mid a$

Teilbarkeitsregeln

n	Bedingung für die Teilbarkeit durch *n*
2	Die Zahl ist gerade.
3	Die **Quersumme** (Summe der Ziffern) der Zahl ist durch 3 teilbar.
4	Die letzten beiden Ziffern der Zahl bilden eine durch 4 teilbare Zahl.
5	Die Einerstelle der Zahl ist 0 oder 5.
6	Die Zahl ist gerade und durch 3 teilbar.
8	Die letzten drei Ziffern der Zahl bilden eine durch 8 teilbare Zahl.
9	Die Quersumme der Zahl ist durch 9 teilbar.
10	Die Einerstelle der Zahl ist 0.

Das **kleinste gemeinsame Vielfache (kgV)** von natürlichen Zahlen ist die kleinste natürliche Zahl, die alle beteiligten Zahlen als Teiler besitzt.
Der **größte gemeinsame Teiler (ggT)** von natürlichen Zahlen ist die größte natürliche Zahl, die alle beteiligten Zahlen als Vielfache besitzt.

Natürliche Zahlen, die nur 1 und sich selbst als Teiler haben, bezeichnet man als **Primzahlen**.
Jede natürliche Zahl besitzt eine eindeutige **Primfaktorzerlegung**, die man meist unter Verwendung der Potenzschreibweise angibt.

Beispiele

(1) Das kleinste gemeinsame Vielfache von 28 und 72 ist 504, denn
$28 = 2^2 \cdot 7$ und $72 = 2^3 \cdot 3^2$; deshalb ist $\text{kgV}(28{,}72) = 2^2 \cdot 7 \cdot 2 \cdot 3^2 = 504$.

(2) Der größte gemeinsame Teiler von 28 und 72 ist 4, denn das Produkt aller gemeinsamen Primfaktoren von 28 und 72 ist $2^2 = 4$.

(3) Die Primfaktorzerlegung von 720 ist
$720 = 10 \cdot 8 \cdot 9 = 2 \cdot 5 \cdot 2 \cdot 2 \cdot 2 \cdot 3 \cdot 3 = 2^4 \cdot 3^2 \cdot 5$.

Siehe auch: ⇒ Besondere Zahlen, S. 12

Rechenoperationen und Rechengesetze

Grundrechenarten

Addition	Einen Term der Form $\boldsymbol{a+b}$ nennt man **Summe.** a und b heißen **Summanden.**
Subtraktion	Einen Term der Form $\boldsymbol{a-b}$ nennt man **Differenz.** a heißt **Minuend,** b heißt **Subtrahend.**
Multiplikation	Einen Term der Form $\boldsymbol{a \cdot b}$ nennt man **Produkt.** a und b heißen **Faktoren.**
Division	Einen Term der Form $\boldsymbol{a : b}$ nennt man **Quotient.** a heißt **Dividend,** b heißt **Divisor.**

Regeln für die Umkehroperationen von Addition und Multiplikation

- Man kann eine Zahl a *subtrahieren,* indem man ihre Gegenzahl $-a$ addiert.
- Man kann durch eine Zahl $a \neq 0$ *dividieren,* indem man mit ihrem Kehrwert $\frac{1}{a}$ multipliziert.

Assoziativgesetz der Addition und der Multiplikation

In einer Summe oder einem Produkt darf man beliebig Klammern setzen oder weglassen, ohne dass sich der Wert der Summe bzw. des Produkts ändert.

$(a+b)+c=a+(b+c)=a+b+c$ $\quad$ $(a \cdot b) \cdot c=a \cdot (b \cdot c)=a \cdot b \cdot c$

Kommutativgesetz der Addition und der Multiplikation

In Summen und in Produkten darf man die Reihenfolge der Summanden bzw. Faktoren ändern, ohne dass sich der Wert der Summe bzw. des Produkts ändert.

$a+b=b+a$ $\quad$ $a \cdot b=b \cdot a$

Assoziativ- und Kommutativgesetz gelten nicht für Subtraktion und Division!

Distributivgesetz

Eine Summe wird mit einer Zahl multipliziert, indem man jeden Summanden mit der Zahl multipliziert und die Teilprodukte addiert.

$(a+b) \cdot c=a \cdot c+b \cdot c$ bzw. $a \cdot (b+c)=a \cdot b+a \cdot c$

Aus dem Distributivgesetz ergeben sich noch folgende weitere Regeln:

$\boldsymbol{(a-b) \cdot c=a \cdot c-b \cdot c}$ $\quad$ $\boldsymbol{a \cdot (b-c)=a \cdot b-a \cdot c}$

$\boldsymbol{(a+b) : c=a : c+b : c}$ $\quad$ $\boldsymbol{(a-b) : c=a : c-b : c}$

Siehe auch: ⇒ Potenzgesetze, S. 23; ⇒ Algebraische Strukturen, S. 170

Allgemeine Rechenregeln

Vorrangregeln
- **Klammern** und **Potenzen** werden **zuerst** bearbeitet.
- **„Punkt vor Strich": Punktrechnung** (Multiplikation, Division) wird **vor Strichrechnung** (Addition, Subtraktion) ausgeführt.
- Rechenoperationen gleicher Art werden **von links nach rechts** ausgeführt.

Beispiel
$8 \cdot (4{,}5 - 3) - (7 - 5)^3 + 3^2 : 2 = 8 \cdot 1{,}5 - 2^3 + 9 : 2 = 12 - 8 + 4{,}5 = 8{,}5$

Vorzeichenregeln

Addition
- Zwei Zahlen mit gleichen Vorzeichen werden addiert, indem man ihre Beträge addiert. Das Ergebnis erhält das gemeinsame Vorzeichen der Summanden.
- Zwei Zahlen mit verschiedenen Vorzeichen werden addiert, indem man den kleineren Betrag vom größeren Betrag subtrahiert. Das Ergebnis erhält das Vorzeichen des Summanden mit dem größeren Betrag.

Multiplikation/Division
- Zwei Zahlen werden multipliziert (dividiert), indem man ihre Beträge multipliziert (dividiert). Das Ergebnis erhält ein positives Vorzeichen, wenn beide Zahlen das gleiche Vorzeichen haben, andernfalls ein negatives Vorzeichen.

„+" · „+" = „+"
„+" · „–" = „–"
„–" · „+" = „–"
„–" · „–" = „+"

Beispiele

$-1{,}2 + (-4) = -(1{,}2 + 4) = -5{,}2$ $-3{,}3 + 2 = -(3{,}3 - 2) = -1{,}3$

$-15 : (-5) = 3$ $3 \cdot (-4) = -12$ $-1{,}5 \cdot (-2) = 3$ $-2{,}4 : 2 = -1{,}2$

Rundungsregeln
- Folgt der Rundungsstelle eine 0, 1, 2, 3 oder 4, wird **abgerundet**. Die Ziffer an der Rundungsstelle bleibt unverändert.
- Folgt der Rundungsstelle eine 5, 6, 7, 8 oder 9, wird **aufgerundet**. Die Ziffer an der Rundungsstelle wird um 1 erhöht.
- Endnullen dürfen nicht weggelassen werden.

Beispiele
Runden auf Tausender:
$6143 \approx 6 \cdot 10^3 = 6000$

Runden auf Hundertstel:
$0{,}6991 \approx 0{,}70$

Rechnen mit Brüchen

Erweitern/Kürzen

Man erweitert einen Bruch, indem man Zähler und Nenner mit derselben von null verschiedenen Zahl multipliziert.

$$\frac{a}{b} = \frac{a \cdot c}{b \cdot c} \quad (c \neq 0)$$

Man kürzt einen Bruch, indem man Zähler und Nenner durch dieselbe von null verschiedene Zahl dividiert.

$$\frac{a}{b} = \frac{a : c}{b : c} \quad (c \neq 0)$$

Beim Erweitern und Kürzen ändert sich der Wert eines Bruches nicht.

Addition/Subtraktion

Brüche mit gleichem Nenner werden addiert bzw. subtrahiert, indem man die Summe bzw. die Differenz der Zähler durch den gemeinsamen Nenner dividiert.

$$\frac{a}{c} + \frac{b}{c} = \frac{a+b}{c} \qquad \frac{a}{c} - \frac{b}{c} = \frac{a-b}{c}$$

Brüche mit verschiedenen Nennern müssen vor dem Addieren bzw. Subtrahieren durch Erweitern oder Kürzen auf einen gemeinsamen Nenner (z. B. auf den **Hauptnenner** als kgV der einzelnen Nenner) gebracht werden.

Multiplikation/Division

Brüche werden multipliziert, indem man (evtl. nach Kürzen) das Produkt der Zähler durch das Produkt der Nenner dividiert.

$$\frac{a}{b} \cdot \frac{c}{d} = \frac{a \cdot c}{b \cdot d}$$

Brüche werden dividiert, indem man den Dividenden mit dem Kehrwert des Divisors multipliziert.

$$\frac{a}{b} : \frac{c}{d} = \frac{a}{b} \cdot \frac{d}{c} = \frac{a \cdot d}{b \cdot c}$$

Beispiele

Erweitern: $\frac{4}{5} = \frac{4 \cdot 3}{5 \cdot 3} = \frac{12}{15}$ Kürzen: $\frac{-6}{18} = \frac{-6 : 6}{18 : 6} = -\frac{1}{3}$

Addition: $\frac{3}{7} + \frac{2}{7} = \frac{3+2}{7} = \frac{5}{7}$ Subtraktion: $\frac{5}{6} - \frac{3}{4} = \frac{10}{12} - \frac{9}{12} = \frac{10-9}{12} = \frac{1}{12}$

Multiplikation: $\frac{24}{35} \cdot \left(-\frac{7}{30}\right) = -\frac{24 \cdot 7}{35 \cdot 30} = -\frac{4 \cdot 1}{5 \cdot 5} = -\frac{4}{25}$

Division: $\frac{11}{63} : \frac{22}{35} = \frac{11}{63} \cdot \frac{35}{22} = \frac{11 \cdot 35}{63 \cdot 22} = \frac{1 \cdot 5}{9 \cdot 2} = \frac{5}{18}$

Besondere Zahlen

Quadratzahlen bis 25^2

$1^2 = 1$ $2^2 = 4$ $3^2 = 9$ $4^2 = 16$ $5^2 = 25$

$6^2 = 36$ $7^2 = 49$ $8^2 = 64$ $9^2 = 81$ $10^2 = 100$

$11^2 = 121$ $12^2 = 144$ $13^2 = 169$ $14^2 = 196$ $15^2 = 225$

$16^2 = 256$ $17^2 = 289$ $18^2 = 324$ $19^2 = 361$ $20^2 = 400$

$21^2 = 441$ $22^2 = 484$ $23^2 = 529$ $24^2 = 576$ $25^2 = 625$

Kubikzahlen bis 10^3

$1^3 = 1$ $2^3 = 8$ $3^3 = 27$ $4^3 = 64$ $5^3 = 125$

$6^3 = 216$ $7^3 = 343$ $8^3 = 512$ $9^3 = 729$ $10^3 = 1000$

Zweierpotenzen bis 2^{10}

$2^0 = 1$ $2^1 = 2$ $2^2 = 4$ $2^3 = 8$ $2^4 = 16$

$2^5 = 32$ $2^6 = 64$ $2^7 = 128$ $2^8 = 256$ $2^9 = 512$

$2^{10} = 1024$

Primzahlen bis 330

2	3	5	7	11	13	17	19	23	29	31
37	41	43	47	53	59	61	67	71	73	79
83	89	97	101	103	107	109	113	127	131	137
139	149	151	157	163	167	173	179	181	191	193
197	199	211	223	227	229	233	239	241	251	257
263	269	271	277	281	283	293	307	311	313	317

Kreiszahl π

$\pi = 3{,}141\,592\,653\,589\ldots$ (⇒ Reihen S. 176; ⇒ Grenzwerte, S. 174)

Die Kreiszahl π ist eine ⇒ irrationale Zahl. Sie gibt bei allen Kreisen das Verhältnis von Umfangslänge und Länge des Durchmessers an (⇒ Kreise, S. 107).

Eulersche Zahl e

$e = 2{,}718\,281\,828\,459\ldots$ (⇒ Grenzwerte; ⇒ Exponentialfunktionen, S. 51)

Die Eulersche Zahl e ist eine ⇒ irrationale Zahl (S. 6).

Einige irrationale Wurzeln

$\sqrt{2} = 1{,}414\,213\,562\,373\ldots$ $\sqrt{3} = 1{,}732\,050\,807\,568\ldots$

$\sqrt{5} = 2{,}236\,067\,977\,499\ldots$ $\sqrt{10} = 3{,}162\,277\,660\,168\ldots$

Größen

Notation von Größenangaben

Eine **Größenangabe** besteht aus **Maßzahl** und **Einheit**.

Wissenschaftliche Notation
Bei betragsmäßig sehr großen bzw. sehr kleinen Zahlen ist die Darstellung in der Form $a \cdot 10^n$ mit $1 \leq |a| < 10$; $n \in \mathbb{Z}$ sinnvoll (Gleitkommadarstellung).

Vorsätze von Einheiten

Bezeichnung	Tera	Giga	Mega	Kilo	Hekto	Deka
Zeichen	T	G	M	k	h	da
Vielfaches der Einheit	10^{12}	10^9	10^6	10^3	10^2	10

Bezeichnung	Dezi	Zenti	Milli	Mikro	Nano	Pico
Zeichen	d	c	m	µ	n	p
Vielfaches der Einheit	10^{-1}	10^{-2}	10^{-3}	10^{-6}	10^{-9}	10^{-12}

Beispiele

$72\,480\,000\,\text{km} = 7{,}248 \cdot 10^7\,\text{km}$

$0{,}000\,025\,\text{s} = 2{,}5 \cdot 10^{-5}\,\text{s} = 25\,\mu\text{s}$

Länge

Basiseinheit: 1 m (Meter)

Einheit	Symbol
Kilometer	km
Meter	m
Dezimeter	dm
Zentimeter	cm
Millimeter	mm

Umrechnung
1 km = 1000 m
1 m = 10 dm
1 dm = 10 cm
1 cm = 10 mm

$1\,\text{km} = 10^3\,\text{m} = 10^4\,\text{dm} = 10^5\,\text{cm} = 10^6\,\text{mm}$

Flächeninhalt

Basiseinheit: $1\,m^2$ (Quadratmeter)

$1\,m^2$ ist der Flächeninhalt eines Quadrats mit 1 m Seitenlänge.

Einheit	Symbol	Umrechnung
Quadratkilometer	km^2	$1\,km^2 = 100\,ha$
Hektar	ha	$1\,ha = 100\,a$
Ar	a	$1\,a = 100\,m^2$
Quadratmeter	m^2	$1\,m^2 = 100\,dm^2$
Quadratdezimeter	dm^2	$1\,dm^2 = 100\,cm^2$
Quadratzentimeter	cm^2	$1\,cm^2 = 100\,mm^2$
Quadratmillimeter	mm^2	

$1\,km^2 = 10^2\,ha = 10^4\,a = 10^6\,m^2 = 10^8\,dm^2 = 10^{10}\,cm^2 = 10^{12}\,mm^2$

Volumen

Basiseinheit: $1\,m^3$ (Kubikmeter)

$1\,m^3$ ist das Volumen eines Würfels mit 1 m Kantenlänge.

Einheit	Symbol	Umrechnung
Kubikmeter	m^3	$1\,m^3 = 1000\,dm^3$
Kubikdezimeter	dm^3	$1\,dm^3 = 1000\,cm^3$
Kubikzentimeter	cm^3	$1\,cm^3 = 1000\,mm^3$
Kubikmillimeter	mm^3	

$1\,m^3 = 10^3\,dm^3 = 10^6\,cm^3 = 10^9\,mm^3$

Gebräuchlich sind auch die folgenden **Hohlmaße**:

Einheit	Symbol	Umrechnung
Hektoliter	hl	1 hl = 100 l
Liter	l	1 l = 1000 ml
Milliliter	ml	

$1\,hl = 10^2\,l = 10^5\,ml$ $1\,l = 1\,dm^3$, $1\,ml = 1\,cm^3$

Masse

Basiseinheit: 1 kg (Kilogramm)

Einheit	Symbol	Umrechnung
Tonne	t	1 t = 1000 kg
Kilogramm	kg	1 kg = 1000 g
Gramm	g	1 g = 1000 mg
Milligramm	mg	

$1\,t = 10^3\,kg = 10^6\,g = 10^9\,mg$

Zeit

Basiseinheit: 1 s (Sekunde)

Einheit	Symbol	Umrechnung
Tag	d	1 d = 24 h
Stunde	h	1 h = 60 min
Minute	min	1 min = 60 s
Sekunde	s	

Man kann Zeitspannen mit gemischten Einheiten oder in *dezimaler Schreibweise* angeben.

Beispiele

(1) $3{,}2\,\text{min} = 3\,\text{min} + 0{,}2 \cdot 60\,\text{s} = 3\,\text{min}\ 12\,\text{s}$

(2) $3\,\text{min}\ 4\,\text{s} = \left(3 + \frac{4}{60}\right)\text{min} = 3\frac{1}{15}\,\text{min} \approx 3{,}07\,\text{min}$

Datenspeicherkapazität

Alle Einheiten sind Zweierpotenzen der **Basiseinheit 1 B (Byte).**

Einheit	Symbol	Umrechnung
Gigabyte	GB	$1\,GB = 2^{10}\,MB = 1024\,MB$
Megabyte	MB	$1\,MB = 2^{10}\,kB = 1024\,kB$
Kilobyte	kB	$1\,kB = 2^{10}\,B = 1024\,B$
Byte	B	$1\,B = 2^3\,b = 8\,Bit$

Näherungsweise gilt: $1\,GB \approx 10^3\,MB \approx 10^6\,kB \approx 10^9\,B$

Prozentrechnung

Grundbegriffe

- Der **Grundwert** *GW* ist das Ganze (100 %).
- Der **Prozentsatz** *PS* gibt einen Bruchteil in **Prozent** (Hundertstel) an.
- Der **Prozentwert** *PW* ist der zum Prozentsatz gehörige Anteil vom Ganzen.

$$1\,\% = \frac{1}{100} = 0{,}01$$

$$PW = PS \cdot GW$$

Prozentwert und Prozentsatz sind bei festem Grundwert zueinander
⇒ **direkt proportional** (S. 40).

Zur Darstellung von Prozentsätzen eignen sich **Kreisdiagramme** (1 % entspricht einem Winkel von 3,6°) und **Prozentstreifen**. (⇒ Diagramme, S. 38)

Beim Vergleich zweier Prozentsätze wird deren Differenz häufig in **Prozentpunkten** angegeben.

Beispiele

(1) 3 m (Prozentwert) sind 75 % (Prozentsatz) von 4 m (Grundwert).

(2) Notenspiegel:

1	2	3	4	5	6
2	4	8	6	3	1

Prozentstreifen

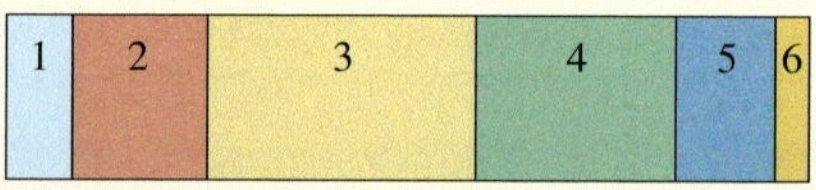

Kreisdiagramm

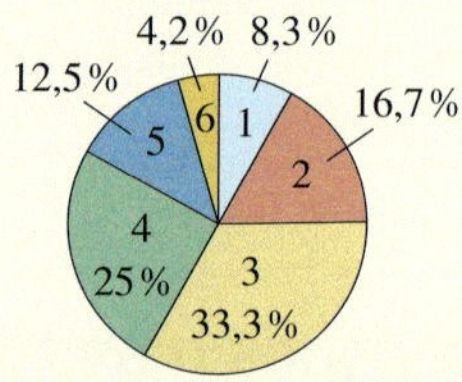

(3) Beträgt der Kinderanteil in zwei unterschiedlichen Personengruppen 10 % bzw. 8 %, so ist er in der einen Gruppe um 2 **Prozentpunkte** höher als in der anderen. Der Kinderanteil liegt in der ersten Gruppe dagegen um $\frac{2}{8} = 25\,\%$ höher als in der zweiten Gruppe.

Ein **Promille** (1 ‰) ist ein Tausendstel des Ganzen, das heißt

$$1\,‰ = \frac{1}{1000} = 0{,}1\,\%.$$

Grundaufgaben

Bei der Berechnung von Prozentwert *PW*, Prozentsatz *PS* oder Grundwert *GW* kann man mit Brüchen, mit der Formel oder mit ⇒ **Schlussrechnung** (S. 41) arbeiten.

Beispiele

(1) **Berechnung des Prozentwertes:** Wie viel sind 40 % von 20 m?

1. Rechnen mit Brüchen: $40\,\%$ von $20\,\text{m} = \frac{40}{100} \cdot 20\,\text{m} = 8\,\text{m}$
2. Formel: $\boldsymbol{PW = PS \cdot GW} = \frac{40}{100} \cdot 20\,\text{m} = 8\,\text{m}$
3. Schlussrechnung:

$$\begin{array}{rccccl} :100 & 100\,\% & \rightarrow & 20\,\text{m} & :100 \\ & 1\,\% & \rightarrow & 0{,}2\,\text{m} & \\ \cdot 40 & 40\,\% & \rightarrow & 8\,\text{m} & \cdot 40 \end{array}$$

(2) **Berechnung des Prozentsatzes:** Wie viel Prozent sind 12 min von 1 h?

1. Rechnen mit Brüchen: $\frac{12\,\text{min}}{60\,\text{min}} = \frac{1}{5} = 0{,}2 = 20\,\%$
2. Formel: $\boldsymbol{PS = \frac{PW}{GW}} = \frac{12\,\text{min}}{60\,\text{min}} = 0{,}2 = 20\,\%$
3. Schlussrechnung:

$$\begin{array}{rccccl} :60 & 60\,\text{min} & \rightarrow & 100\,\% & :60 \\ & 1\,\text{min} & \rightarrow & \frac{5}{3}\,\% & \\ \cdot 12 & 12\,\text{min} & \rightarrow & 20\,\% & \cdot 12 \end{array}$$

(3) **Berechnung des Grundwertes:** Welche Masse hat ein Elefantenbulle, wenn ein 20 % leichteres Weibchen 1,0 t wiegt?

1. Rechnen mit Brüchen: $\frac{80}{100}$ von $GW = 1{,}0\,\text{t} \Rightarrow GW = 1\,\text{t} : 0{,}8 = 1{,}25\,\text{t}$
2. Formel: $\boldsymbol{GW = \frac{PW}{PS}} = 1\,\text{t} : 0{,}8 = 1{,}25\,\text{t}$
3. Schlussrechnung:

$$\begin{array}{rccccl} :80 & 80\,\% & \rightarrow & 1\,\text{t} & :80 \\ & 1\,\% & \rightarrow & 0{,}0125\,\text{t} & \\ \cdot 100 & 100\,\% & \rightarrow & 1{,}25\,\text{t} & \cdot 100 \end{array}$$

Prozentuale Veränderungen

Bei mehreren aufeinander folgenden prozentualen Veränderungen dürfen die einzelnen Prozentsätze nicht addiert oder subtrahiert werden, da sie sich in einem solchen Fall auf unterschiedliche Grundwerte beziehen. Stattdessen können die Prozentsätze multipliziert werden.

Beispiele

(1) Der Preis einer Ware wird zunächst um 20%, dann um 10% erhöht. Dann ist der ursprüngliche Preis der Grundwert *GW*. Der neue Preis ist $GW \cdot 1{,}2 \cdot 1{,}1 = 1{,}32\,GW$. Die Gesamterhöhung beträgt 32%.

(2) Der Preis einer Ware wurde zunächst um 10% erhöht, anschließend jedoch wieder um 10% gesenkt. Der ursprüngliche Preis war höher als der Endpreis, denn dieser ist das $(1{,}1 \cdot 0{,}9 = 0{,}99)$-Fache des ursprünglichen Preises: Eine Preissenkung um 10% des höheren Preises ist größer als eine Erhöhung um 10% des niedrigeren Ausgangspreises.

Zinsrechnung

Die **Zinsrechnung** ist eine Anwendung der Prozentrechnung auf den Geldverkehr. Dabei entsprechen die Zinsen *Z* dem Prozentwert *PW*, das Kapitel *K* entspricht dem Grundwert *GW* und der Zinssatz *p* entspricht dem Prozentsatz *PS*.

$$\frac{Z}{K} = p$$

Zinssätze beziehen sich in der Regel auf ein Jahr, das zu 12 gleichen Monaten mit jeweils 30 Tagen gezählt wird.

Zinsen für *t* Tage bei einem jährlichen Zinssatz *p* sind $\mathbf{Z = p \cdot K \cdot \frac{t}{360}}$.

Zinseszinsen: Die jährlichen Zinsen werden dem Kapital zugeschlagen und im Folgejahr mitverzinst. (⇒ Wachstumsprozesse, S. 57)

Beispiel

Ein Anfangskapital von 1000€ bringt bei einem Zinssatz von 4% nach einem Jahr 40€ Zinsen, am Ende des zweiten Jahres mit Zinseszinsen 41,6€.
Soll das Kapital allerdings bereits nach einem Monat abgehoben werden, so erhält man nur (40 : 12)€ Zinsen. Man kann also über 1003,33€ verfügen.

Terme

Der Begriff „Term"

Sinnvolle Zusammenstellungen aus Zahlen, Variablen, Klammern und Rechenzeichen (Operationszeichen) bezeichnet man als **Terme.**
Multiplikationszeichen zwischen Zahlen und Variablen sowie zwischen Variablen und Variablen dürfen weggelassen werden.

Beispiele

Terme sind: $24 + 6$; y; $a(b-2)$ keine Terme sind: $2x = 4$; $y+$; $a \in \mathbb{R}$

Auswerten von Termen mit Variablen
Bei Termen mit Variablen gehört zu jeder Variablen eine **Definitionsmenge *D*,** die genau die Zahlen enthält, welche für die Variable eingesetzt werden dürfen. Setzt man für jede Variable eines Terms eine zulässige Zahl ein und berechnet den entstehenden Rechenausdruck, so erhält man den **Wert des Terms**.
Dabei müssen für gleiche Variablen die gleichen Zahlen eingesetzt werden.

Zwei Terme heißen **zueinander äquivalent**, wenn für jede mögliche Einsetzung aus D die Werte der beiden Terme übereinstimmen.

Beispiele

(1) $T(a;b) = a \cdot b - \sqrt{a}$; maximale Definitionsbereiche: $D_a = \mathbb{R}_0^+$, $D_b = \mathbb{R}$;
$T(4;3) = 4 \cdot 3 - \sqrt{4} = 10$

(2) Die Terme $T_1(a) = a$ $(a \in \mathbb{R})$ und $T_2(a) = \sqrt{a^2}$ $(a \in \mathbb{R})$ sind nicht zueinander äquivalent, weil z. B. $T_1(-1) = -1$ und $T_2(-1) = 1$ ist.

Bruchterme
Terme, bei denen im Nenner Variablen auftreten, nennt man **Bruchterme**.
Die zugehörigen Definitionsmengen sind so zu wählen, dass der Nenner nicht null wird.

Beispiel

$T(a;b) = \frac{a}{2b-4}$; $a \in \mathbb{R}$, $b \in \mathbb{R}\setminus\{2\}$

Siehe auch: ⇒ Der Funktionsbegriff, S. 42

Rechnen mit Termen

Terme lassen sich mithilfe der Rechengesetze und Rechenregeln, die für reelle Zahlen gelten, in äquivalente Terme umformen. Dabei können nur gleichartige Terme zusammengefasst werden.
(⇒ Rechengesetze (S. 9), ⇒ Rechenregeln (S. 10))

Auflösen von Klammern:

$a + (b + c - d) = a + b + c - d$ $\qquad$ $a - (b + c - d) = a - b - c + d$

Steht ein Pluszeichen vor einer Klammer, so kann man diese weglassen, steht ein Minuszeichen vor einer Klammer, so muss jeder Summand in der Klammer mit (-1) multipliziert werden.

Ausmultiplizieren:

$a \cdot (b + c - d) = ab + ac - ad$ $\qquad$ $(a + b) \cdot (c + d) = ac + ad + bc + bd$

Ausklammern:

$ab + ac - ad = a \cdot (b + c - d)$

Bruchterme können nach Ausklammern gleicher Faktoren in Zähler und Nenner gekürzt werden.

Beispiele

(1) $5a^2b + 3ab \cdot a + 7ab - 20ba^2 = -12a^2b + 7ab$

(2) $7 - (3a - 5b + ab) = 7 - 3a + 5b - ab$

(3) $-7a \cdot (2ab + b - 3) = -14a^2b - 7ab + 21a$

(4) $(a - 2b)(b + 3a - c) = ab + 3a^2 - ac - 2b^2 - 6ab + 2bc$
Nach dem ⇒ Zählprinzip (S. 154) müssen beim Ausmultiplizieren $2 \cdot 3 = 6$ Summanden entstehen, da jeder Summand der ersten Klammer mit jedem Summanden der zweiten Klammer multipliziert werden muss.

(5) $8x^2 + 2x - 6xy = 2x \cdot (4x + 1 - 3y)$

(6) $T(a; b) = \frac{ab - b}{b^2 - ab^2} = \frac{(a-1)b}{b^2(1-a)} = \frac{(a-1)}{b \cdot (-1)(a-1)} = -\frac{1}{b}$

Binomische Formeln

Mithilfe der **binomischen Formeln** lassen sich spezielle Summen oder Differenzen in Produkte verwandeln.

„Plusformel“: $a^2 + 2ab + b^2 = (a + b)^2$

„Minusformel“: $a^2 - 2ab + b^2 = (a - b)^2$

„Plusminusformel“: $a^2 - b^2 = (a + b) \cdot (a - b)$

Beispiele

(1) $0{,}25x^2 - x + 1 = (0{,}5x - 1)^2$

(2) $9a^2 + 6ab + b^2 = (3a + b)^2$

(3) $0{,}16x^2 - 4y^2 = (0{,}4x - 2y)(0{,}4x + 2y)$

Polynomdivision

Hat ein Polynom $f(x)$ für $x = x_1$ den Wert null, so lässt sich $f(x)$ als Produkt der Form $f(x) = (x - x_1) \cdot g(x)$ darstellen. Man findet $g(x)$ durch **Polynomdivision**.

Die Division von Polynomen kann systematisch nach dem gleichen Schema ausgeführt werden wie die schriftliche Division natürlicher Zahlen.

Beispiel

$$
\begin{array}{l}
(21x^3 - 5x^2 - 18x + 8) : (3x - 2) = 7x^2 + 3x - 4 \\
\underline{\;21x^3 - 14x^2} \\
\qquad\quad\; 9x^2 - 18x \\
\qquad\quad\; \underline{9x^2 - 6x} \\
\qquad\qquad\quad -12x + 8 \\
\qquad\qquad\quad \underline{-12x + 8} \\
\qquad\qquad\qquad\qquad 0
\end{array}
$$

Siehe auch: ⇒ Gebrochen-rationale Funktionen, S. 63

Potenzen und Wurzeln

Definitionen

Potenzen mit ganzzahligen Exponenten

$a^1 = a$ für $a \in \mathbb{R}$

$a^n = \underbrace{a \cdot a \cdot a \cdot \ldots \cdot a}_{n \text{ Faktoren}}$ für $a \in \mathbb{R}$ und $n \in \mathbb{N}, n \geq 2$

$a^0 = 1$ für alle $a \neq 0$

$a^{-n} = \frac{1}{a^n}$ für $a \in \mathbb{R}\backslash\{0\}$ und $n \in \mathbb{N}$

Beispiele

(1) $5^1 = 5$

(2) $2^3 = 2 \cdot 2 \cdot 2$

(3) $(-4)^2 = (-4) \cdot (-4)$

(4) $(-2)^0 = 1$

(5) $(-3)^{-4} = \frac{1}{(-3)^4}$

(6) $8 \cdot 10^{-3} = 0{,}008$

Bezeichnungen: a^n heißt **Potenz**; a heißt **Basis**; n heißt **Exponent**.

Wurzeln

Für $a \in \mathbb{R}_0^+$ und $n \in \mathbb{N}$ ist die ***n*-te Wurzel aus *a*** (in Zeichen: $\sqrt[n]{a}$) die eindeutig bestimmte nichtnegative Zahl x mit $x^n = a$.

Mit anderen Worten: $\sqrt[n]{a}$ ist die nichtnegative Lösung der Gleichung $x^n = a$.

Bezeichnungen: a heißt **Radikand**, n heißt **Wurzelexponent**.

Beispiele

(1) $\sqrt[3]{8} = 2$, weil $2^3 = 8$ und $2 \geq 0$

(2) $\sqrt[n]{0} = 0$, weil $0^n = 0$ für $n \in \mathbb{N}$

(3) $\sqrt{25} = 5$, weil $5^2 = 25$ und $5 \geq 0$

(4) $\sqrt{0{,}01} = 0{,}1$, weil $0{,}1^2 = 0{,}01$ und $0{,}1 \geq 0$

$\sqrt[2]{a}$ ($a \in \mathbb{R}_0^+$) nennt man auch **Quadratwurzel** und schreibt dafür kurz $\sqrt{a}$.

Potenzen mit rationalen Exponenten

$a^{\frac{m}{n}} = \sqrt[n]{a^m}$ für $a \in \mathbb{R}^+$, $m \in \mathbb{Z}$ und $n \in \mathbb{N}$

Beispiele

(1) $2^{-\frac{3}{4}} = \sqrt[4]{2^{-3}}$ (2) $a^{\frac{1}{2}} = \sqrt{a}$

Potenzen lassen sich mithilfe von ⇒ Grenzwerten (S. 174) rationaler ⇒ Folgen (S. 173) auch für *irrationale Exponenten* definieren.

Quadratwurzeln

Ist eine natürliche Zahl keine Quadratzahl, so ist ihre Quadratwurzel irrational. Mithilfe des ⇒ Heronverfahrens (S. 167) lassen sich Quadratwurzeln beliebig genau durch endliche Dezimalzahlen annähern.
Stets ist zu beachten, dass die Quadratwurzel nichtnegativ ist.

Beispiele

(1) $\sqrt{(-2)^6} = |(-2)^3| = 2^3$ (2) $\sqrt{x^2} = |x|$

(3) Teilweises Radizieren: $\sqrt{12} = \sqrt{4 \cdot 3} = \sqrt{2^2} \cdot \sqrt{3} = 2\sqrt{3}$

(4) Rationalmachen des Nenners: $\frac{3}{\sqrt{7}} = \frac{3 \cdot \sqrt{7}}{\sqrt{7} \cdot \sqrt{7}} = \frac{3}{7}\sqrt{7}$

Rechnen mit Potenzen und Wurzeln

Potenzgesetze
Für $a, b \in \mathbb{R}\setminus\{0\}$ und $m, n \in \mathbb{Z}$ bzw. für $a, b \in \mathbb{R}^+$ und $m, n \in \mathbb{R}$ gilt:

- Potenzen mit gleicher Basis werden multipliziert (dividiert), indem man die gemeinsame Basis mit der Summe (der Differenz) der Exponenten potenziert.

  $a^m \cdot a^n = a^{m+n}$ und $a^m : a^n = a^{m-n}$

- Potenzen mit gleichen Exponenten werden multipliziert (dividiert), indem man das Produkt (den Quotienten) der Basen mit dem gemeinsamen Exponenten potenziert.

  $a^n \cdot b^n = (a\,b)^n$ und $a^n : b^n = \left(\frac{a}{b}\right)^n$

- Eine Potenz wird potenziert, indem man die Basis mit dem Produkt der Exponenten potenziert. $(a^n)^m = a^{n \cdot m}$

Wurzelgesetze (Spezialfälle der Potenzgesetze für Wurzeln)
Für $a, b \in \mathbb{R}_0^+$, $c \in \mathbb{R}^+$ und $m, n \in \mathbb{N}$ gilt:

- $\sqrt[n]{a} \cdot \sqrt[n]{b} = \sqrt[n]{a\,b}$
- $\frac{\sqrt[n]{a}}{\sqrt[n]{c}} = \sqrt[n]{\frac{a}{c}}$
- $\sqrt[m]{\sqrt[n]{a}} = \sqrt[n]{\sqrt[m]{a}} = \sqrt[nm]{a}$
- $\left(\sqrt[n]{a}\right)^m = \sqrt[n]{a^m}$

Logarithmen

Logarithmieren als Umkehrung des Potenzierens

Für $a, b \in \mathbb{R}^+$ und $a \neq 1$ ist der **Logarithmus von b zur Basis a** diejenige Zahl, mit der man a potenzieren muss, um b zu erhalten. Man schreibt für diese Zahl $\boldsymbol{\log_a b}$.

Logarithmieren ist nichts anderes als die Suche nach dem Exponenten in der Gleichung $\boldsymbol{a^x = b}$. Aufgrund der Monotonie der Exponentialfunktionen hat diese Gleichung genau eine Lösung $\boldsymbol{x = \log_a b}$.

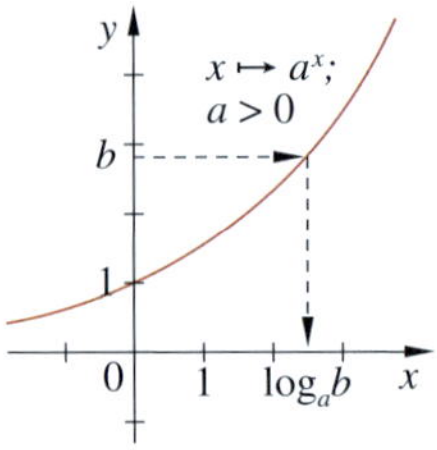

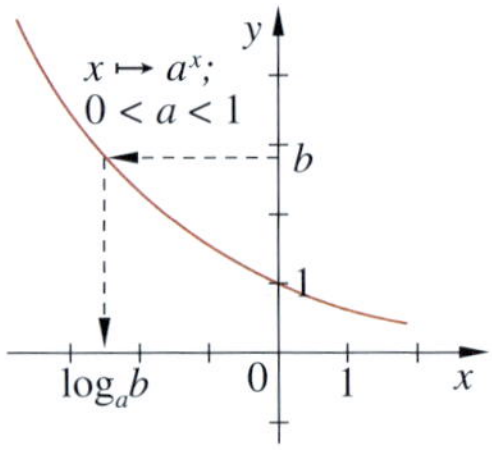

Aus der Definition ergibt sich:

$\boldsymbol{\log_a a = 1}$ $\boldsymbol{\log_a 1 = 0}$ $\boldsymbol{\log_a \frac{1}{a} = -1}$ $\boldsymbol{\log_a (a^c) = c}$

Beispiele

(1) $\log_2 8 = 3$, weil $2^3 = 8$

(2) $\log_{10} 100 = 2$, weil $10^2 = 100$

(3) $\log_5 \frac{1}{125} = -3$, weil $5^{-3} = \frac{1}{125}$

(4) $\log_{\frac{1}{3}} 9 = -2$, weil $\left(\frac{1}{3}\right)^{-2} = 9$

(3) $\log_4 5$ ist nach Definition Lösung der Gleichung $4^x = 5$.

Sonderfälle
Der Logarithmus $\log_{10} b$ zur Basis 10 wird als **Zehnerlogarithmus** oder **dekadischer Logarithmus** bezeichnet. Eine gebräuchliche Abkürzung dafür ist $\boldsymbol{\lg b}$. Der Logarithmus $\log_e b$ zur Basis e (⇒ Eulersche Zahl, S. 12) heißt **natürlicher Logarithmus** und wird mit $\boldsymbol{\ln b}$ abgekürzt.

Siehe auch: ⇒ Logarithmusfunktionen, S. 51

Rechnen mit Logarithmen

Rechenregeln
Für $a, b, c \in \mathbb{R}^+$ mit $a \neq 1$ und $r \in \mathbb{R}$ gilt:

- Der Logarithmus eines Produkts kann als Summe der Logarithmen der Faktoren ermittelt werden:
  $$\log_a(b \cdot c) = \log_a b + \log_a c$$
- Der Logarithmus eines Quotienten kann als Differenz der Logarithmen von Dividend und Divisor ermittelt werden:
  $$\log_a(b : c) = \log_a b - \log_a c$$
- Der Logarithmus einer Potenz kann als Produkt aus dem Exponenten und dem Logarithmus der Basis ermittelt werden:
  $$\log_a(b^r) = r \cdot \log_a b$$

Umgekehrt lassen sich Summen und Differenzen bzw. Vielfache von Logarithmen mit diesen Rechenregeln zu einem einzigen Logarithmus zusammenfassen.

Beispiele

(1) $\log_3 2 + \log_3 4{,}5 = \log_3(2 \cdot 4{,}5) = \log_3 9 = 2$

(2) $\log_a \frac{1}{x} = \log_a 1 - \log_a x = -\log_a x$

(3) $\log_a \sqrt[n]{x} = \log_a\left(x^{\frac{1}{n}}\right) = \frac{1}{n} \cdot \log_a x$

(4) $\frac{1}{2}\lg a + \frac{1}{4}\lg a^2 - 5\lg\sqrt{a} = \lg \frac{a^{0,5} \cdot a^{0,5}}{a^{2,5}} = \lg a^{-1,5} = -1{,}5\lg a$

Zusammenhang zwischen Logarithmen verschiedener Basen
Der Logarithmus zu einer gegebenen Basis lässt sich durch den Logarithmus zu jeder anderen Basis ausdrücken. Insbesondere lässt sich jeder Logarithmus mithilfe von Zehnerlogarithmen oder natürlichen Logarithmen berechnen.

$$\log_a b = \frac{\log_c b}{\log_c a}$$

Es gilt: $\log_a b = \frac{\lg b}{\lg a}$ und $\log_a b = \frac{\ln b}{\ln a}$

Gleichungen

Begriffe und Lösungsmethoden

Setzt man zwischen zwei Terme ein Gleichheitszeichen, entsteht eine **Gleichung**.

Bei einer Gleichung mit einer Unbekannten ist eine Zahl genau dann **Lösung** der Gleichung, wenn beim Einsetzen der Zahl für die Unbekannte eine wahre Aussage entsteht.
Die **Definitionsmenge *D*** gibt an, welche Zahlen für die Variable eingesetzt werden dürfen. Alle Zahlen der Definitionsmenge, die Lösungen der Gleichung sind, bilden die **Lösungsmenge *L***.

Methoden zum Lösen von Gleichungen
Gleichungen können durch **systematisches Probieren**, mithilfe von **Näherungsverfahren** (z. B. ⇒ Newtonverfahren, S. 71), **grafisch** oder auch mithilfe von ⇒ **Äquivalenzumformungen** (S. 27) gelöst werden.
Bei der **grafischen Lösung** können beispielsweise die Terme auf der linken und rechten Seite der Gleichung als Funktionsterme betrachtet und die zugehörigen Graphen im Koordinatensystem dargestellt werden. Die Schnittpunkte der beiden Graphen liefern Lösungen der Gleichung.

Beispiel
Grafische Lösung der Gleichung $2^x = x^2$

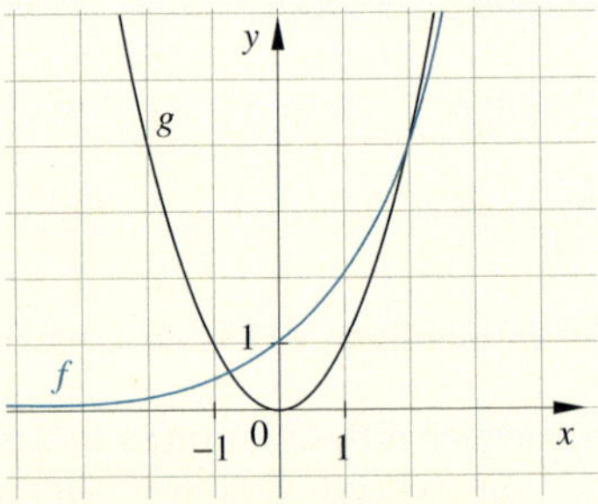

Man stellt die beiden Funktionen $f(x) = 2x$ und $g(x) = x^2$ z. B. mithilfe eines Funktionenplotters grafisch im Koordinatensystem dar. An der Zeichnung erkennt man, dass die Gleichung für die Definitionsmenge $D = \mathbb{R}$ *mindestens zwei* Lösungen hat.
Eine der beiden Lösungen ist $x_1 = 2$.
Je nach Zeichengenauigkeit und gewählter Skalierung kann für die zweite Lösung z. B. der Näherungswert $x_2 \approx -0{,}8$ (genauer: $x_2 \approx -0{,}765$) abgelesen werden. Eine dritte Lösung ist $x = 4$. Dass eine weitere Lösung vorhanden sein muss, ergibt sich aus der Tatsache, dass eine Exponentialfunktion stärker steigt als jede Potenz.
(⇒ Grenzwerte, Verhalten im Unendlichen, S. 60)

Äquivalenzumformungen sind:

- Multiplizieren beider Seiten der Gleichung mit derselben von null verschiedenen Zahl bzw. Dividieren beider Seiten durch dieselbe von null verschiedene Zahl.
- Addieren bzw. Subtrahieren derselben Zahl (auch desselben Terms) auf beiden Seiten der Gleichung.

Ziel von Äquivalenzumformungen ist es, die Unbekannte zu isolieren.
Führen die Äquivalenzumformungen auf eine wahre Aussage (z. B. $2 = 2$), so ist die Gleichung **allgemeingültig**. Jede Zahl der Definitionsmenge ist dann Lösung ($L = D$).
Führen die Äquivalenzumformungen auf eine falsche Aussage (z. B. $2 = 0$), so ist die Gleichung **unerfüllbar**. Die Lösungsmenge ist dann $L = \emptyset$ (**leere Menge**); andere Schreibweise: $L = \{\ \}$.

Lineare Gleichungen

Eine Gleichung, in der die Variable nur in der ersten Potenz vorkommt, heißt **lineare Gleichung**.
Jede lineare Gleichung lässt sich durch ⇒ Äquivalenzumformungen (siehe oben) entweder in eine (wahre oder falsche) Aussage der Form $a = b$ mit $a, b \in \mathbb{R}$ umformen oder auf die Form $\boldsymbol{ax + b = 0}$ mit $a, b \in \mathbb{R}$ und $\boldsymbol{a \neq 0}$ bringen. In diesem letzteren Fall hat die lineare Gleichung die *Lösung* $x = -\frac{b}{a}$.

Beispiel
Lösen einer linearen Gleichung mithilfe von Äquivalenzumformungen

$$\begin{aligned} 7x - 3 - 2x - 1 &= 3(x - 3) && \mid \text{Klammer auflösen, Zusammenfassen} \\ 5x - 4 &= 3x - 9 && \mid +4; -3x \\ 2x &= -5 && \mid :2 \\ x &= -2{,}5 \end{aligned}$$

Probe:
linke Seite $= 7 \cdot (-2{,}5) - 3 + 2 \cdot 2{,}5 - 1 = -16{,}5$
rechte Seite $= 3 \cdot (-2{,}5 - 3) = -16{,}5$

Für die Definitionsmenge $D = \mathbb{R}$ erhält man die Lösungsmenge $L = \{-2{,}5\}$.

Grafisches Lösen von linearen Gleichungen
Die Lösung der Gleichung $ax + b = cx + d$ ist die x-Koordinate des Schnittpunktes der Graphen der zugehörigen linearen Funktionen $f(x) = ax + b$ und $g(x) = cx + d$ (jeweils mit $D = \mathbb{R}$).

Beispiel
Grafische Lösung der Gleichung $2x - 1{,}2 = -x$

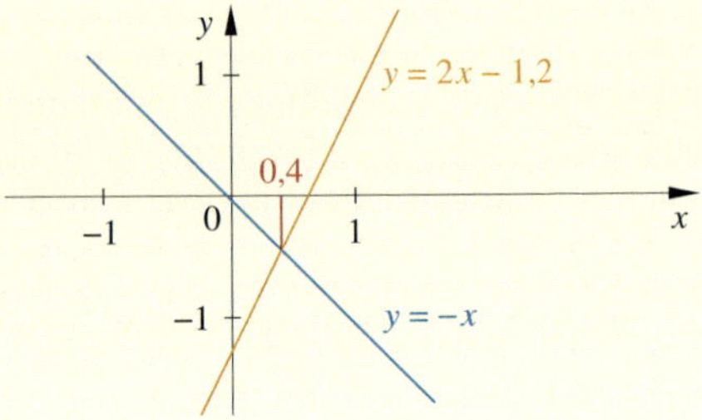

Aus der grafischen Darstellung liest man den Schnittpunkt $(0{,}4|-0{,}4)$ ab. Die Lösung der Gleichung ist also $x = 0{,}4$.

Lineare Ungleichungen
Setzt man zwischen zwei Terme eines der Zeichen <, >, ≤ oder ≥, entsteht eine **Ungleichung**.
Lineare Ungleichungen können mithilfe derselben **Äquivalenzumformungen** gelöst werden wie lineare Gleichungen.
Dabei ist zu beachten: Werden beide Seiten der Ungleichung mit einer negativen Zahl multipliziert bzw. durch eine negative Zahl dividiert, muss das Ungleichheitszeichen umgekehrt werden (das heißt, aus dem Zeichen „<" wird das Zeichen „>" etc.)

Beispiel
Lösen einer linearen Ungleichung mithilfe von Äquivalenzumformungen

$4x - 3(x + 2) \geq 2(x - 1) + x$	| Auflösen der Klammern, Zusammenfassen
$x - 6 \geq 3x - 2$	| $-3x + 6$
$-2x \geq 4$	| $:(-2)$; Umkehren des „≥"-Zeichens
$x \leq -2$	

Für $D = \mathbb{R}$ sind alle Zahlen $x \leq -2$ Lösungen der Ungleichung.
Die Lösungsmenge ist $L = \{x \in \mathbb{R} \mid x \leq -2\} =]-\infty; -2]$.

Siehe auch: ⇒ Lineare Gleichungssysteme, S. 33 ff.

Quadratische Gleichungen

Eine Gleichung, die sich durch ⇒ Äquivalenzumformungen (S. 27) auf die Form $\boldsymbol{ax^2 + bx + c = 0}$ mit $a, b, c \in \mathbb{R}$ und $a \neq 0$ bringen lässt, heißt **quadratische Gleichung**.
$\boldsymbol{D = b^2 - 4ac}$ heißt **Diskriminante**. Der Wert der **Diskriminante** entscheidet über die Anzahl der Lösungen einer quadratischen Gleichung:

$\boldsymbol{D < 0}$:	$\boldsymbol{D = 0}$:	$\boldsymbol{D > 0}$:
keine Lösung	genau *eine* Lösung	*zwei verschiedene* Lösungen

Ist $D \geq 0$, so erhält man die Lösungen nach folgender **Lösungsformel**:

$$\boldsymbol{x_{1/2} = \frac{-b \pm \sqrt{D}}{2a} \quad (D \geq 0)} \qquad \text{bzw.} \qquad \boldsymbol{x_{1/2} = \frac{-b \pm \sqrt{b^2 - 4ac}}{2a}, \ \text{falls } b^2 \geq 4ac}$$

Zur Lösung quadratischer Gleichungen können neben der unmittelbaren Anwendung der Lösungsformel auch andere Strategien verwendet werden. Besonders einfach sind die folgenden **Spezialfälle**:

$\boldsymbol{ax^2 + bx = 0} \Leftrightarrow x \cdot (ax + b) = 0$ Lösungen: $x_1 = 0;\ x_2 = -\frac{b}{a}\ (a \neq 0)$

$\boldsymbol{ax^2 + c = 0} \Leftrightarrow x^2 = -\frac{c}{a}$ Lösungen: $x_{1/2} = \pm\sqrt{-\frac{c}{a}}$, falls $-\frac{c}{a} \geq 0$.

Aus der Form $\boldsymbol{(x - x_1) \cdot (x - x_2) = 0}$ können die Lösungen unmittelbar abgelesen werden, denn ein Produkt ist genau dann null, wenn ein Faktor null ist. (⇒ Linearfaktoren, S. 30)

Beispiele

(1) $2x^2 - 6x = 0$
$2x(x - 3) = 0$
$\Rightarrow x_1 = 0;\ x_2 = 3$

(2) $(x - 2)(5 + 3x) = 0$
$\Rightarrow (x - 2) = 0$ oder $(5 + 3x) = 0$
$\Rightarrow x_1 = 2;\ x_2 = -\frac{5}{3}$

(3) $3x^2 - 4 = 0 \quad \Rightarrow x_{1/2} = \pm\sqrt{\frac{4}{3}} = \pm\frac{2}{\sqrt{3}}$

(4) $32x^2 + 6x = -6x^2 - 13x + 57$
$\Leftrightarrow 38x^2 + 19x - 57 = 0 \Leftrightarrow x^2 + 0{,}5x - 1{,}5 = 0;$
$D = 0{,}5^2 + 4 \cdot 1{,}5 = 6{,}25$
$\Rightarrow x_{1/2} = \frac{-0{,}5 \pm \sqrt{6{,}25}}{2} = \frac{-0{,}5 \pm 2{,}5}{2} \quad \Rightarrow x_1 = 1;\ x_2 = -\frac{3}{2}$

Linearfaktoren

Ein quadratischer Term $x^2 + px + q$ lässt sich in **Linearfaktoren** zerlegen, wenn die zugehörige quadratische Gleichung $x^2 + px + q = 0$ wenigstens eine Lösung hat. Sind x_1 und x_2 die Lösungen der Gleichung (evtl. ist $x_1 = x_2$), so gilt:
$x^2 + px + q = (x - x_1) \cdot (x - x_2)$.
Dann ist $x_1 + x_2 = -p$ und $x_1 \cdot x_2 = q$ **(Satz von Vieta)**.

Bemerkung: Die allgemeine quadratische Gleichung $ax^2 + bx + c = 0$ kann wegen $a \neq 0$ stets auf die Form $\boldsymbol{x^2 + px + q = 0}$ gebracht werden. Dann ist der Satz von Vieta anwendbar. (Die Lösungsformel lautet dann: $x_{1/2} = -\frac{p}{2} \pm \sqrt{\left(\frac{p}{2}\right)^2 - q}$.)

Wurzelgleichungen

Eine Gleichung, bei der die Unbekannte im ⇒ Radikanden (S. 22) einer Wurzel auftritt, heißt **Wurzelgleichung**.

Die **Definitionsmenge** ist so zu wählen, dass der Radikand nicht negativ wird.

Lösen von Wurzelgleichungen

Kann man durch ⇒ Äquivalenzumformungen (S. 27) den **Wurzelterm isolieren**, führt oft anschließendes Potenzieren beider Seiten der Gleichung zum Ziel.
Beim **Potenzieren** mit geraden Exponenten muss man prüfen, welche der erhaltenen möglichen Lösungen tatsächlich Lösungen der Wurzelgleichung sind.

Beispiele

(1) $\sqrt[3]{x^2 - 1} = 2 \quad \Rightarrow \quad x^2 - 1 = 2^3 = 8 \quad \Rightarrow \quad x^2 = 9 \quad \Rightarrow \quad x_1 = 3; x_2 = -3$

(2) $\sqrt{2x - 1} + 2 = x; \quad D = \{x \in \mathbb{R} \mid x \geq 0{,}5\}$ $\quad$ | −2 (Wurzelterm isolieren)
$\sqrt{2x - 1} = x - 2$ $\quad$ | Quadrieren
$2x - 1 = x^2 - 4x + 4$ $\quad$ | $-2x + 1$
$0 = x^2 - 6x + 5 \quad \Rightarrow \quad x_1 = 5; x_2 = 1$

Einsetzen der möglichen Lösungen in die ursprüngliche Gleichung:

$x_1 = 5$: $\sqrt{2 \cdot 5 - 1} + 2 = 5$ wahre Aussage: 5 ist Lösung.

$x_2 = 1$: $\sqrt{2 \cdot 1 - 1} + 2 = 1$ falsche Aussage: 1 ist keine Lösung.

Lösungsmenge $L = \{5\}$

Bruchgleichungen

Eine Gleichung, bei der die Unbekannte im Nenner auftritt (⇒ Bruchterme, S. 19), heißt **Bruchgleichung**.

Zum **Lösen einer Bruchgleichung** kann diese in eine äquivalente Gleichung umgeformt (⇒ Äquivalenzumformungen, S. 27) werden, bei der die Variable nicht mehr im Nenner auftritt. Dazu sind folgende Verfahren geeignet:

- Die Bruchgleichung wird mit einem geeigneten Nenner, z. B. mit dem Hauptnenner, multipliziert.
- Jede Bruchgleichung $\frac{Z_1}{N_1} = \frac{Z_2}{N_2}$ kann durch *Über-Kreuz-Multiplizieren* in die Form $Z_1 \cdot N_2 = Z_2 \cdot N_1$ gebracht werden.

Achtung: Es ist wichtig, zu überprüfen, ob die Lösungen der entstandenen Gleichung zur Definitionsmenge gehören.

Beispiele

(1) $\frac{2}{x+1} - 4 = x;\ D = \mathbb{R} \setminus \{-1\}$ | Multiplizieren mit Hauptnenner

$2 - 4 \cdot (x+1) = x \cdot (x+1)$ | Klammern auflösen

$2 - 4x - 4 = x^2 + x$ | $+4x + 2$

$0 = x^2 + 5x + 2$ | quadratische Gleichung lösen

$\Rightarrow\ x_1 = -\frac{5}{2} + \sqrt{\frac{25}{4} - 2} = -\frac{5}{2} + \sqrt{\frac{17}{4}} \approx -0{,}44;\ x_2 = -\frac{5}{2} - \sqrt{\frac{17}{4}} \approx -4{,}56$

Beide Zahlen gehören zu D. Also ist $L = \left\{-\frac{5}{2} + \sqrt{\frac{17}{4}};\ -\frac{5}{2} - \sqrt{\frac{17}{4}}\right\}$.

(2) $\frac{3}{3x-3} = \frac{1}{x^2-1};\ D = \mathbb{R} \setminus \{1;\ -1\}$ | Über-Kreuz-Multiplizieren

$3 \cdot (x^2 - 1) = 1 \cdot (3x - 3)$ | Klammern auflösen

$3x^2 - 3 = 3x - 3$ | $-3x + 3$

$3x^2 - 3x = 0$ | Ausklammern von $3x$

$3x \cdot (x - 1) = 0$

$x = 0$ oder $x = 1$

Wegen $1 \notin D$ ist die Lösungsmenge der gegebenen Bruchgleichung $L = \{0\}$.

ℕ

Zahlen

Exponential- und Logarithmengleichungen

Eine Gleichung, bei der die Unbekannte auch im Exponenten auftritt, heißt **Exponentialgleichung**.

Lösen von Exponentialgleichungen
Die Exponentialgleichung wird durch *Logarithmieren* oder andere ⇒ Äquivalenzumformungen (S. 27) in eine Gleichung umgeformt, bei der die Variable nicht mehr im Exponenten auftritt. Dazu sind folgende Verfahren geeignet:

- Kann die Exponentialgleichung durch Zusammenfassen und Umformen mithilfe der Rechenregeln für Potenzen auf die Form $\boldsymbol{a^x = b}$ gebracht werden, dann ist die Lösung $\log_a b$.
- Lässt sich die Gleichung so umformen, dass auf beiden Seiten ein Produkt von Zahlen und Potenzen steht, so kann durch Logarithmieren (zu derselben Basis) und Anwenden der Rechenregeln für Logarithmen eine einfache lineare Gleichung erzeugt werden.

Beispiel

$$2^{4x} = 3 \cdot 5^x \qquad | :5^x$$

$$\frac{2^{4x}}{5^x} = 3 \qquad | \text{ Rechenregeln für Potenzen}$$

$$\left(\frac{2^4}{5}\right)^x = \left(\frac{16}{5}\right)^x = 3 \qquad | \text{ Logarithmieren}$$

$$x = \log_{\frac{16}{5}} 3 = \log_{3{,}2} 3 \approx 0{,}945$$

Alternativ dazu kann man auch vor dem Ausrechnen mithilfe der ⇒ Logarithmengesetze (S. 25) weiter umformen, z. Bsp. nach Logarithmieren mit lg:

$$x(4\lg 2 - \lg 5) = \lg 3 \quad \Rightarrow \quad x = \frac{\lg 3}{(4\lg 2 - \lg 5)} \approx 0{,}945$$

Es gibt Exponentialgleichungen (z. B. $5^x + 15 = 6^x$), die nicht nach der Unbekannten aufgelöst werden können. Sie können nur grafisch oder auf andere Art näherungsweise gelöst werden.

Logarithmusgleichungen
Eine Gleichung, bei der die Unbekannte auch als Argument einer ⇒ Logarithmusfunktion (S. 51) auftritt, heißt **Logarithmusgleichung**.
Logarithmusgleichungen können oft durch Anwenden der Definition des Logarithmus gelöst werden.

Beispiel
$\log_2(3x + 5) = 7$
$\Leftrightarrow \; 3x + 5 = 2^7$
$\Leftrightarrow \; x = 41$

Lineare Gleichungssysteme

Zwei oder mehr lineare Gleichungen, die von mehreren Unbekannten zugleich erfüllt werden müssen, bilden ein **lineares Gleichungssystem mit mehreren Unbekannten**.
Insbesondere: Zwei oder mehr lineare Gleichungen, deren jede von *denselben* zwei (bzw. drei) Unbekannten gleichzeitig erfüllt werden muss, bilden ein **lineares Gleichungssystem mit zwei (bzw. drei) Unbekannten**.

Zu jeder Unbekannten muss eine Definitionsmenge angegeben werden.

Lösungen eines Gleichungssystems mit zwei Unbekannten sind *Zahlenpaare* $(x; y)$, die beim Einsetzen *alle* Gleichungen des Gleichungssystems erfüllen.
Lösungen eines Gleichungssystems mit drei Unbekannten sind *Zahlentripel* $(x; y; z)$, die beim Einsetzen *alle* Gleichungen des Gleichungssystems erfüllen.

Rechnerisches Lösen linearer Gleichungssysteme
Der entscheidende Schritt ist, durch geeignete Umformungen der Gleichungen des Systems eine Gleichung zu gewinnen, in der nur noch eine Unbekannte vorkommt. Dies ist mit folgenden Verfahren zu erreichen:

- **Gleichsetzungsverfahren**
  Zwei Gleichungen werden nach der gleichen Unbekannten aufgelöst und die entstandenen Terme gleichgesetzt.
- **Einsetzungsverfahren**
  Eine Gleichung wird nach einer Unbekannten aufgelöst. Die Unbekannte wird in den anderen Gleichungen durch den entstandenen Term ersetzt.
- **Additionsverfahren**
  Die linken und rechten Seiten von zwei Gleichungen werden (gegebenenfalls nach vorherigen Äquivalenzumformungen) mit dem Ziel addiert bzw. subtrahiert, dass eine Unbekannte wegfällt.

Nach eventuell mehrmaliger Anwendung eines dieser Verfahren entsteht eine ⇒ lineare Gleichung (S. 27) mit einer Unbekannten, die gelöst werden kann. Durch Einsetzen der so für eine der Unbekannten bereits ermittelten Lösung in die ursprünglichen Gleichungen erhält man ein lineares Gleichungssystem, das eine Unbekannte weniger hat als das ursprüngliche System. Dieses wird nach dem gleichen Prinzip weiter behandelt.

Lineare Gleichungssysteme mit zwei Gleichungen und zwei Unbekannten

Allgemeine Form:

(I) $a_1 x + b_1 y + c_1 = 0$

(II) $a_2 x + b_2 y + c_2 = 0$ $\qquad a_1, b_1, c_1, a_2, b_2, c_2 \in \mathbb{R}$

Lösungen sind Zahlenpaare $(x; y)$, die beim Einsetzen *beide* Gleichungen erfüllen.

Die drei genannten Lösungsverfahren (S. 33) sind je nach Beschaffenheit des linearen Gleichungssystems unterschiedlich gut geeignet.

Beispiele

Gleichsetzungsverfahren

(I) $y = 6x + 1$

(II) $y = -x - 20 \quad (x, y \in \mathbb{R})$

Gleichsetzen von (I) und (II):

$6x + 1 = -x - 20 \Rightarrow 7x = -21$

$\Rightarrow x = -3$

Einsetzen von $x = -3$ in (I):

$y = -17$

Lösungsmenge: $L = \{(-3; -17)\}$

Einsetzungsverfahren

(I) $x = 1{,}5 - y$

(II) $x - 2y = 0 \quad (x, y \in \mathbb{R})$

Einsetzen von $x = 1{,}5 - y$ in (II):

$(1{,}5 - y) - 2y = 0 \Rightarrow y = 0{,}5$

Einsetzen von $y = 0{,}5$ in (I):

$x = 1{,}5 - 0{,}5 = 1$

Lösungsmenge: $L = \{(1; 0{,}5)\}$

Additionsverfahren

(I) $4x + 4y = 6$

(II) $x - 2y = 0 \quad (x, y \in \mathbb{R})$

$2 \cdot$ (II) $\quad 2x - 4y = 0 \quad$ (II*)

(I) + (II)* $\quad 6x = 6 \Rightarrow x = 1$

Einsetzen von $x = 1$ in (II): $1 - 2y = 0 \Rightarrow y = 0{,}5$

Lösungsmenge: $L = \{(1; 0{,}5)\}$

Entsteht beim Lösen eine *unerfüllbare* Gleichung, so hat das lineare Gleichungssystem **keine Lösung**.
Lässt sich das lineare Gleichungssystem auf eine *allgemeingültige* Gleichung reduzieren, so hat es **unendlich viele Lösungen**.

Grafisches Lösen linearer Gleichungssysteme mit zwei Unbekannten
Die durch die linearen Gleichungen beschriebenen Geraden werden in einem gemeinsamen Koordinatensystem dargestellt.
Die *Lösungen* des Gleichungssystems sind die *Koordinaten der gemeinsamen Punkte* aller dieser Geraden.

Beispiele

(I) $x + 2y = 2 \Rightarrow y = -\frac{1}{2}x + 1$

(II) $5x - 6y = 18 \Rightarrow y = \frac{5}{6}x - 3$

Schneiden sich die Geraden in einem Punkt, dann hat das Gleichungssystem **genau eine Lösung**: $L = \{(3|-0{,}5)\}$.

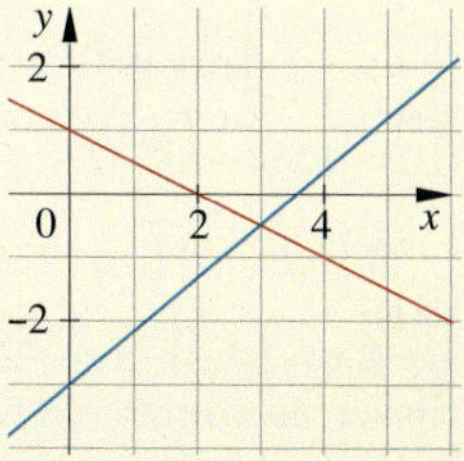

(I) $x + 2y = 2 \Rightarrow y = -\frac{1}{2}x + 1$

(II) $x + 2y = -4 \Rightarrow y = -\frac{1}{2}x - 2$

Sind die Geraden zueinander parallel, liegen aber nicht aufeinander, dann hat das Gleichungssystem **keine Lösung**: $L = \emptyset$.

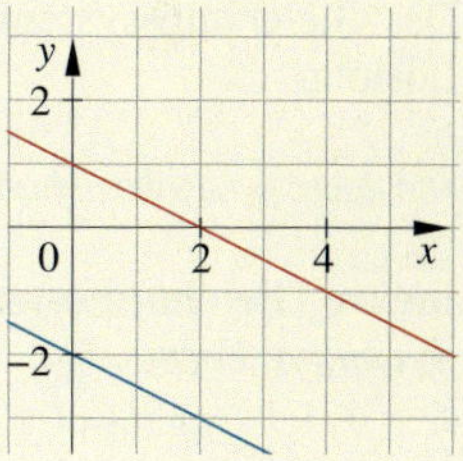

(I) $x + 2y = 2 \Rightarrow y = -\frac{1}{2}x + 1$

(II) $3x + 6y = 6 \Rightarrow y = -\frac{1}{2}x + 1$

Sind die Geraden identisch, dann hat das Gleichungssystem **unendlich viele Lösungen**:

$L = \left\{(x|y) \mid y = -\frac{1}{2}x + 1\right\}$

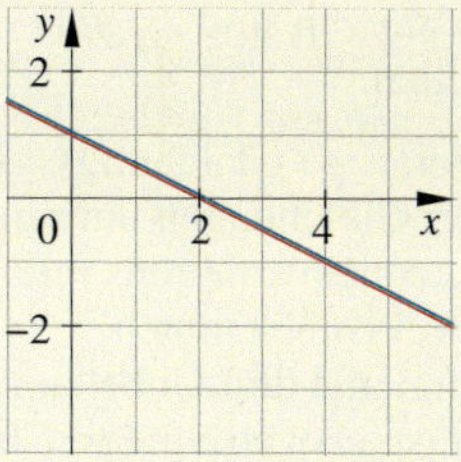

Lineare Gleichungssysteme mit drei Gleichungen und zwei Unbekannten
Man löst zwei Gleichungen nach den beiden Unbekannten auf und überprüft, ob diese Lösungen auch die dritte Gleichung erfüllen. Ist dies nicht der Fall, so hat das Gleichungssystem keine Lösungen.

Beispiel

keine Lösung:

(I) $2 + 4x = 6 + y$
(II) $1 - 2x = 3y$
(III) $12 = -6 + y$ $(x, y \in \mathbb{R})$

Einsetzen von $y = 18$ (aus (III)) in (II):
$1 - 2x = 54 \Rightarrow x = -26{,}5$
Einsetzen von $y = 18$ und $x = -26{,}5$ in (I) ergibt die falsche Aussage
$2 + 4 \cdot (-26{,}5) = 6 + 18$
Das Gleichungssystem hat keine Lösung.

genau eine Lösung:

(I) $2 + x = -42{,}5 + y$
(II) $1 - 2x = 3y$
(III) $12 = -6 + y$ $(x, y \in \mathbb{R})$

Einsetzen von $y = 18$ (aus (III)) in (II):
$1 - 2x = 54 \Rightarrow x = -26{,}5$
Einsetzen von $y = 18$ und $x = -26{,}5$ in (I) ergibt die wahre Aussage
$2 + (-26{,}5) = -42{,}5 + 18$
Das Gleichungssystem hat genau eine Lösung: $L = \{(-26{,}5;\ 18)\}$

Siehe auch: ⇒ Lagebeziehung zwischen zwei Geraden, S. 127

Lineare Gleichungssysteme mit drei Gleichungen und drei Unbekannten
Allgemeine Form:
(I) $a_1x + b_1y + c_1z + d_1 = 0$
(II) $a_2x + b_2y + c_2z + d_2 = 0$
(III) $a_3x + b_3y + c_3z + d_3 = 0$ $a_i, b_i, c_i, d_i \in \mathbb{R};\ i = 1, 2, 3$

Lösungen sind *3-Tupel* $(x;\ y;\ z)$, die beim Einsetzen *alle drei* Gleichungen erfüllen.

Derartige Gleichungssysteme lassen sich in der Regel schnell lösen, wenn eine der Gleichungen nur eine oder zwei Unbekannte enthält. Mithilfe des Einsetzungsverfahrens reduziert man das System dann auf zwei Gleichungen mit zwei Unbekannten.
Sind alle drei Unbekannten in allen drei Gleichungen enthalten, kann man beispielsweise die ⇒ Cramersche Regel (S. 180) anwenden.

Siehe auch: ⇒ Ergänzungen und Vertiefungen: Lineare Gleichungssysteme, S. 180

Lineare Gleichungssysteme mit zwei Gleichungen und drei Unbekannten
Man findet alle Lösungen eines solchen Gleichungssystems, indem man eine der Variablen als Parameter betrachtet und die anderen Variablen durch diesen Parameter ausdrückt. So entsteht ein Gleichungssystem mit zwei Gleichungen und zwei Unbekannten, das in Abhängigkeit des Parameters gelöst wird. Sofern das System überhaupt Lösungen besitzt, erhält man für jeden Wert des Parameters eine Lösung.

Lineare Gleichungssysteme mit zwei Gleichungen und drei Unbekannten treten unter anderem bei der Ermittlung der ⇒ Schnittgeraden zweier Ebenen im Raum (S. 134) auf.

Beispiel
(I) $3x_1 - 2x_2 \qquad + 3 = 0$
(II) $-x_1 + 2x_2 - 3x_3 - 2 = 0$

Man wählt etwa x_3 als Parameter und löst das entstehende System nach den Unbekannten x_1 und x_2 auf:

Einsetzen von $2x_2 = 3x_1 + 3$ (aus (I)) in (II):
$-x_1 + 3x_1 + 3 - 3x_3 - 2 = 0 \Rightarrow 2x_1 + 1 - 3x_3 = 0 \Rightarrow x_1 = 1{,}5x_3 - 0{,}5$

Einsetzen von $x_1 = 1{,}5x_3 - 0{,}5$ in (I):
$4{,}5x_3 - 1{,}5 - 2x_2 + 3 = 0 \Rightarrow x_2 = 2{,}25x_3 + 0{,}75$

Damit erhält man die Lösungsmenge

$L = \{(1{,}5x_3 - 0{,}5;\ 2{,}25x_3 + 0{,}75;\ x_3) \mid x_3 \in \mathbb{R}\}$

Lösungen sind also z. B. $(-0{,}5;\ 0{,}75;\ 0)$ (für $x_3 = 0$) und $(1;\ 3;\ 1)$ (für $x_3 = 1$).

*Siehe auch: ⇒ Lagebeziehungen von Ebenen im Raum, S. 132;
⇒ Gaußsches Eliminationsverfahren, S. 180; ⇒ Cramersche Regel, S. 180*

Diagramme

Veranschaulichung von Anzahlen und Anteilen

Veranschaulichung von Anzahlen und Größen

- Beim **Figurendiagramm (Piktogramm)** werden Anzahlen oder Maßzahlen von Größen durch Figuren oder Symbole dargestellt. Jedes Symbol entspricht einer bestimmten Anzahl oder Größe. Dies ist besonders anschaulich.

Piktogramm

- Bei **Säulendiagrammen, Balkendiagrammen** und **Strichdiagrammen** werden Anzahlen oder Maßzahlen von Größen durch die Längen von Säulen, Strichen oder Balken dargestellt.
  Solche Diagramme sind besonders für das Vergleichen von Daten geeignet.

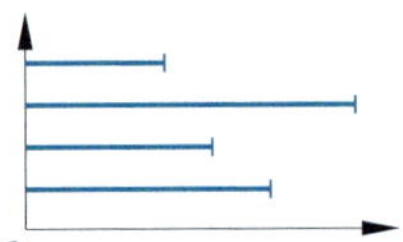

Balkendiagramm

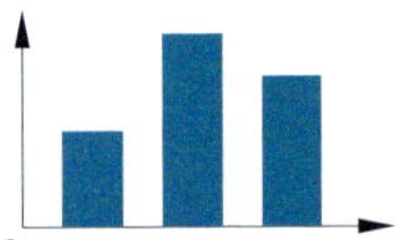

Säulendiagramm

Veranschaulichung von Anteilen an einer Gesamtmenge

Zur Darstellung von Anteilen an einer Gesamtmenge sind ein **Kreisdiagramm** oder ein **Prozentstreifen** geeignet. (⇒ Prozentrechnung, S. 16)

Beispiel

Anteil der verschiedenen Verwendungsbereiche am Wasserverbrauch.

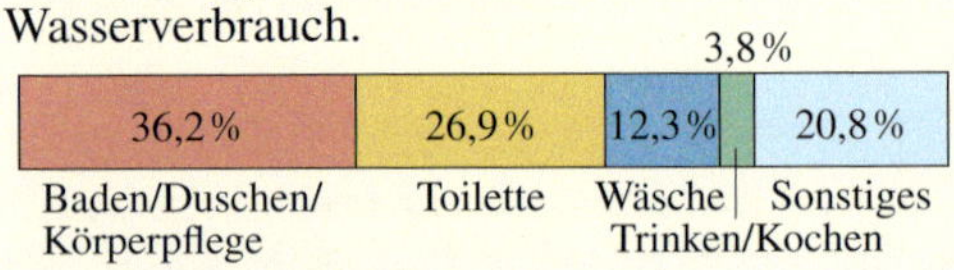

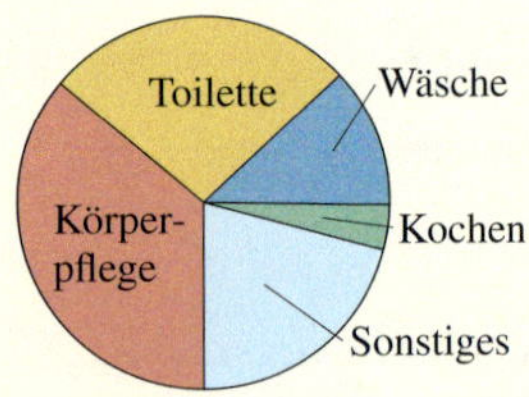

Veranschaulichung von Abhängigkeiten zwischen zwei Größen

Zur Darstellung der gegenseitigen Abhängigkeit zweier Größen (z. B. der zeitlichen Änderung einer Größe) können Paare einander entsprechender Werte in einem ⇒ **Koordinatensystem** (S. 116) eingetragen werden. Je nach Sachverhalt kann es sinnvoll sein, die Punkte durch eine Linie zu verbinden. Man spricht dann von einem **Liniendiagramm** (⇒ Darstellung von Funktionen, S. 43). Ist das Verbinden der einzelnen Punkte nicht sinnvoll (z. B. wenn die Punkte zu verschiedenen Messreihen gehören), spricht man von einem **Streudiagramm**.

Beispiele

Liniendiagramm

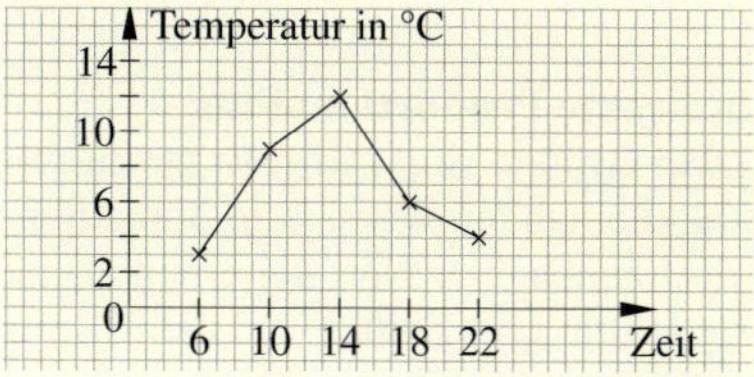

Streudiagramm

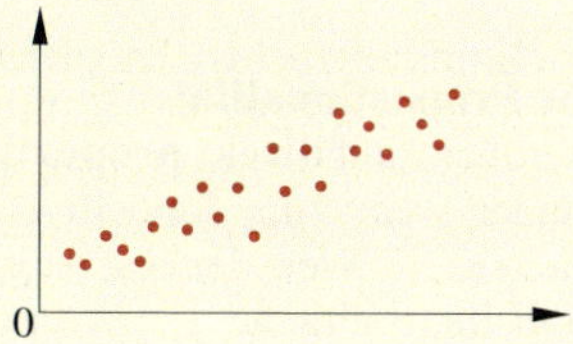

Siehe auch: ⇒ Histogramm, ⇒ Boxplot, ⇒ Stängel-Blatt-Diagramm (alle S. 208)

Interpretation von Diagrammen

Bei Diagrammen sollte genau darauf geachtet und kritisch geprüft werden, welche Informationen aus den Diagrammen tatsächlich hervorgehen. **Durch die Wahl der Darstellung kann der Eindruck auf den Betrachter beeinflusst bzw. absichtlich manipuliert werden.** Dies ist insbesondere der Fall, wenn bei einer Achse mit Zahlen die Werte nicht bei Null beginnen oder die Einteilung ungleichmäßig ist bzw. Lücken aufweist.

Beispiel

Pkw-Bestand in Bayern (in Mio.)

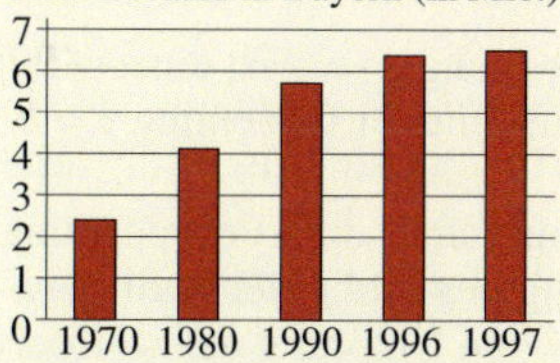

Der Anstieg des Pkw-Bestandes hat sich nicht so stark verlangsamt, wie die Grafik vermuten lässt.

Wenn bei einem Säulendiagramm die **Werte an der senkrechten Achse nicht bei Null beginnen,** werden kleine Unterschiede bei den dargestellten Werten im Bild verstärkt. So sind die tatsächlichen Veränderungen schwerer einzuschätzen.

Bei der Darstellung einer zeitlichen Entwicklung entsteht beim Betrachter leicht ein falscher Eindruck, wenn eine **Diagrammachse ungleichmäßig unterteilt** ist.

Ein Diagramm stellt Werte falsch dar, wenn diese durch den Flächeninhalt von Figuren oder das Volumen von Körpern veranschaulicht werden und dabei sowohl die Länge als auch die Breite (und die Höhe) den Werten entsprechend verändert werden.

Proportionalität

Direkte und indirekte Proportionalität

Direkte Proportionalität
Zwei Größen sind **direkt proportional** zueinander, wenn zum doppelten (dreifachen, ...) Wert der einen Größe der doppelte (dreifache, ...) Wert der anderen Größe gehört.

Für jedes Paar (x; y) zusammengehörender Werte mit $x \neq 0$ und $y \neq 0$ ist der Wert des Quotienten $\frac{y}{x}$ stets derselbe:
$\frac{y}{x} = \boldsymbol{k} = \text{const.}$ (**Quotientengleichheit**).
k heißt **Proportionalitätsfaktor**.

Die Zuordnung $x \mapsto y$ ist eine ⇒ Funktion (S. 42) mit der Gleichung $\boldsymbol{y = k \cdot x}$.

Der **Graph** einer direkt proportionalen Zuodnung liegt auf einer **Halbgeraden**, die vom Ursprung des ⇒ Koordinatensystems (S. 116) ausgeht.

Beispiel

Masse x in kg	0,5	1	2	3
Preis y in €	1	2	4	6

Proportionalitätsfaktor: $k = \frac{y}{x} = 2\,\frac{€}{\text{kg}}$

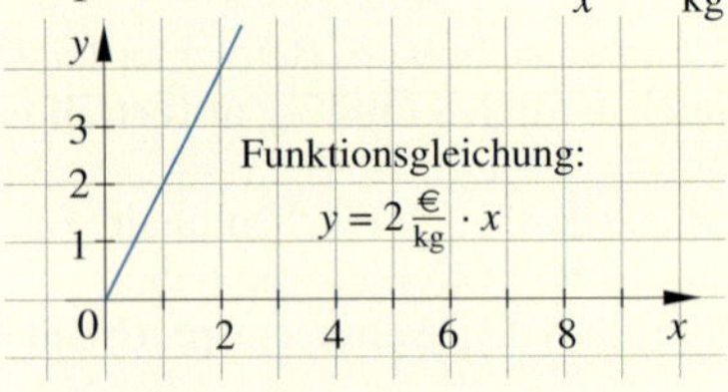

Indirekte Proportionalität
Zwei Größen sind **indirekt proportional** zueinander, wenn zum doppelten (dreifachen, ...) Wert der einen Größe die Hälfte (ein Drittel, ...) des Wertes der anderen Größe gehört.

Für jedes Paar (x; y) zusammengehörender Werte mit $x \neq 0$ und $y \neq 0$ ist der Wert des Produktes $x \cdot y$ stets derselbe:

$x \cdot y = a = \text{const.}$ (**Produktgleichheit**).

Die Zuordnung $x \mapsto y$ ist eine ⇒ Funktion (S. 42) mit der Gleichung $\boldsymbol{y = \frac{a}{x}}$.

Der **Graph** einer indirekt proportionalen Zuordnung liegt auf einem ⇒ **Hyperbelast** (S. 48).

Beispiel

Anzahl x der Gewinner	2	3	4
Gewinn y pro Person in €	30	20	15

Produktgleichheit: $x \cdot y = 60\,€$

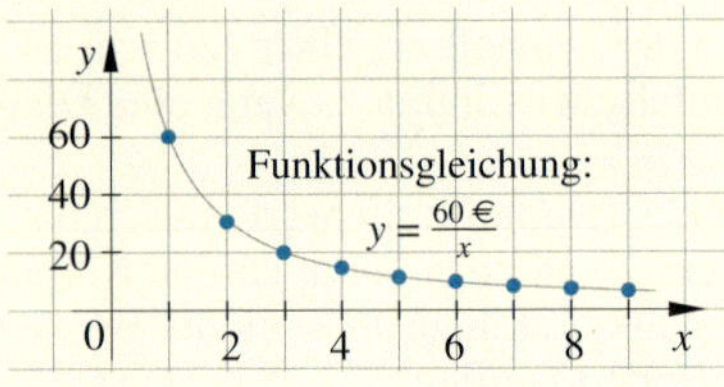

Schlussrechnen

Direkte und indirekte Proportionalität finden häufig Anwendung bei Sachaufgaben, bei denen von zwei Größen ein zusammengehörendes Wertepaar $(x_1; y_1)$ gegeben ist und ein weiteres Wertepaar $(x_2; y_2)$, von dem nur x_2 oder y_2 bekannt ist, gesucht wird.
Zur Lösung bieten sich folgende Verfahren an:

(1) Ausgehend vom gegebenen Wertepaar wird durch **Multiplikation bzw. Division** zunächst auf einen geeigneten anderen Wert (häufig auf die Einheit) und dann auf das gesuchte Wertepaar geschlossen.

(2) Aufgrund der bestehenden **Quotienten- bzw. Produktgleichheit** wird eine Gleichung aufgestellt und diese nach dem gesuchten Wert aufgelöst.

direkte Proportionalität: $\frac{y_1}{x_1} = \frac{y_2}{x_2}$ oder $\frac{x_1}{y_1} = \frac{x_2}{y_2}$

indirekte Proportionalität: $x_1 \cdot y_1 = x_2 \cdot y_2$

Beispiele

direkte Proportionalität
Für 3 Tage werden 60 kg Futter benötigt. Wie viel Futter braucht man für 7 Tage?

(1)
$$\begin{array}{lrcrl} :3 & 3\text{ Tage} & \rightarrow & 60\text{ kg} & :3 \\ & 1\text{ Tag} & \rightarrow & 20\text{ kg} & \\ \cdot 7 & 7\text{ Tage} & \rightarrow & 140\text{ kg} & \cdot 7 \end{array}$$

(2) $\frac{60\text{ kg}}{3\text{ Tage}} = \frac{y}{7\text{ Tage}} \quad | \cdot 7\text{ Tage}$

$y = 140\text{ kg}$

Antwort: Für 7 Tage braucht man 140 kg Futter.

indirekte Proportionalität
Ein Futtervorrat reicht für 8 Pferde 15 Tage. Wie lange reicht er für 12 Pferde?

(1)
$$\begin{array}{lrcrl} :2 & 8\text{ Pferde} & \rightarrow & 15\text{ Tage} & \cdot 2 \\ & 4\text{ Pferde} & \rightarrow & 30\text{ Tage} & \\ \cdot 3 & 12\text{ Pferde} & \rightarrow & 10\text{ Tage} & :3 \end{array}$$

(2) $8 \cdot 15\text{ Tage} = 12 \cdot y \quad | : 12$

$y = 10\text{ Tage}$

Antwort: Der Futtervorrat reicht für 12 Pferde 10 Tage.

Achtung: Vor dem Rechnen ist genau zu prüfen, ob tatsächlich direkte oder indirekte Proportionalität vorliegt.

Der Funktionsbegriff

Term und Abhängigkeit

Ein geeignetes Mittel, um Abhängigkeiten zwischen Größen zu beschreiben, sind ⇒ Terme (S. 19). Häufig lässt sich an der Struktur eines Terms erkennen, wie sich der Wert des Terms bei Veränderung einer Variablen (Größe) ändert.

Um Abhängigkeiten zu verdeutlichen, ist es oft hilfreich, Termwerte für verschiedene Einsetzungen zu berechnen und die Ergebnisse in Tabellen einzutragen oder grafisch darzustellen.

Beispiele

(1) Der Term $a \cdot b$ beschreibt (z. B.) den Flächeninhalt eines Rechtecks mit Länge a und Breite b.
- Verkleinerung der Breite b bewirkt bei gleichbleibender Länge a eine Verkleinerung des Flächeninhalts.
- Die Verdopplung der Länge a und der Breite b bewirkt die Vervierfachung des Flächeninhalts.

(2) Die Werte des Terms $\frac{1}{2x+1}$ werden für positives x mit wachsendem x kleiner, sie bleiben aber stets positiv.

x	1	2	3	4	5	6	…
$\frac{1}{2x+1}$	$\frac{1}{3}$	$\frac{1}{5}$	$\frac{1}{7}$	$\frac{1}{9}$	$\frac{1}{11}$	…	…

Funktionen, Zuordnungen und ihre Darstellung

Eine **Zuordnung** ordnet jedem Wert einer Menge (**Definitionsmenge**) einen oder mehrere Werte einer anderen Menge (**Wertemenge**) zu.
Eine **eindeutige Zuordnung**, bei der jedem Wert (**Argument**) der Definitionsmenge jeweils **genau ein** Wert (**Funktionswert**) der Wertemenge zugeordnet wird, heißt **Funktion**.

Die **Zuordnungsvorschrift** einer Funktion f gibt an, wie zu jedem Wert x der Definitionsmenge D_f der zugehörige Funktionswert y der Wertemenge W_f gefunden wird. Man schreibt $f\colon x \mapsto y$.

In vielen Fällen lässt sich der zu x gehörende Funktionswert y durch einen **Funktionsterm $f(x)$** berechnen.
Die Gleichung $y = f(x)$ heißt **Funktionsgleichung**.

Beispiele

(1) Die Zuordnung *Wohnung → dort wohnende Personen* ist keine Funktion, da es Wohnungen gibt, in denen mehr als eine Person wohnt.

(2) Die Zuordnung f mit der Gleichung $y = x^2$, die jeder reellen Zahl x ihr Quadrat x^2 zuordnet, ist eine Funktion mit der Definitionsmenge $D_f = \mathbb{R}$ und der Wertemenge $W_f = \mathbb{R}_0^+$

Darstellung von Funktionen
Eine Zuordnung oder eine Funktion kann zum Beispiel durch eine Wortvorschrift, eine Funktionsgleichung, eine **Wertetabelle** oder eine grafische Darstellung im ⇒ **Koordinatensystem** (S. 116) gegeben sein.

Der **Graph** G_f einer Funktion f ist die Menge aller Punkte $P(x \mid f(x))$ mit $x \in D_f$.
Ist $D_f = I \subset \mathbb{R}$ ein Intervall, kann der Graph eine lückenlose Kurve ergeben.

Achtung: Besonders bei Sachproblemen ist immer zu überlegen, ob und auf welche Weise einzelne Punkte eines Funktionsgraphen sinnvoll verbunden werden können.

Beispiel

Wortvorschrift: Jeder reellen Zahl wird ihr um zwei vermindertes Quadrat zugeordnet.

Funktionsgleichung: $f\colon x \mapsto y \quad \text{mit} \quad y = x^2 - 2$

Wertetabelle:

x	0	1	2	3	4
y	−2	−1	2	7	14

Grafische Darstellung im Koordinatensystem:

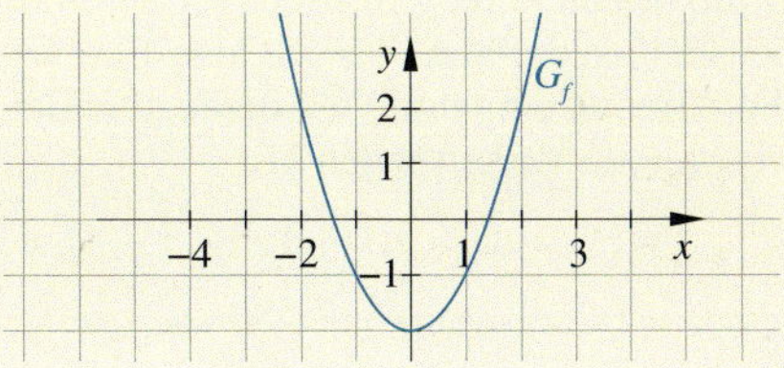

Verkettung und Verknüpfung von Funktionen

Funktionen f und g mit gleichem Definitionsbereich D und reellen Zahlen als Wertebereich lassen sich zur
Summenfunktion $f + g$,
Differenzfunktion $f - g$,
Produktfunktion $f \cdot g$ und
Quotientenfunktion $\frac{f}{g}$ verknüpfen.

Für diese Funktionen gilt:

$(f + g)(x) = f(x) + g(x)$ für alle $x \in D$
$(f - g)(x) = f(x) - g(x)$ für alle $x \in D$
$(f \cdot g)(x) = f(x) \cdot g(x)$ für alle $x \in D$
$\left(\frac{f}{g}\right)(x) = \frac{f(x)}{g(x)}$ für $x \in D$ mit $g(x) \neq 0$

Funktionen f und g mit $W_f \subseteq D_g$ lassen sich zur Funktion $h = g \circ f$ **(lies „g nach f")** **verketten**, bei welcher zuerst f und anschließend g ausgeführt wird (Verkettung = Hintereinanderausführung von Funktionen).

Für alle $x \in D_f$ gilt: $(g \circ f)(x) = g(f(x))$ bzw. $(g \circ f)(x) = g(y)$ mit $y = f(x)$

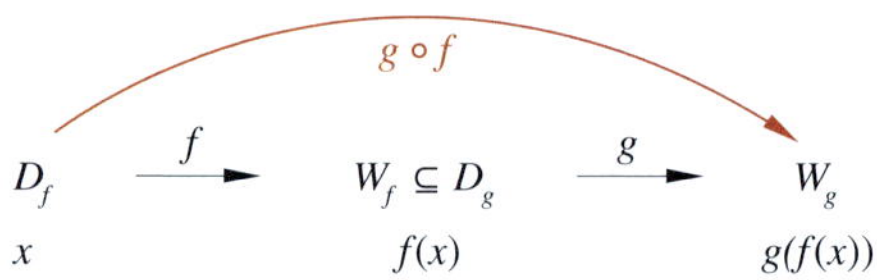

Können $g \circ f$ und $f \circ g$ beide gebildet werden, so gilt im allgemeinen $g \circ f \neq f \circ g$.

Beispiel

Die Funktionen f und g mit $f(x) = x - 4$ und $g(x) = 3x^2 - x$ sind beide für alle reellen Zahlen definiert. Es gilt also $W_f \subseteq D_g$ und auch $W_g \subseteq D_f$. Daher können die Funktionen $g \circ f$ und $f \circ g$ beide gebildet werden.
Für die beiden Verkettungen gilt:

$(g \circ f)(x) = g(x - 4) = 3(x - 4)^2 - (x - 4) = 3x^2 - 25x + 52$

$(f \circ g)(x) = f(3x^2 - x) = 3x^2 - x - 4.$

Grundtypen von Funktionen

Lineare Funktionen

Eine Funktion f mit $\boldsymbol{f(x) = mx + t}$ und $m, t \in \mathbb{R}$ heißt **lineare Funktion**.
m heißt **Steigung** der Funktion, t heißt ***y*-Achsenabschnitt**.
Definitionsmenge: $D_f = \mathbb{R}$ **Wertemenge** (für $m \neq 0$): $W_f = \mathbb{R}$

Der **Graph** einer linearen Funktion ist eine **Gerade**.

Mit jedem beliebigen **Steigungsdreieck** zu zwei auf der Geraden liegenden Punkten $P_1(x_1|y_1)$ und $P_2(x_2|y_2)$ mit $x_1 \neq x_2$ lässt sich die Steigung berechnen:

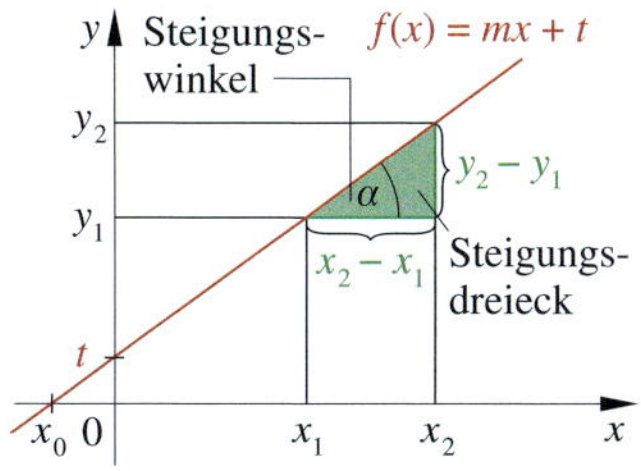

$$m = \frac{\Delta y}{\Delta x} = \frac{y_2 - y_1}{x_2 - x_1}$$

$m > 0$: Die Gerade ist **steigend**. Je größer m, desto steiler der Anstieg.

$m = 0$: Die Gerade verläuft **parallel zur *x*-Achse (waagerecht)**.
$f(x) = t$ mit $t \in \mathbb{R}$; $D_f = \mathbb{R}$; $W_f = \{t\}$ heißt **konstante Funktion**.

$m < 0$: Die Gerade ist **fallend**. Je kleiner m, desto steiler der Abfall.

Für den **Steigungswinkel α** gilt: $\tan\alpha = m \quad (\alpha \neq 90°)$

Die Funktion f hat für $m \neq 0$ genau eine **Nullstelle**: $x_0 = -\frac{t}{m}$

Eine Gerade ist durch die Angabe zweier Punkte, die auf ihr liegen, oder durch die Angabe eines ihrer Punkte und ihrer Steigung eindeutig bestimmt.

Zwei Geraden g_1 und g_2 sind
- **parallel** zueinander genau dann, wenn für ihre Steigungen gilt: $\boldsymbol{m_1 = m_2}$
- **senkrecht** zueinander genau dann, wenn für ihre Steigungen gilt: $\boldsymbol{m_1 \cdot m_2 = -1}$

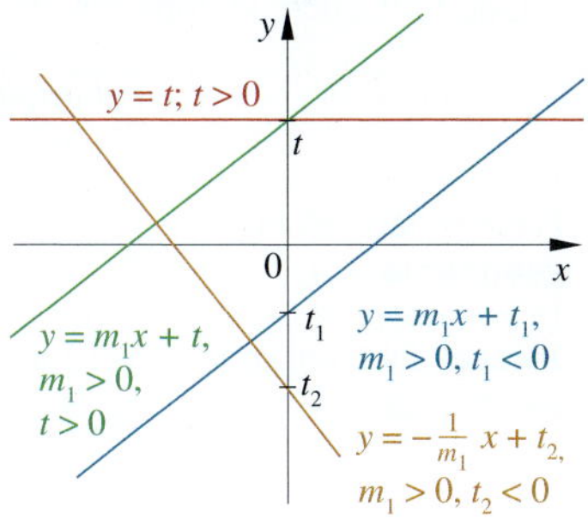

Betragsfunktion

$$f(x) = |x| = \begin{cases} x \text{ für } x \geq 0 \\ -x \text{ für } x < 0 \end{cases}$$

$D_f = \mathbb{R}$; $W_f = \mathbb{R}_0^+$

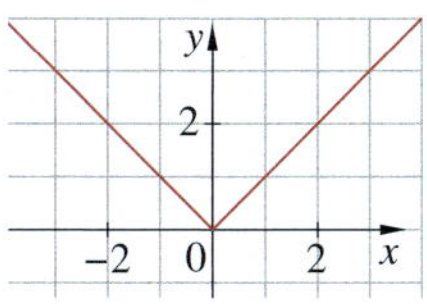

Quadratische Funktionen

Eine Funktion f mit $\boldsymbol{f(x) = ax^2 + bx + c}$ und $a, b, c \in \mathbb{R}$, $a \neq 0$ heißt **quadratische Funktion**. (maximale **Definitionsmenge**: $D_f = \mathbb{R}$)

Der **Graph** ist eine **Parabel**. Der **Scheitelpunkt** ist für $a > 0$ (Parabel **nach oben geöffnet**) ihr tiefster und für $a < 0$ (Parabel **nach unten geöffnet**) ihr höchster Punkt.

Der Graph der Funktion $y = x^2$ heißt **Normalparabel**.

Der Graph der Funktion $\boldsymbol{y = ax^2}$ mit $a \in \mathbb{R}\setminus\{0\}$ hat den Scheitelpunkt $S(0|0)$. Für $|a| > 1$ ist die Parabel enger, für $|a| < 1$ weiter als die Normalparabel.

a heißt **Öffnungsfaktor**.

Der Graph einer quadratischen Funktion mit $f(x) = ax^2 + c$ ist **achsensymmetrisch** zur y-Achse.

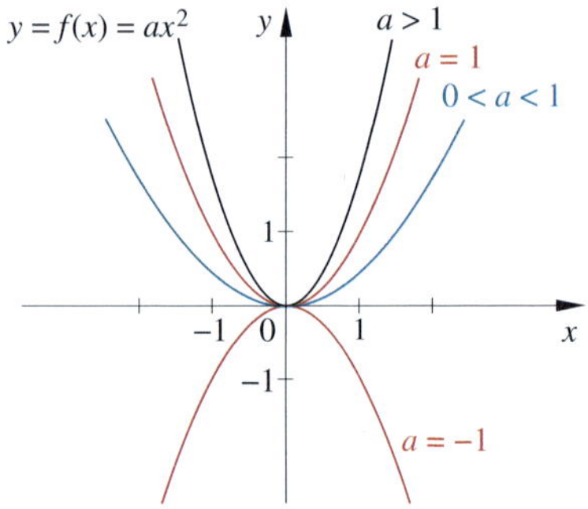

Scheitelpunktform einer quadratischen Funktion f mit $f(x) = ax^2 + bx + c$:

$\boldsymbol{f(x) = a(x - d)^2 + e}$ **Scheitelpunkt**: $S(d|e)$ $d = -\frac{b}{2a}$; $e = c - \frac{b^2}{4a}$

Die Parabel von f geht aus der Parabel von $y = ax^2$ durch Verschiebung um d in Richtung der x-Achse und Verschiebung um e in Richtung der y-Achse hervor.

Die Anzahl der **Nullstellen** wird durch die Lage des Scheitelpunktes S bzgl. der x-Achse und durch die Richtung der Öffnung bestimmt.
(⇒ Quadratische Gleichungen (S. 29))

	S oberhalb der x-Achse ($e > 0$)	**S auf der x-Achse ($e = 0$)**	**S unterhalb der x-Achse ($e < 0$)**
Parabel nach oben geöffnet ($a > 0$)	keine Nullstelle	eine Nullstelle $x_0 = d$	zwei Nullstellen $x_{1/2} = d \pm \sqrt{-\frac{e}{a}}$
Parabel nach unten geöffnet ($a < 0$)	zwei Nullstellen $x_{1/2} = d \pm \sqrt{-\frac{e}{a}}$	eine Nullstelle $x_0 = d$	keine Nullstelle

Siehe auch: ⇒ Untersuchung von Funktionen, S. 52; Parameter verändern Funktionen, S. 54

Potenzfunktionen

Allgemeine Definition für reelle Exponenten
Eine Funktion f mit $\boldsymbol{f(x) = a x^r}$ und $r \in \mathbb{R}$, $a \neq 0$ heißt **Potenzfunktion**.

Potenzfunktionen mit natürlichem Exponenten: $f(x) = x^n$ mit $n \in \mathbb{N}$

Definitionsmenge: $D_f = \mathbb{R}$
f hat genau eine **Nullstelle**: $x_0 = 0$

n gerade

Wertemenge: $W_f = \mathbb{R}_0^+$

Der **Graph** ist für $x < 0$ streng monoton **fallend** und für $x > 0$ streng monoton **steigend**.

Der Graph ist **achsensymmetrisch** zur *y*-Achse.

Gemeinsame Punkte der Graphen: $(0|0)$, $(1|1)$, $(-1|1)$

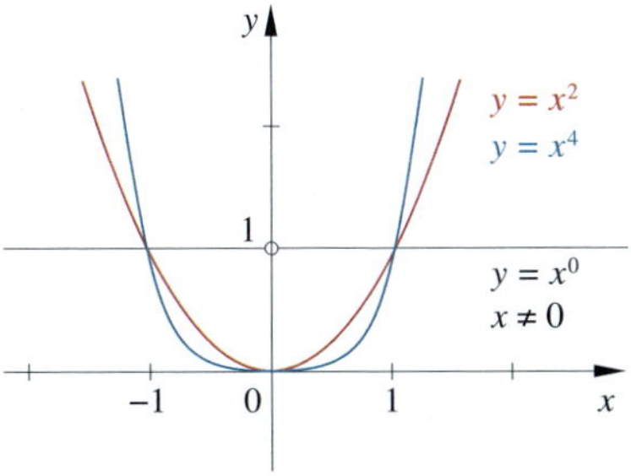

n ungerade

Wertemenge: $W_f = \mathbb{R}$

Der **Graph** ist streng monoton **steigend** für alle $x \in \mathbb{R}$.

Der Graph ist **punktsymmetrisch** zum Ursprung.

Gemeinsame Punkte der Graphen: $(0|0)$, $(1|1)$, $(-1|-1)$

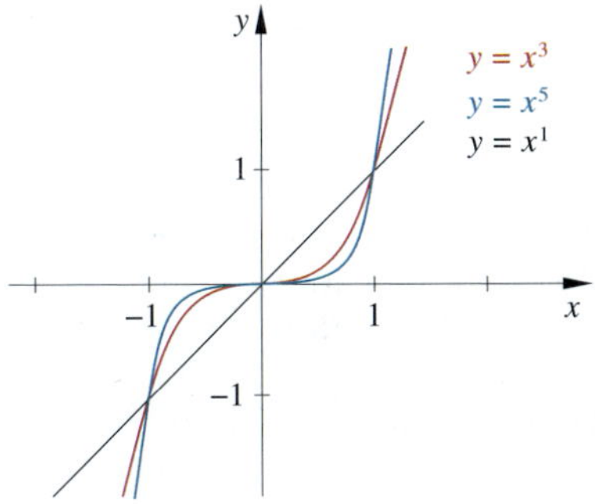

Bermerkung: Die im linken Bild eingezeichnete Funktion f mit $f(x) = x^0$ gehört nach obiger Definition *nicht* zu den Potenzfunktionen.

Die Potenzfunktionen mit natürlichem Exponenten sind ⇒ ganzrationale Funktionen (S. 62), für $n = 1$ erhält man eine ⇒ lineare (S. 45) und für $n = 2$ eine ⇒ quadratische Funktion (S. 46).

Potenzfunktionen mit negativem ganzen Exponenten:

$f(x) = x^{-n} = \frac{1}{x^n}$ mit $n \in \mathbb{N}$

Definitionsmenge: $D_f = \mathbb{R} \setminus \{0\}$

f hat **keine Nullstelle.**

n gerade

Wertemenge: $W_f = \mathbb{R}^+$

Der Graph ist für $x < 0$ streng monoton **steigend** und für $x > 0$ streng monoton **fallend**.

Der Graph ist **achsensymmetrisch** zur *y*-Achse.

Gemeinsame Punkte der Graphen: $(1|1)$, $(-1|1)$

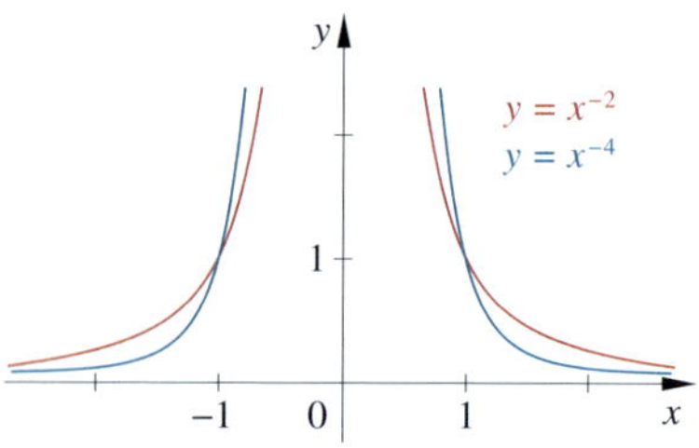

n ungerade

Wertemenge: $W_f = \mathbb{R} \setminus \{0\}$

Der Graph ist streng monoton **fallend** für $x < 0$ sowie für $x > 0$, nicht aber auf der gesamten Definitionsmenge.

Der Graph ist **punktsymmetrisch** zum Ursprung.

Gemeinsame Punkte der Graphen: $(1|1)$, $(-1|-1)$

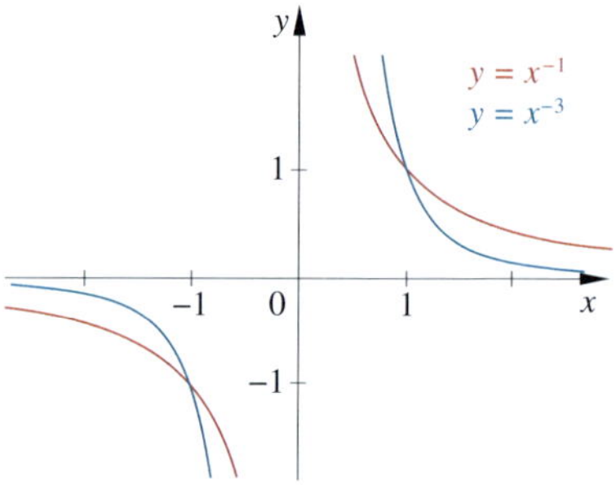

Die Funktionen haben bei $x = 0$ eine ⇒ **Polstelle** (S. 61). Die Graphen nähern sich an dieser Stelle ⇒ **asymptotisch** (S. 61) der *y*-Achse und für $x \to \infty$ sowie für $x \to -\infty$ **asymptotisch** der *x*-Achse. Die Graphen werden als **Hyperbeln** (bestehend aus zwei **Hyperbelästen**) bezeichnet.

Die Potenzfunktionen mit ganzzahligem negativen Exponenten sind ⇒ gebrochen-rationale Funktionen (S. 63).

Potenzfunktionen mit gebrochenem Exponenten

Die Funktion $f(x) = x^q$ mit $q = \frac{m}{n}$ ($m \in \mathbb{Z}$, $n \in \mathbb{N}$, n ist kein Teiler von $|m|$) ist eine **Wurzelfunktion** mit $f(x) = \sqrt[n]{x^m}$ mit $D_f = \mathbb{R}_0^+$ für $m > 0$ bzw. $D_f = \mathbb{R}^+$ für $m < 0$.

Alle Graphen haben den Punkt $(1|1)$ und für $m > 0$ den Punkt $(0|0)$ gemeinsam. Die Wurzelfunktionen $f(x) = \sqrt[n]{x}$ ($m = 1$) und $f(x) = \frac{1}{\sqrt[n]{x}}$ ($m = -1$) sind die ⇒ Umkehrfunktionen (S. 56) von Potenzfunktionen mit ganzem Exponenten.

Beispiele
Funktionsgleichung der Umkehrfunktion zu

(1) $y = x^2$ auf $\mathbb{R}_0^+$: $y = \sqrt{x}$

(2) $y = x^3$ auf $\mathbb{R}_0^+$: $y = \sqrt[3]{x}$

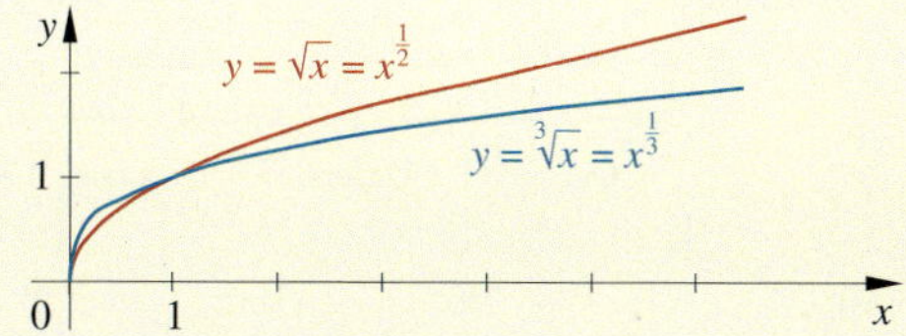

Siehe auch: ⇒ Anwendungen und Eigenschaften von Funktionen, S. 52 ff.

Trigonometrische Funktionen

Definition von Sinus und Kosinus für beliebige Winkelgrößen

Ebenso wie für Winkel zwischen 0° und 360° wird auch für Winkel α über 360° (Drehung über eine Volldrehung hinaus; obere Abbildung) und negative Winkel (Drehung im Uhrzeigersinn; untere Abbildung) mithilfe des zugehörigen Punktes $P(x|y)$ auf dem ⇒ **Einheitskreis** (S. 102) definiert:

$\sin \alpha = y$; $\cos \alpha = x$

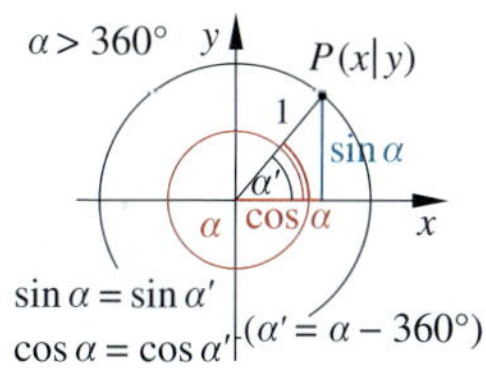

Ein Punkt $P(x|y)$ des Einheitskreises wird durch eine volle Drehung um 360° um den Ursprung auf sich selbst abgebildet. Die Koordinaten $x = \cos(\alpha + 360°)$ und $y = \sin(\alpha + 360°)$ des Bildpunktes stimmen also mit den ursprünglichen Koordinaten $x = \cos \alpha$ und $y = \sin \alpha$ überein: Die Sinus- und Kosinuswerte wiederholen sich jeweils im Abstand von 360°.

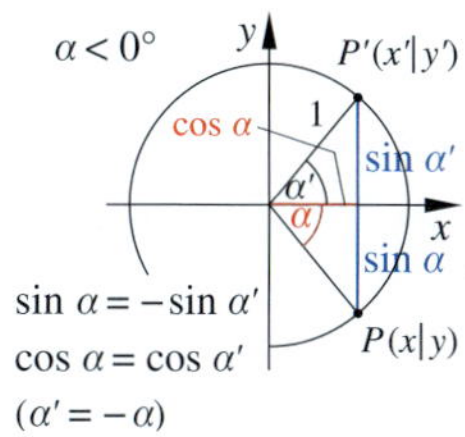

Siehe auch: ⇒ Winkel, S. 86; ⇒ Trigonometrie, S. 102

Sinusfunktion und Kosinusfunktion

Sinusfunktion: $f(x) = \sin x$

$D_f = \mathbb{R}$, $W_f = [-1; 1]$

f hat unendlich viele **Nullstellen:**

$x_k = k \cdot \pi$ mit $k \in \mathbb{Z}$

Der **Graph** ist **punktsymmetrisch** zum Ursprung.

Kosinusfunktion: $f(x) = \cos x$

$D_f = \mathbb{R}$, $W_f = [-1; 1]$

f hat unendlich viele **Nullstellen:**

$x_k = \frac{\pi}{2} + k \cdot \pi$ mit $k \in \mathbb{Z}$

Der **Graph** ist **achsensymmetrisch** zur y-Achse.

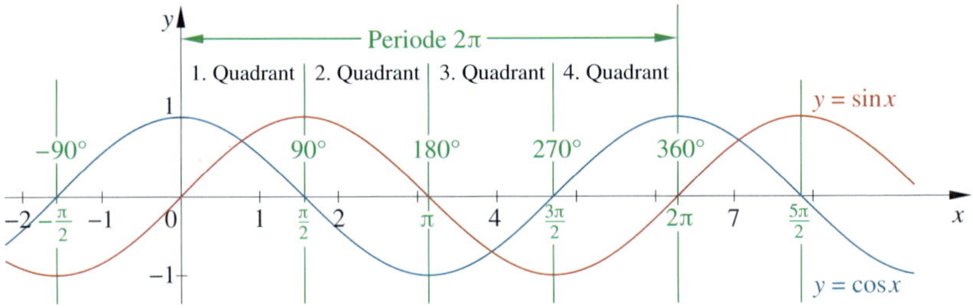

Sinus- und Kosinusfunktion sind **periodisch** mit der (kleinsten) Periode $\mathbf{2\pi}$. Beide Funktionen haben jeweils in der Mitte zwischen zwei benachbarten Nullstellen ein **Maximum** bzw. **Minimum**. Ihre Graphen sind **achsensymmetrisch** zu den Parallelen zur y-Achse, die durch ein Maximum oder Minimum verlaufen, und **punktsymmetrisch** zu den Schnittpunkten mit der x-Achse.
Der **Graph** der Kosinusfunktion entsteht aus dem Graphen der Sinusfunktion durch Verschiebung um $\frac{\pi}{2}$ nach links: $\cos x = \sin\left(x + \frac{\pi}{2}\right)$.

Der **Graph** der **allgemeinen Sinusfunktion $f(x) = a \sin(bx + c)$** mit $a, b, c \in \mathbb{R}$ und $a, b \neq 0$ geht aus dem Graphen der Sinusfunktion wie folgt hervor:

Streckung um a in y-Richtung $\rightarrow y = a \sin x$

Streckung um $\frac{1}{b}$ in x-Richtung $\rightarrow y = a \sin(bx)$

Verschiebung um $-\frac{c}{b}$ in x-Richtung $\rightarrow y = a \sin\left[b\left(x + \frac{c}{b}\right)\right] = a \sin(bx + c)$

Entsprechend ändern sich die Wertemenge ($W_f = [-|a|; |a|]$), die kleinste Periode $\left(\frac{2\pi}{|b|}\right)$ und die Lage von Nullstellen, Maxima und Minima.

Siehe auch: ⇒ Parameter verändern Funktionen, S. 54; ⇒ Periodizität, S. 53
Ergänzungen und Vertiefungen: ⇒ Trigonometrische Funktionen, S. 192

Exponentialfunktionen

Jede Funktion f mit $\boldsymbol{f(x) = a^x}$ mit $a \in \mathbb{R}^+$ heißt **Exponentialfunktion.**

$D_f = \mathbb{R}$; für $a \neq 1$: $W_f = \mathbb{R}^+$ Die Funktion f hat keine Nullstelle.
(Für $a = 1$ erhält man die konstante Funktion f mit $f(x) = 1$.)

Der **Graph** von f ist für $a > 1$ streng monoton **steigend** und nähert sich für $x \to -\infty$ ⇒ **asymptotisch** (S. 61) der x-Achse. Für $a < 1$ ist er streng monoton **fallend** und nähert sich für $x \to \infty$ **asymptotisch** der x-Achse.

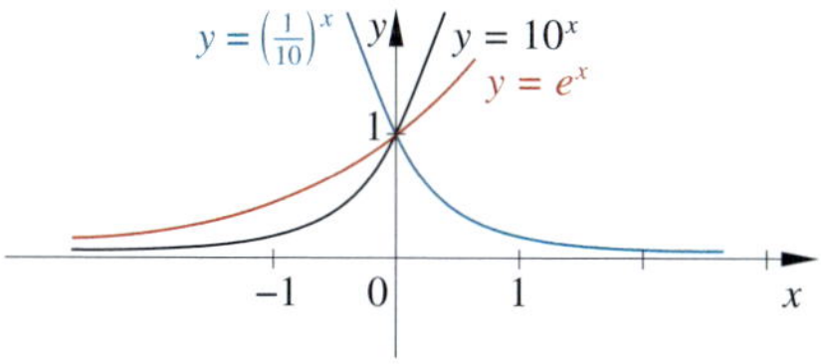

Gemeinsamer Punkt der Graphen: $(0|1)$

Der Graph von $y = \left(\frac{1}{a}\right)^x$ geht aus dem Graphen von $y = a^x$ wegen $\left(\frac{1}{a}\right)^x = a^{-x}$ durch Spiegelung an der y-Achse hervor.
Jede Exponentialfunktion lässt sich wegen $a^x = e^{x \ln a}$ durch eine Funktion mit der Basis e (⇒ Eulersche Zahl, S. 12) darstellen.

Logarithmusfunktionen
Zur Funktion $y = a^x$ mit $a \in \mathbb{R}^+, a \neq 1$ existiert die ⇒ Umkehrfunktion (S. 56) $\boldsymbol{f(x) = \log_a x}$.

$D_f = \mathbb{R}^+$ $W_f = \mathbb{R}$ $f(x) = \log_a x$ hat genau eine **Nullstelle:** $x_0 = 1$

Die Umkehrfunktion zu $y = e^x$ ist die Funktion des **natürlichen Logarithmus $\boldsymbol{f(x) = \ln x}$.**

Jede Logarithmusfunktion lässt sich wegen $\log_a x = \frac{1}{\ln a} \ln x$ durch die Funktion des natürlichen Logarithmus darstellen.

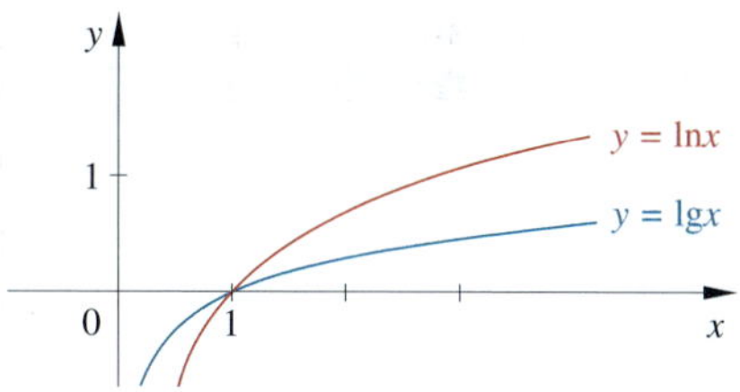

Siehe auch: ⇒ Logarithmen, S. 24; ⇒ Untersuchung von Funktionen, S. 52; ⇒ exponentielles Wachstum, S. 57

Anwendungen und Eigenschaften von Funktionen

Untersuchung von Funktionen

Nullstellen
Eine Zahl x heißt **Nullstelle** einer Funktion f, wenn gilt: $x \in D_f$ und $f(x) = 0$.
Man ermittelt die Nullstellen rechnerisch, indem man die Gleichung $f(x) = 0$ löst und prüft, ob die Lösungen zum Definitionsbereich gehören.

Schnittpunkte des Graphen mit den Koordinatenachsen
Die Punkte $(x|f(x))$ mit $f(x) = 0$ sind die **Schnittpunkte des Graphen mit der x-Achse**. Ihre x-Koordinaten sind genau die Nullstellen der Funktion.
Falls $0 \in D_f$ ist, gibt es genau einen **Schnittpunkt des Graphen mit der y-Achse**, nämlich den Punkt $(0|f(0))$.

Lage eines Punktes bzgl. eines Graphen
Ein Punkt $(x|y)$ liegt auf dem Graphen einer Funktion f, wenn $y = f(x)$ gilt.

Monotonie
Eine Funktion f bzw. ihr Graph heißt auf einer Teilmenge M des Definitionsbereiches

- **monoton steigend**, wenn für alle $x_1, x_2 \in M$ mit $x_1 < x_2$ gilt: $\boldsymbol{f(x_1) \leq f(x_2)}$.
- **monoton fallend**, wenn für alle $x_1, x_2 \in M$ mit $x_1 < x_2$ gilt: $\boldsymbol{f(x_1) \geq f(x_2)}$.
- **streng monoton steigend**, wenn für alle $x_1, x_2 \in M$ mit $x_1 < x_2$ gilt: $\boldsymbol{f(x_1) < f(x_2)}$.
- **streng monoton fallend**, wenn für alle $x_1, x_2 \in M$ mit $x_1 < x_2$ gilt: $\boldsymbol{f(x_1) > f(x_2)}$.

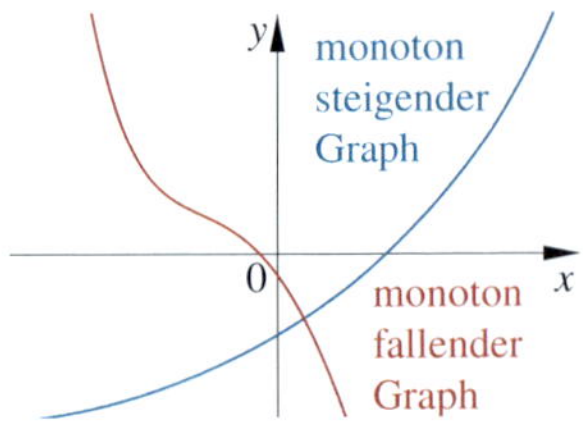

Symmetrie
Manchmal weisen Funktionsgraphen bestimmte Symmetrien auf. Der Graph einer Funktion kann zum Beispiel achsensymmetrisch bzgl. irgendeiner Geraden oder punktsymmetrisch bzgl. irgendeines Punktes sein. Besonders wichtig sind die beiden folgenden Fälle:

- Ist der Graph einer Funktion f **achsensymmetrisch bzgl. der y-Achse**, so heißt f eine **gerade Funktion**. (⇒ Potenzfunktionen, S. 47)
  Eine Funktion f ist genau dann gerade, wenn für jedes $x \in D_f$ gilt:
  $-x \in D_f$ und $\boldsymbol{f(-x) = f(x)}$

- Ist der Graph einer Funktion f punktsymmetrisch zum Koordinatenursprung $(0|0)$, so heißt f eine **ungerade Funktion**. (⇒ Potenzfunktionen, S. 47)
  Eine Funktion f ist genau dann ungerade, wenn für jedes $x \in D_f$ gilt:
  $-x \in D_f$ und $\boldsymbol{f(-x) = -f(x)}$

Beispiele

(1) Der Graph der Funktion $f(x) = 0{,}5x^2 - 2$ ist **achsensymmetrisch** zur y-Achse.
$f(-x) = 0{,}5(-x)^2 - 2 = 0{,}5x^2 - 2 = f(x)$

(2) Der Graph der Funktion $g(x) = 2x + \frac{1}{x}$ ist **punktsymmetrisch** zum Ursprung.
$g(-x) = 2(-x) + \frac{1}{-x} = -2x - \frac{1}{x} = -g(x)$

(3) Der Graph der Funktion $h(x) = x^2 + x$ ist **nicht punktsymmetrisch** zum Ursprung und **nicht achsensymmetrisch zur y-Achse:**
$h(-x) = (-x)^2 + (-x) = x^2 - x$
$h(-x) \neq h(x)$; $h(-x) \neq -h(x)$
Er ist aber achsensymmetrisch zur Geraden $x = -0{,}5$.

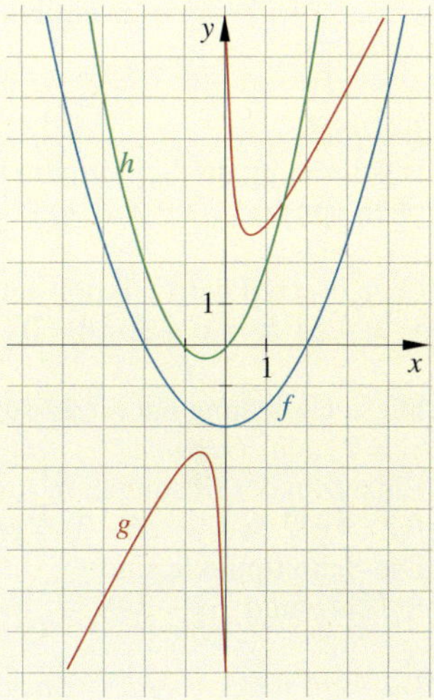

Periodizität

Eine Funktion f heißt **periodisch** genau dann, wenn es eine positive reelle Zahl p gibt, sodass für alle $x \in D_f$ gilt: $x + p \in D_f$ und $\boldsymbol{f(x+p) = f(x)}$.
p heißt **Periode** von f.
Die Funktionswerte einer periodischen Funktion wiederholen sich in gleichen Abständen p regelmäßig. Der Graph kommt nach Verschiebung um p in x-Richtung mit sich selbst zur Deckung.
Ist p eine Periode von f, so ist auch jedes natürliche Vielfache von p eine Periode von f. Man gibt daher in der Regel die kleinste Periode einer Funktion an.

Beispiel
Die Funktion $f(x) = \sin(2x)$ ist **periodisch** mit der Periode π.
$f(x + \pi) = \sin[2(x + \pi)] =$
$\sin(2x + 2\pi) = \sin(2x) = f(x)$

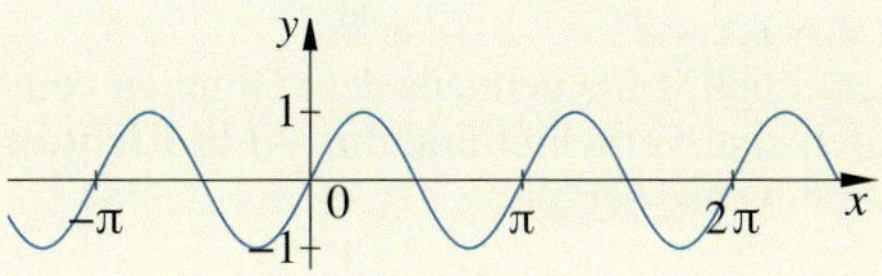

Schnittpunkte von zwei Graphen
Die Graphen zweier Funktionen f und g haben an der Stelle x einen Schnittpunkt genau dann, wenn dort die Funktionswerte $f(x)$ und $g(x)$ übereinstimmen.
Man ermittelt die x-Werte der Schnittpunkte rechnerisch, indem man die Gleichung $f(x) = g(x)$ löst. Anschließendes Einsetzen der Lösungen in den Funktionsterm $f(x)$ oder $g(x)$ ergibt die zugehörigen y-Werte (⇒ Gleichungen, S. 26 ff.).

Beispiel
Bestimmung der Schnittpunkte der Graphen von $f(x) = x^2$ und $g(x) = -x + 6$:

Gleichsetzen der Funktionsterme:
$x^2 = -x + 6 \Rightarrow x^2 + x - 6 = 0$

Diese Gleichung hat die Lösungen
$x_1 = 2$ und $x_2 = -3$.
Einsetzen der Lösungen in $f(x)$ oder $g(x)$:
$f(2) = g(2) = 4$ $\quad f(-3) = g(-3) = 9$
Die Schnittpunkte sind:
$S_1(2|4)$ und $S_2(-3|9)$

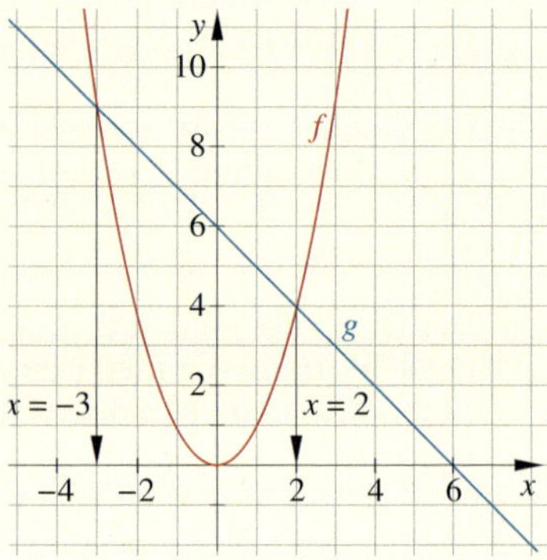

Für weitere Beispiele siehe: ⇒ Grundtypen von Funktionen, S. 45; ⇒ Kurvendiskussion, S. 80

Parameter verändern Funktionen

$\boldsymbol{g(x) = f(x) + b}$ $\qquad (b \in \mathbb{R})$
Der Graph von g geht aus dem Graphen von f durch eine **Verschiebung um b in Richtung der y-Achse** hervor.

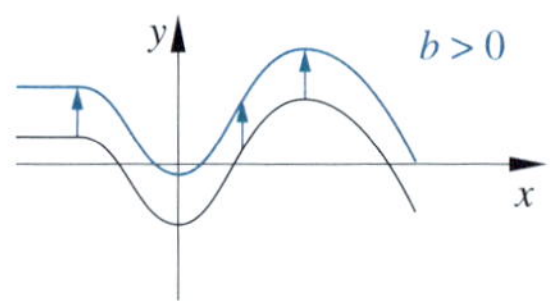

$\boldsymbol{g(x) = f(x + d)}$ $\qquad (d \in \mathbb{R})$
Der Graph von g geht aus dem Graphen von f durch eine **Verschiebung um $-d$ in Richtung der x-Achse** hervor.

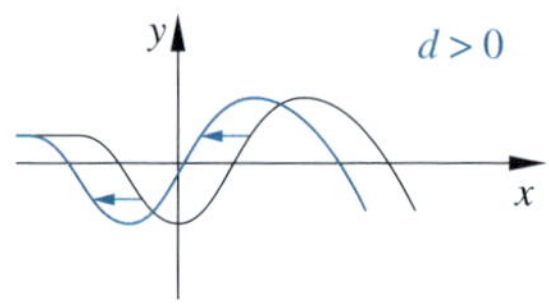

$\boldsymbol{g(x) = a \cdot f(x)}$ $\qquad (a \in \mathbb{R}\setminus\{0\})$
Der Graph von g geht aus dem Graphen von f durch eine **Streckung mit dem Faktor *a* in Richtung der *y*-Achse** hervor.
Für $|a| < 1$ bedeutet das eine **Stauchung**.

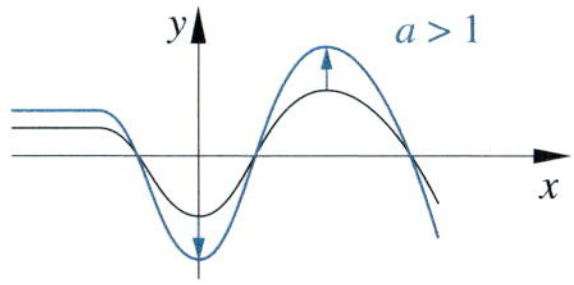

Für $a < 0$ findet zusätzlich eine **Spiegelung an der *x*-Achse** statt.

Der Fall $a = -1$, d. h. $\boldsymbol{g(x) = -f(x)}$, bedeutet ausschließlich eine **Spiegelung an der *x*-Achse**.

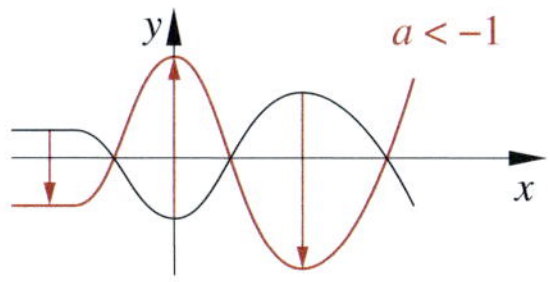

$\boldsymbol{g(x) = f(c \cdot x)}$ $\qquad (c \in \mathbb{R}\setminus\{0\})$
Der Graph von g geht aus dem Graphen von f durch eine **Streckung mit dem Faktor $\boldsymbol{\frac{1}{c}}$ in Richtung der *x*-Achse** hervor.
Für $|c| > 1$ bedeutet das eine Stauchung.

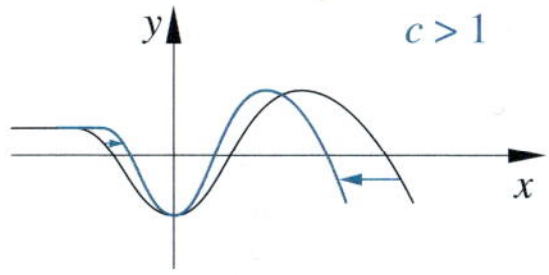

Für $c < 0$ findet zusätzlich eine **Spiegelung an der *y*-Achse** statt.

Der Fall $c = -1$, d. h. $\boldsymbol{g(x) = f(-x)}$, bedeutet ausschließlich eine **Spiegelung an der *y*-Achse**.

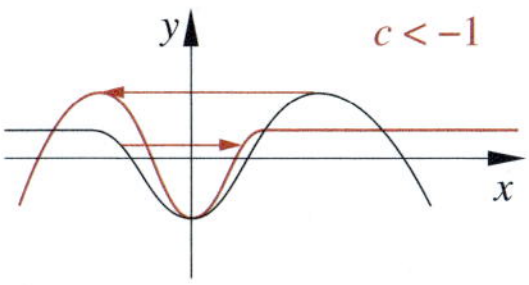

Findet in x- bzw. y-Richtung sowohl eine Verschiebung als auch eine Streckung (Stauchung, Spiegelung) statt, ist die Reihenfolge der Veränderungen entscheidend für den entstehenden Funktionsterm.

Beispiel

Der Graph von $g(x) = -x^2 + 1$ geht aus dem Graphen von $f(x) = x^2$ hervor durch:

1. Spiegelung an der x-Achse $\rightarrow y = -x^2$
2. Verschiebung um 1 nach oben
   $\rightarrow y = -x^2 + 1$

Wird erst die Verschiebung und dann die Spiegelung ausgeführt, entsteht der Funktionsterm $-(x^2 + 1)$ bzw. $-x^2 - 1$.

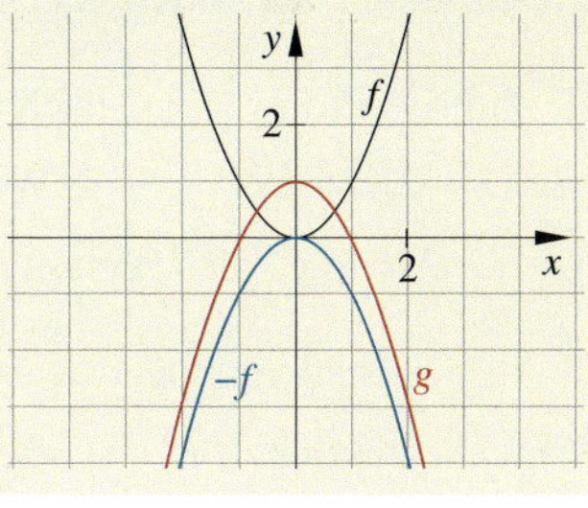

Umkehrfunktionen

Eine Funktion f, bei der zu jedem Funktionswert genau ein Argument gehört, ist **umkehrbar**, d.h. es gibt eine **Umkehrfunktion f^{-1}**, die jedem Funktionswert $y \in W_f$ der ursprünglichen Funktion f das zugehörige Argument $x \in D_f$ zuordnet. **Definitionsmenge** von f^{-1} ist $D_{f^{-1}} = W_f$, die **Wertemenge** von f^{-1} ist $W_{f^{-1}} = D_f$

Es gilt $\boldsymbol{f^{-1}(y) = x}$ genau dann, wenn $\boldsymbol{f(x) = y}$ ist.
Für alle $x \in D_f$ gilt: $\boldsymbol{f^{-1}(f(x)) = x}$ Für alle $y \in W_f$ gilt: $\boldsymbol{f(f^{-1}(y)) = y}$

Die Umkehrfunktion f^{-1} ist selbst auch umkehrbar, ihre Umkehrfunktion ist wieder die ursprüngliche Funktion f.

Man erhält den **Funktionsterm** der Umkehrfunktion von f, indem man die Gleichung $y = f(x)$ nach x auflöst und die Variablen y und x vertauscht.

Die **Graphen** der Funktion und ihrer Umkehrfunktion (Darstellung von $f(x)$ und $f^{-1}(x)$) gehen jeweils aus dem anderen Graphen durch **Spiegelung an der Winkelhalbierenden** im 1. und 3. Quadranten hervor.

Funktionen, die nicht auf ihrer gesamten Definitionsmenge umkehrbar sind, lassen sich manchmal auf einer Teilmenge $M \subset D_f$ umkehren.
Funktionen, die auf ihrer Definitionsmenge oder einer Teilmenge **streng monoton** (steigend bzw. fallend) sind, sind dort umkehrbar.

Beispiel

Die Funktion $f(x) = (x-2)^2$ ist auf dem Intervall $[2; \infty[$ streng monoton steigend und somit umkehrbar.

$D_{f^{-1}} = W_f = \mathbb{R}_0^+$ $W_{f^{-1}} = D_f = [2; \infty[$

Bestimmung des Funktionsterms $f^{-1}(x)$:

1. Auflösen von $y = f(x)$ nach x:
$y = (x-2)^2 \Rightarrow \pm\sqrt{y} = x - 2$. Wegen $x \geq 2$ ist $x - 2 = +\sqrt{y}$, also $\sqrt{y} + 2 = x$

2. Vertauschen von y und x: $\sqrt{x} + 2 = y$

Umkehrfunktion: $f^{-1}(x) = \sqrt{x} + 2$

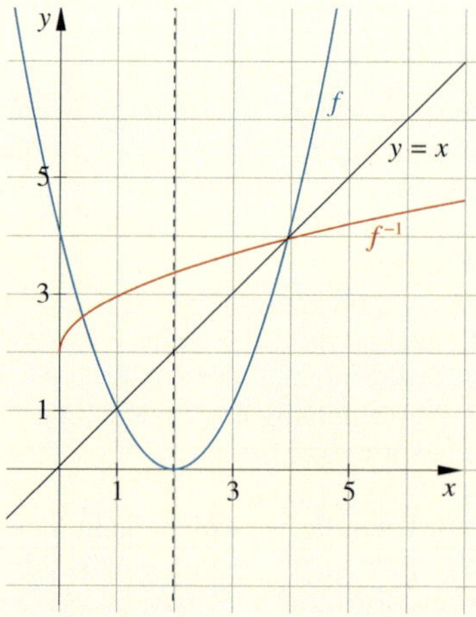

Wachstums- und Zerfallsprozesse

Viele Wachstumsprozesse in Natur, Technik und Wirtschaft lassen sich – zumindest näherungsweise – durch lineares oder exponentielles Wachstum beschreiben.

Lineares Wachstum
In gleichen Zeitabständen nimmt eine Größe N stets um den **gleichen Wert** zu bzw. ab, das heißt, für jeden Zeitpunkt t gilt
$N(t+1) = N(t) + m$

Damit erhält man die Wachstumsfunktion
$N(t) = N_0 + m \cdot t$.

N_0: **Anfangswert** bei $t = 0$ $(N_0 > 0)$
m: **Steigung** $(m \neq 0)$

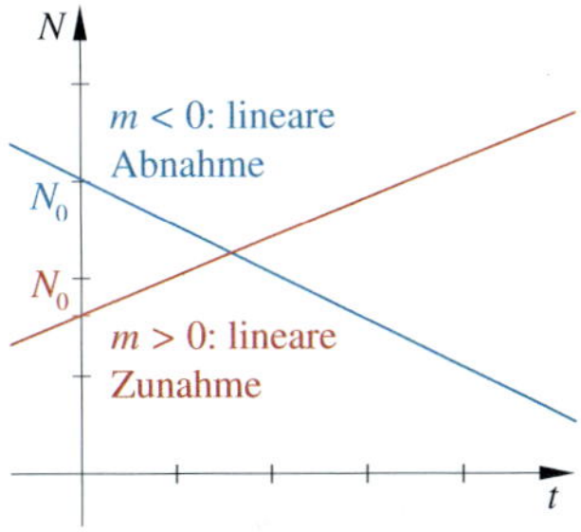

Exponentielles Wachstum
In gleichen Zeitabständen ändert sich eine Größe N stets um den **gleichen Faktor**, das heißt, für jeden Zeitpunkt t gilt
$N(t+1) = N(t) \cdot q$
Damit erhält man die Wachstumsfunktion
$N(t) = N_0 \cdot q^t$.

N_0: **Anfangswert** bei $t = 0$ $(N_0 > 0)$
q: **Wachstumsfaktor** $(q > 0;\ q \neq 1)$

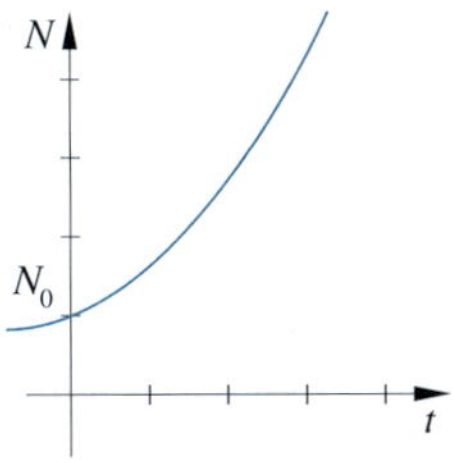

$q > 1$: exponentielle Zunahme

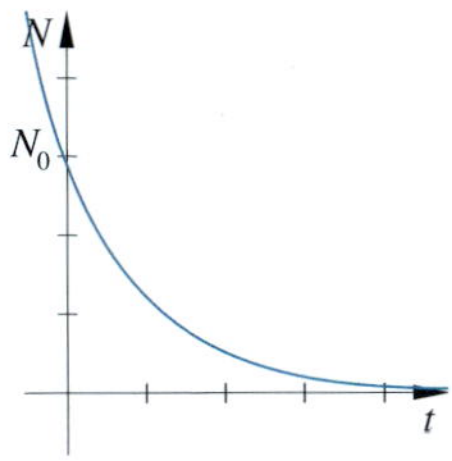

$q < 1$: exponentielle Abnahme

Exponentielles Wachstum liegt vor, wenn sich eine Größe in gleichen Zeitabständen (z. B. jede Stunde; jedes Jahr) stets um p % ändert. Für den Wachstumsfaktor gilt dann $\boldsymbol{q = 1 + \frac{p}{100}}$.

Bei exponentieller Zunahme gibt die **Verdopplungszeit T_2** die Zeit an, in der sich der Wert der Größe N verdoppelt.

Bei exponentieller Abnahme gibt die **Halbwertszeit $T_{1/2}$** die Zeit an, in der sich der Wert der Größe N halbiert.

Zur Beschreibung exponentiellen Wachstums wird auch die ⇒ Eulersche Zahl e (S. 12) als Basis verwendet:

exponentielle Zunahme: $\boldsymbol{N(t) = N_0 \cdot e^{kt}}$ $k = \ln q$ $T_2 = \frac{\ln 2}{k}$

exponentielle Abnahme: $\boldsymbol{N(t) = N_0 \cdot e^{-kt}}$ $k = -\ln q$ $T_{1/2} = \frac{\ln 2}{k}$

Beispiele

(1) **Steigender Wasserpegel – lineare Zunahme**
Ein Wasserpegel liegt bei 7,32 m. Er steigt alle zwei Stunden um 1 cm.

Pegelstand in Meter: $N(x) = 7{,}32 + 0{,}01 \cdot x$
x: Anzahl der Zeitabschnitte von 2 Stunden

In Abhängigkeit von der Zeit t in Stunden gilt für den Pegelstand in Meter:

$N(t) = 7{,}32 + 0{,}01 \cdot \frac{t}{2}$ bzw. $N(t) = 7{,}32 + 0{,}005 \cdot t$

(2) **Zellwachstum – exponentielle Zunahme**
In einer Zellkultur mit anfangs 100 Zellen verdoppelt sich die Anzahl der Zellen durch Zellteilung jeweils nach drei Tagen.

Anzahl der Zellen: $N(x) = 100 \cdot 2^x$ x: Anzahl der Zeitabschnitte von 3 Tagen

In Abhängigkeit von der Zeit t in Tagen gilt für Anzahl der Zellen:

$N(t) = 100 \cdot 2^{\frac{t}{3}}$ bzw. $N(t) = 5 \cdot \left(2^{\frac{1}{3}}\right)^t \approx 5 \cdot 1{,}260^t$

(3) **Radioaktiver Zerfall – exponentielle Abnahme**
Von 40 g eines radioaktiven Stoffes zerfallen jede Sekunde 3 %.

Wachstumsfaktor: $q = 1 - \frac{3}{100} = 0{,}97$ t: Zeit in Sekunden

Menge des Stoffes in Gramm: $N(t) = 40 \cdot 0{,}97^t$ bzw.
$N(t) = 40 \cdot e^{-0{,}03046\,t}$

Halbwertszeit in Sekunden: $T_{1/2} = \frac{\ln 2}{0{,}03046} \approx 22{,}76$

Siehe auch: ⇒ Ergänzungen und Vertiefungen: ⇒ Wachstumsprozesse, S. 191

Grenzwerte

Verhalten von Funktionen im Unendlichen
Bei der Untersuchung des Verhaltens einer Funktion $f(x)$ für $x \to \infty$ bzw. $x \to -\infty$ unterscheidet man die Fälle, dass die Funktionswerte gegen ∞, gegen eine reelle Zahl g oder gegen $-\infty$ streben:

	$x \to \infty$	$x \to -\infty$
$f(x) \to \infty$	$\lim\limits_{x \to \infty} f(x) = \infty$ Jede noch so große Zahl S wird ab einem genügend großen x von allen Funktionswerten übertroffen.	$\lim\limits_{x \to -\infty} f(x) = \infty$ Jede noch so große Zahl S ist kleiner als alle Funktionswerte, wenn man x genügend klein wählt.
$f(x) \to g$ $g \in \mathbb{R}$	$\lim\limits_{x \to \infty} f(x) = g$ Die Funktionswerte liegen beliebig nahe bei g, wenn man x genügend groß wählt.	$\lim\limits_{x \to -\infty} f(x) = g$ Die Funktionswerte liegen beliebig nahe bei g, wenn man x genügend klein wählt.
$f(x) \to -\infty$	$\lim\limits_{x \to \infty} f(x) = -\infty$ Ab einem genügend großen x sind alle Funktionswerte kleiner als jede noch so kleine Zahl S.	$\lim\limits_{x \to -\infty} f(x) = -\infty$ Jede noch so kleine Zahl S ist größer als alle Funktionswerte, wenn x nur genügend klein ist.

Beispiele

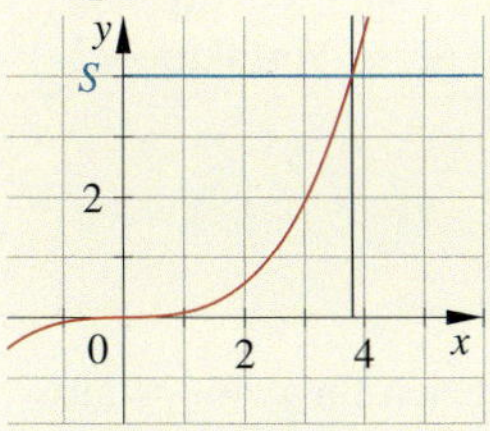

Für alle $x > 4$ ist $f(x) > S$.

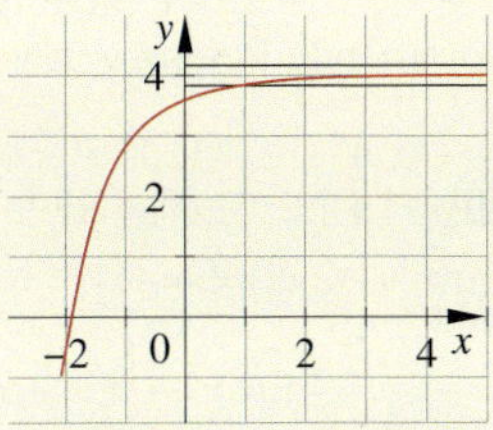

Grenzwert 4, einseitige Annäherung von unten

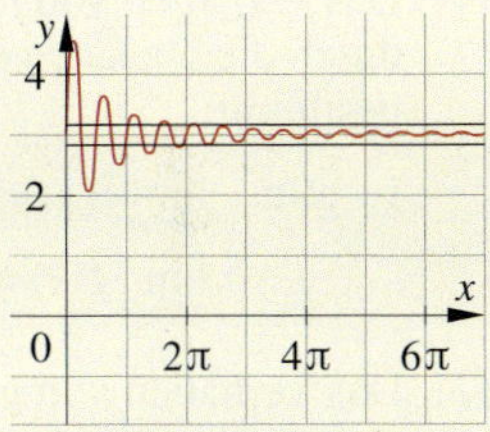

Grenzwert 3, oszillierende Annäherung

Siehe auch: ⇒ Ergänzungen und Vertiefungen: Konvergenz und Divergenz; Grenzwerte (S. 174); ⇒ Ergänzungen und Vertiefungen: Grenzwerte von Funktionen (S. 182)

Verhalten im Unendlichen bei grundlegenden Funktionen

Verhalten für $x \to \infty$		Verhalten für $x \to -\infty$	
$\lim\limits_{x \to \infty} x^n = \infty$	für $n \in \mathbb{N}$	$\lim\limits_{x \to -\infty} x^n = \infty$	für $n \in \mathbb{N}$, n gerade
$\lim\limits_{x \to \infty} \frac{1}{x^n} = 0$	für $n \in \mathbb{N}$	$\lim\limits_{x \to -\infty} x^n = -\infty$	für $n \in \mathbb{N}$, n ungerade
$\lim\limits_{x \to \infty} a^x = \infty$	für $a \in \mathbb{R}^+$, $a > 1$	$\lim\limits_{x \to -\infty} \frac{1}{x^n} = 0$	für $n \in \mathbb{N}$
$\lim\limits_{x \to \infty} a^x = 0$	für $a \in \mathbb{R}^+$, $a < 1$	$\lim\limits_{x \to -\infty} a^x = 0$	für $a \in \mathbb{R}^+$, $a > 1$
$\lim\limits_{x \to \infty} \frac{a^x}{x^n} = \infty$	für $a \in \mathbb{R}^+$, $a > 1$, $n \in \mathbb{N}$	$\lim\limits_{x \to -\infty} a^x = \infty$	für $a \in \mathbb{R}^+$, $a < 1$
$\lim\limits_{x \to \infty} \sqrt[n]{x} = \infty$	für $n \in \mathbb{N}$		
$\lim\limits_{x \to \infty} \log_a x = \infty$	für $a \in \mathbb{R}^+$, $a > 1$		

Bei der Berechnung von Grenzwerten von rationalen Funktionen für $x \to \pm\infty$ greift man auf die bekannten Grenzwerte für Potenzfunktionen zurück.
Eine ⇒ ganzrationale Funktion (S. 62) verhält sich für $x \to \pm\infty$ wie der Summand mit dem höchsten Exponenten. Bei ⇒ gebrochen-rationalen Funktionen (S. 63) klammert man in Zähler und Nenner jeweils die höchste vorkommende Potenz von x aus, kürzt soweit wie möglich und schreibt die verbleibende Potenz von x als Faktor vor den Bruch. Der Grenzwert der Funktion ergibt sich dann aus dem Grenzwert dieser Potenzfunktion und dem reellen Grenzwert des Bruchs.

Beispiele

(1) Das Verhalten von f: $x \to -2x^3 - 2x^2 - 3x + 10$ für $x \to \pm\infty$ wird durch die höchste vorkommende Potenz von x und deren Vorfaktor -2 bestimmt:

Es gilt: $\lim\limits_{x \to \infty} f(x) = \lim\limits_{x \to \infty} (-2x^3) = -\infty$ und

$\lim\limits_{x \to -\infty} f(x) = \lim\limits_{x \to -\infty} (-2x^3) = \infty$

(2) Das Verhalten von g: $x \to \frac{x^2 - 3}{x - 2}$ für $x \to \pm\infty$ ergibt sich für $x \to -\infty$ aus

$$\lim_{x \to -\infty} \frac{x^2 - 3}{x - 2} = \lim_{x \to -\infty} \frac{x^2\left(1 - \frac{3}{x^2}\right)}{x\left(1 - \frac{2}{x}\right)} = \lim_{x \to -\infty} \left(x \frac{1 - \frac{3}{x^2}}{1 - \frac{2}{x}} \right) = -\infty,$$

für $x \to +\infty$ analog.

Asymptoten
Eine Gerade, die Graph einer ⇒ linearen Funktion A (S. 45) ist, heißt **Asymptote** einer Funktion f, wenn sich der Graph von f dieser Geraden im Unendlichen beliebig genau annähert, d. h., wenn gilt:

$$\lim_{x \to \infty} |\boldsymbol{f}(\boldsymbol{x}) - \boldsymbol{A}(\boldsymbol{x})| = \boldsymbol{0} \quad \text{oder} \quad \lim_{x \to -\infty} |\boldsymbol{f}(\boldsymbol{x}) - \boldsymbol{A}(\boldsymbol{x})| = \boldsymbol{0}$$

Gilt $\lim\limits_{x \to \infty} f(x) = g$ bzw. $\lim\limits_{x \to -\infty} f(x) = g$, ist die Parallele zur x-Achse mit $y = g$ eine **waagerechte Asymptote** von f. (Für $g = 0$ ist dies die x-Achse.) Auch senkrechte Geraden und gekrümmte Funktionsgraphen können als Asymptoten auftreten (siehe ⇒ gebrochen-rationale Funktionen, S. 63).

Beispiel

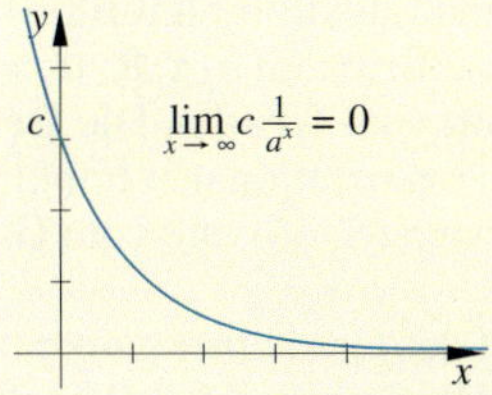

Der Graph von $f(x) = \frac{c}{a^x}$ ($a > 1$; $c \in \mathbb{R}^+$) nähert sich für $x \to \infty$ asymptotisch der x-Achse an.

Verhalten von Funktionen bei Definitionslücken
Bei der Annäherung der Argumente von links ($x < x_0$) bzw. von rechts ($x > x_0$) an eine **Definitionslücke** x_0 sind folgende Fälle von besonderem Interesse:

- Es gilt $\lim\limits_{\substack{x \to x_0 \\ x < x_0}} f(x) = \lim\limits_{\substack{x \to x_0 \\ x > x_0}} f(x) = a$. Dann hat der Graph von f an der Stelle x_0 lediglich ein „Loch", das sich durch die Festsetzung $f(x_0) = a$ schließen lässt. Die Stelle x_0 heißt dann eine **hebbare Lücke**.
- Es gilt $\lim\limits_{\substack{x \to x_0 \\ x < x_0}} f(x) = a$ und $\lim\limits_{\substack{x \to x_0 \\ x > x_0}} f(x) = b$ mit $a \neq b$. Dann hat der Graph von f an der Stelle x_0 eine **Sprungstelle**.
- Es gilt $\lim\limits_{\substack{x \to x_0 \\ x < x_0}} f(x) = \pm\infty$ und $\lim\limits_{\substack{x \to x_0 \\ x > x_0}} f(x) = \pm\infty$. Dann nennt man x_0 eine **Polstelle** des Graphen von f. Je nach Situation unterscheidet man Polstellen mit oder ohne Vorzeichenwechsel (⇒ gebrochen-rationale Funktionen, S. 63). Der Graph der Funktion besitzt bei einer Polstelle eine **senkrechte Asymptote**.

Beispiele

$f(x) = \frac{x^2 - 1}{x - 1}$

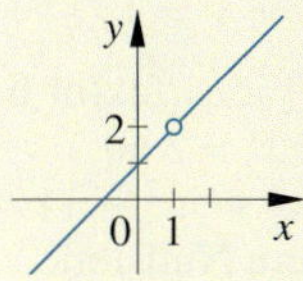

hebbare Lücke bei $x_0 = 1$

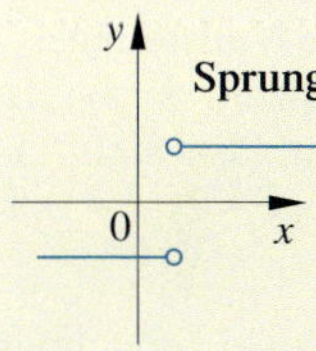

$f(x) = \frac{1}{x^2}$

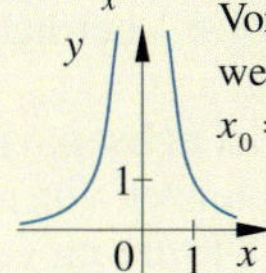

Pol ohne Vorzeichenwechsel bei $x_0 = 0$

Ganzrationale Funktionen

Eine Funktion f mit $f(x) = a_n x^n + \ldots + a_2 x^2 + a_1 x + a_0$ mit $n \in \mathbb{N}_0$ und den Koeffizienten $a_i \in \mathbb{R}$, $a_n \neq 0$ heißt **ganzrationale Funktion** oder **Polynomfunktion** vom **Grad** n. Die **Definitionsmenge** ist $D_f = \mathbb{R}$.
Die ganzrationalen Funktionen vom Grad 2 sind die ⇒ quadratischen Funktionen (S. 46), die vom Grad 1 die ⇒ linearen Funktionen (S. 45).

Ist der Grad einer ganzrationalen Funktion f größer als 2, lassen sich die **Nullstellen** x mit $f(x) = 0$ häufig nur näherungsweise ermitteln.
Falls der Funktionsterm schon faktorisiert ist und Linearfaktoren enthält, kann man Nullstellen direkt ablesen. Ist eine Nullstelle x_0 bereits bekannt, liefert die ⇒ Polynomdivision (S. 21) $f(x) : (x - x_0)$ ein Polynom $g(x)$, dessen Grad um 1 kleiner ist als der von f. Weitere Nullstellen von f sind die Nullstellen von g.

Eine ganzrationale Funktion vom Grad n hat höchstens n Nullstellen.

Beispiel
Bestimmung der Nullstellen von
$f(x) = 2x^4 + x^3 - 13x^2 + 6x = (x - 2) \cdot (2x^3 + 5x^2 - 3x)$

Aus dem Linearfaktor liest man unmittelbar die Nullstelle $x_1 = 2$ ab.
Wegen $2x^3 + 5x^2 - 3x = x \cdot (2x^2 + 5x - 3)$ ist $x_2 = 0$ eine weitere Nullstelle.
Lösen der quadratischen Gleichung $2x^2 + 5x - 3 = 0$ ergibt die Nullstellen $x_3 = 0{,}5$ und $x_4 = -3$.
Da die Anzahl der Nullstellen mit dem Grad von f übereinstimmt, lässt sich $f(x)$ in Linearfaktoren zerlegen:
$f(x) = 2x(x - 2)(x - 0{,}5)(x + 3)$.

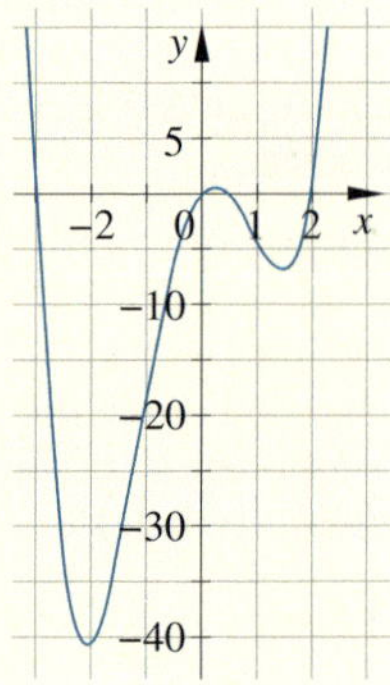

Zwischen zwei benachbarten Nullstellen einer ganzrationalen Funktion liegt mindestens ein ⇒ Maximum oder ⇒ Minimum (S. 69).
Die Anzahl der **Maxima** und **Minima** einer ganzrationalen Funktion vom Grad n mit $n \geq 1$ beträgt höchstens $n - 1$.

Der Graph ist **achsensymmetrisch zur *y*-Achse** genau dann, wenn im Funktionsterm nur Potenzen von x mit **geraden** Exponenten auftreten, und **punktsymmetrisch zum Ursprung** genau dann, wenn im Funktionsterm nur Potenzen von x mit **ungeraden** Exponenten auftreten. (⇒ Symmetrie von Funktionen, S. 52)

Gebrochen-rationale Funktionen

Eine Funktion f, deren Funktionsterm $\boldsymbol{f(x) = \frac{u(x)}{v(x)}}$ als Quotient zweier Polynome u und v darstellbar ist, heißt **gebrochen-rationale Funktion**.

Die **Nullstellen** der rationalen Funktion f sind die Nullstellen der Zählerfunktion u, welche zur Definitionsmenge von f gehören, also keine Nullstellen der Nennerfunktion v sind. (⇒ Nullstellen von ganzrationalen Funktionen, S. 62)

Die Nullstellen des Nennerpolynoms v sind ⇒ **Definitionslücken** (S. 61) von f. Ist eine Definitionslücke keine Nullstelle der Zählerfunktion u, befindet sich dort eine ⇒ **Polstelle** (S. 61). Ist eine Definitionslücke zugleich Nullstelle der Zählerfunktion, handelt es sich entweder um eine ⇒ **hebbare Definitionslücke** (S. 61) oder um eine **Polstelle** (letzteres genau dann, wenn die Vielfachheit der Nullstelle im Nenner größer ist als im Zähler).

Durch ⇒ **Polynomdivision** (S. 21) kann der Funktionsterm $f(x) = \frac{u(x)}{v(x)}$ in eine Summe aus einem Polynom $p(x)$ und einem Restterm $\frac{r(x)}{v(x)}$ zerlegt werden, das heißt, es gilt $\boldsymbol{f(x) = p(x) + \frac{r(x)}{v(x)}}$. Dabei ist $\text{Grad}(r) < \text{Grad}(v)$. Deshalb strebt der Restterm $\frac{r(x)}{v(x)}$ für $x \to \infty$ und für $x \to -\infty$ jeweils gegen 0, und folglich nähert sich der Graph von f **asymptotisch** dem Graphen von p.

Ist im Funktionsterm von vornherein der Grad von u kleiner als der Grad von v, nähert sich der Graph von f für $x \to \infty$ und $x \to -\infty$ **asymptotisch** der x-Achse.

Beispiel

$f(x) = \frac{x^3 - 2x^2}{x^2 - x - 2} = \frac{x^2(x-2)}{(x+1)(x-2)}$; $\quad D_f = \mathbb{R} \setminus \{-1; 2\}$

Bei $x = -1$ befindet sich eine Polstelle (mit Vorzeichenwechsel).

$x = 2$ ist als einfache Nullstelle des Zählers und des Nenners eine hebbare Definitionslücke.

$x = 0$ ist die einzige Nullstelle von f.

Polynomdivision ergibt: $\quad f(x) = x - 1 + \frac{x-2}{x^2 - x - 2}$

Die Gerade $y = x - 1$ ist schräge Asymptote von f.

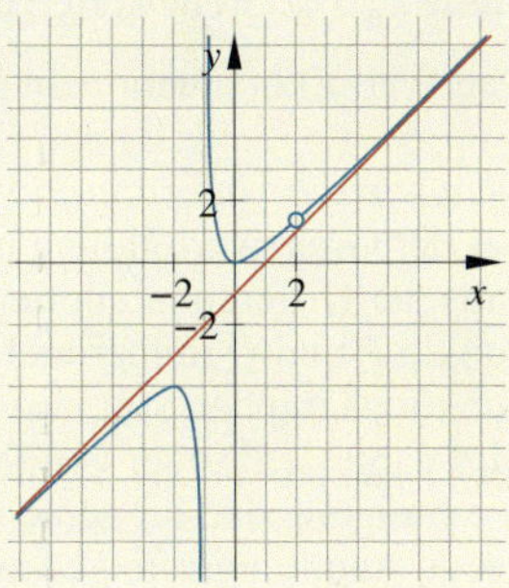

Differentialrechnung

Mittlere und lokale Änderungsrate

Unter der **mittleren Änderungsrate** einer Funktion f zwischen zwei Stellen a und b versteht man den **Differenzenquotienten**

$$\frac{f(b)-f(a)}{b-a}.$$

Die mittlere Änderungsrate entspricht der Steigung der Sekante zwischen P und Q.

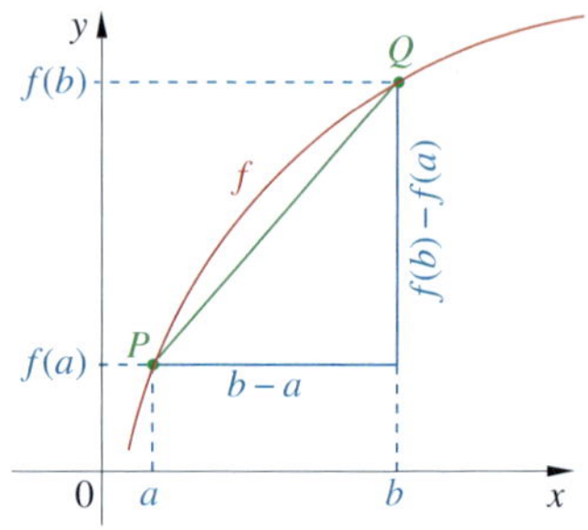

Unter der **lokalen Änderungsrate** $f'(x_0)$ einer Funktion f an einer Stelle x_0 versteht man den **Differentialquotienten**

$$f'(x_0) = \lim_{h \to 0} \frac{f(x_0+h)-f(x_0)}{h}$$

bzw.

$$f'(x_0) = \lim_{x \to x_0} \frac{f(x)-f(x_0)}{x-x_0}$$

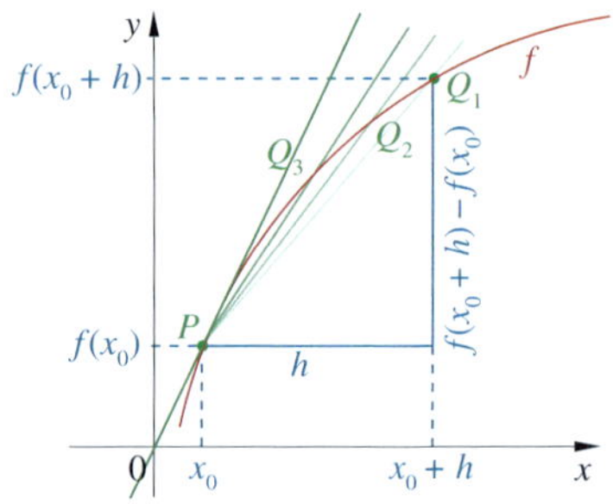

Falls dieser Grenzwert existiert, heißt die Funktion f **differenzierbar an der Stelle** $\boldsymbol{x_0}$. (⇒ Grenzwerte von Funktionen, S. 182)

Den Wert $f'(x_0)$ nennt man auch die **Ableitung von** $\boldsymbol{f}$ **an der Stelle** $\boldsymbol{x_0}$.

Geometrische Interpretation:
Bei der Grenzwertbildung nähert sich der Punkt Q immer weiter dem Punkt P. Falls der Differentialquotient existiert, nähert sich dabei die Sekante durch die Punkte P und Q immer mehr der *Tangente* (⇒ Begriffe am Kreis, S. 86) an den Funktionsgraphen von f im Punkt P an – egal ob Q von rechts (wie im obigen Bild dargestellt) oder von links gegen den Punkt P wandert.
Die Steigung der Tangente wird als **Steigung des Graphen im Punkt** $\boldsymbol{P}$, also als lokale Änderungsrate gedeutet.

Tangente und Normale

Unter der **Tangente** an den Funktionsgraphen im Punkt P versteht man die Gerade, die durch den Punkt P geht und die Steigung $f'(x_0)$ hat.

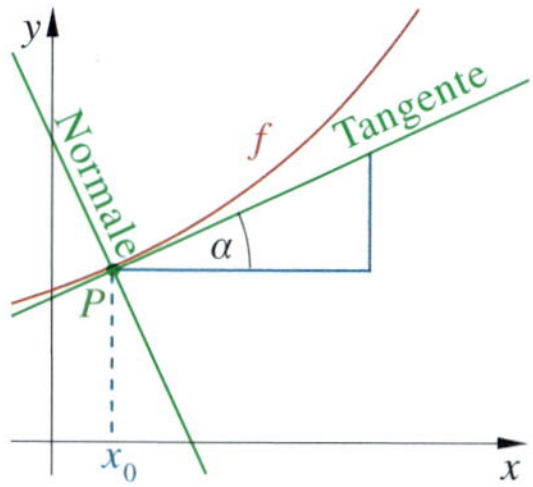

Tangentensteigung: $m_T = f'(x_0)$

Steigungswinkel α: $\tan\alpha = f'(x_0)$

Tangentengleichung: $y = f'(x_0)(x - x_0) + f(x_0)$

Die Gerade, die durch den Punkt P geht und auf der Tangente (und damit auf dem Funktionsgraphen) senkrecht steht, heißt **Normale** des Funktionsgraphen im Punkt P. (⇒ Lineare Funktionen: senkrechte Geraden, S. 45)

Normalensteigung: $m_N = -\frac{1}{f'(x_0)}$ falls $f'(x_0) \neq 0$

Beispiel

Die zu dem roten Graphen gehörige Funktion ist an der Stelle $x = 0$ **nicht differenzierbar.**
An dem Graphen erkennt man schon anschaulich, dass sich die Sekanten bei Annäherung von links an den Punkt $(0|1)$ der (dunkelgrünen) Geraden mit der Gleichung $y = -\frac{1}{2}x + 1$ annähern (hellgrüne Sekanten), bei Annäherung von rechts aber der (dunkelblauen) Geraden mit der Gleichung $y = 2x + 1$ (hellblaue Sekanten).

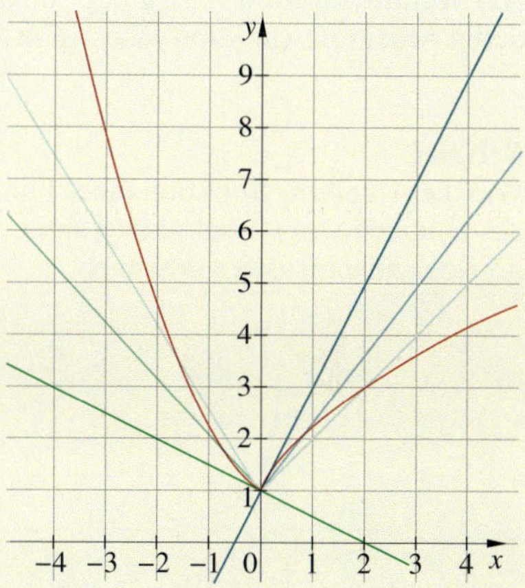

Die Steigung des Graphen ist im Punkt $(0|1)$ also nicht definiert, weil sich bei Annäherung von links der Wert „−0,5“ und bei Annäherung von rechts der Wert „2“ ergeben würde.

Ableitungsfunktion und Stammfunktion

Ableitungsfunktion

Eine Funktion f, die an jeder Stelle ihres Definitionsbereiches D_f differenzierbar ist, heißt **(global) differenzierbare Funktion**.
Die **Ableitungsfunktion f' zu einer Funktion f** ordnet jeder Zahl $x_0 \in D_f$ aus dem Definitionsbereich die Ableitung $f'(x_0)$ der Funktion f an der Stelle x_0, also die Steigung von f im Punkt $(x_0|f(x_0))$, zu.

Für die Ableitungsfunktion einer differenzierbaren Funktion f mit $y = f(x)$ sind folgende *Schreibweisen* üblich:

$$f'(x) = \frac{\mathrm{d}f(x)}{\mathrm{d}x} = \frac{\mathrm{d}}{\mathrm{d}x}f(x) = \frac{\mathrm{d}y}{\mathrm{d}x} = y'$$

Der Graph der Ableitungsfunktion f' beschreibt den Verlauf der Steigung des Graphen von f. (⇒ Anwendungen der Ableitungsfunktion, S. 68)

Stammfunktion

Als **Stammfunktion F** zu einer Funktion f bezeichnet man jede Funktion F, deren Ableitungsfunktion f ist: $F'(x) = f(x)$ für alle $x \in D_f$.

Beispiel
Wie die Ableitungsfunktion einer Funktion f den Verlauf der Steigung des Graphen von f beschreibt, kann man an der grafischen Darstellung im Koordinatensystem erkennen:

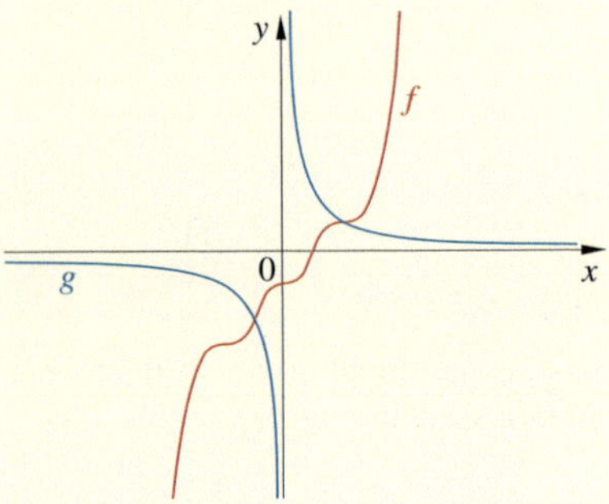

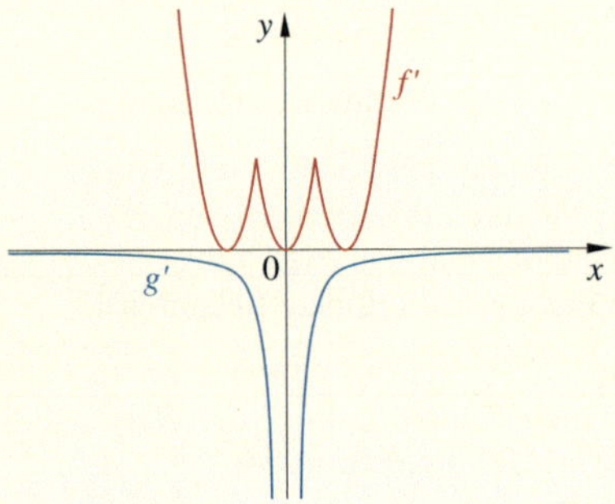

Ableitungsregeln; Ableitung spezieller Funktionen

Grundlegende Differentiationsregeln

Die Funktionen f, u, v seien differenzierbar an der Stelle x.

Faktorregel: $f(x) = c \cdot u(x) \quad \Rightarrow f'(x) = c \cdot u'(x) \quad (c \in \mathbb{R})$

Summenregel: $f(x) = u(x) + v(x) \quad \Rightarrow f'(x) = u'(x) + v'(x)$

Produktregel: $f(x) = u(x) \cdot v(x) \quad \Rightarrow f'(x) = u'(x) \cdot v(x) + u(x) \cdot v'(x)$

Quotientenregel: $f(x) = \frac{u(x)}{v(x)} \wedge v(x) \neq 0 \quad \Rightarrow f'(x) = \frac{u'(x) \cdot v(x) - u(x) \cdot v'(x)}{[v(x)]^2}$

Sonderfall: $f(x) = \frac{1}{v(x)} \wedge v(x) \neq 0 \quad \Rightarrow f'(x) = -\frac{v'(x)}{[v(x)]^2}$

Kettenregel: Ist eine Funktion v differenzierbar an der Stelle x und eine Funktion u differenzierbar an der Stelle $z = v(x)$, dann ist auch die Funktion $(u \circ v)(x) = u(v(x))$ differenzierbar an der Stelle x, und es gilt:

$$(u \circ v)'(x) = u'(v(x)) \cdot v'(x)$$

In Worten: Die Ableitung der Funktion $(u \circ v)$ an der Stelle x ist das Produkt der „äußeren Ableitung" u' an der Stelle $v(x)$ und der „inneren Ableitung" v' an der Stelle x.

Ableitungsfunktionen spezieller Funktionen

$f(x)$	$f'(x)$
$c \in \mathbb{R}$	0
x	1
x^2	$2x$
$\frac{1}{x} \quad (x \neq 0)$	$-\frac{1}{x^2}$
$x^n \quad (n \in \mathbb{Z})$	$n \cdot x^{n-1}$
$\sqrt{x} \quad (x > 0)$	$\frac{1}{2\sqrt{x}}$
$x^r \quad (r \in \mathbb{R}; x > 0)$	$r \cdot x^{r-1}$

$f(x)$	$f'(x)$
$\sin x$	$\cos x$
$\cos x$	$-\sin x$
$\tan x$	$\frac{1}{\cos^2 x} = 1 + \tan^2 x$
e^x	e^x
$a^x \quad (a > 0; a \neq 1)$	$a^x \cdot \ln a$
$\ln x \quad (x > 0)$	$\frac{1}{x}$
$\log_a x \quad (x > 0; a > 0; a \neq 1)$	$\frac{1}{x \cdot \ln a}$

Beispiele

(1) Ermittlung der Ableitungsfunktion von $f(x) = \sqrt{1 - x^2}$ $(x \in]-1; 1[)$

Die Funktion hat die Form $f(x) = u(v(x))$ mit $u(x) = \sqrt{x} = x^{\frac{1}{2}}$ und $v(x) = 1 - x^2$. Mithilfe der Kettenregel ergibt sich:

$$f'(x) = \frac{1}{2} \cdot (1 - x^2)^{-\frac{1}{2}} \cdot (-2x) = -\frac{x}{\sqrt{1 - x^2}}$$

(2) Ermittlung der Ableitungsfunktion von $f(x) = x^3 \cdot \sin x$.
Die Funktion hat die Form $f(x) = u(x) \cdot v(x)$ mit $u(x) = x^3$ und $v(x) = \sin x$. Mithilfe der Produktregel ergibt sich:

$$f'(x) = 3x^2 \cdot \sin x + x^3 \cdot \cos x$$

(3) Ermittlung einer Stammfunktion von $f(x) = \sin(2x) - 1$.
Aus der Kenntnis der Ableitungsregeln und der speziellen Ableitungen $\frac{d}{dx}\cos x = -\sin x$ und $\frac{d}{dx}(ax) = a$ kann man „leicht" eine Stammfunktion F für f „konstruieren", z. B.: $F(x) = -\frac{1}{2}\cos(2x) - x$.

Anwendungen der Ableitungsfunktion

Monotoniekriterien
Aus dem Vorzeichen der Ableitung einer differenzierbaren Funktion kann man Aussagen über das Verhalten des Funktionsgraphen ableiten.

Globaler Monotoniesatz

Es gelten folgende **hinreichende Bedingungen für strenge Monotonie:**
- $f'(x) > 0$ für alle $x \in I \Rightarrow f$ ist auf I streng monoton steigend
- $f'(x) < 0$ für alle $x \in I \Rightarrow f$ ist auf I streng monoton fallend

Für Monotonie statt *strenger* Monotonie gilt ein ähnliches Kriterium, das nicht nur hinreichend, sondern auch notwendig ist:

Für eine auf einem Intervall $I = [a, b]$ differenzierbare Funktion f gelten folgende **notwendige und hinreichende Bedingungen für Monotonie:**
- $f'(x) \geq 0$ für alle $x \in I \Leftrightarrow f$ ist auf I monoton steigend
- $f'(x) \leq 0$ für alle $x \in I \Leftrightarrow f$ ist auf I monoton fallend

Beispiel

Die Funktion $f(x) = x^3$ ist auf ihrem gesamten Definitionsbereich $\mathbb{R}$ streng monoton steigend. Es gilt aber $f'(0) = 0$. Dies zeigt, dass die Bedingungen aus dem globalen Monotoniesatz nicht notwendig für strenge Monotonie sind.

Lokale Extrema

Eine Funktion f hat in $x_0 \in D_f$ ein **lokales Extremum,** wenn für alle x aus einer Umgebung $U \subset D_f$ von x_0 gilt: $f(x) \le f(x_0)$ (**lokales Maximum**) bzw. $f(x) \ge f(x_0)$ (**lokales Minimum**).

Man nennt x_0 **Extremstelle,** $f(x_0)$ **Extremwert** und $(x_0|f(x_0))$ **Extrempunkt**.

Bei Extrempunkten unterscheidet man **Hochpunkte** und **Tiefpunkte**.

Hat eine an einer Stelle x_0 *differenzierbare* Funktion f an dieser Stelle ein lokales Extremum, so gilt $f'(x_0) = 0$.

Mit anderen Worten: **Die Bedingung $f'(x_0) = 0$ ist notwendig für das Vorhandensein eines lokalen Extremums.**

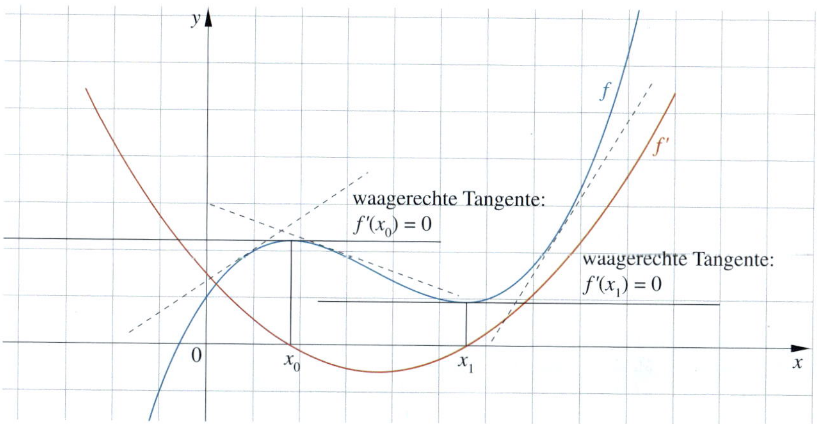

Eine Funktion f hat bei x_0 ein **lokales Maximum**, wenn $f'(x_0) = 0$ ist und die Ableitung an der Stelle x_0 das Vorzeichen von + nach – wechselt.

Eine Funktion f hat bei x_1 ein **lokales Minimum**, wenn $f'(x_1) = 0$ ist und die Ableitung an der Stelle x_1 das Vorzeichen von – nach + wechselt.

Siehe auch: ⇒ Höhere Ableitungen und ihre Anwendungen, S. 72

Der Verlauf des Graphen der Ableitungsfunktion f' lässt sich aus den Zusammenhängen, die zwischen Monotonie und Extrempunkten des Graphen von f und der Ableitungsfunktion bestehen, bis zu einem gewissen Grade („qualitativ") auch ohne Berechnung aus dem Verlauf des Graphen von f erschließen.

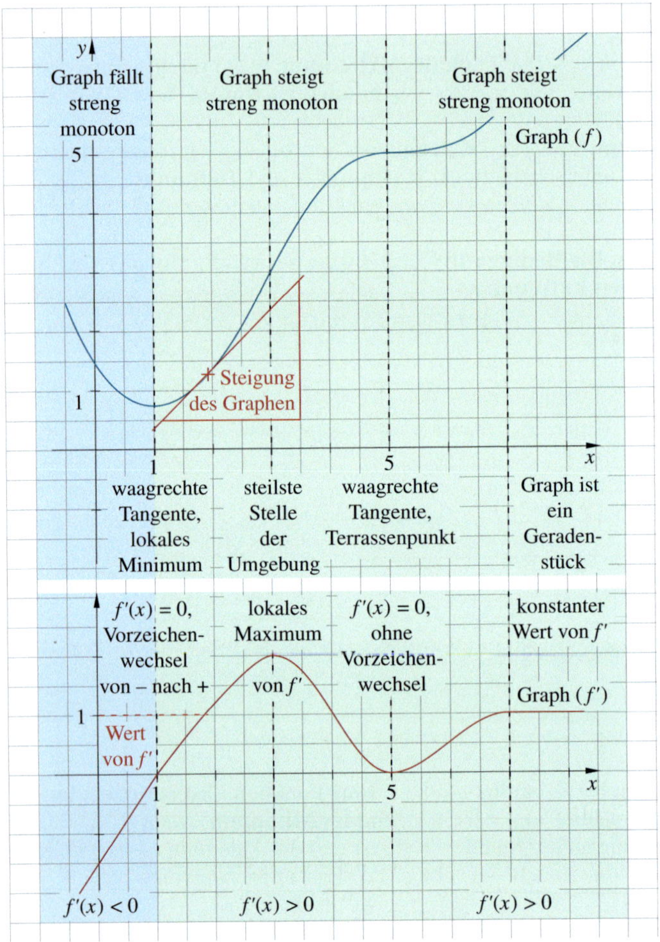

Globale Extrema
Eine Funktion f hat in $x_0 \in D_f$ ein **globales Extremum**, wenn für alle $x \in D_f$ gilt: $f(x) \leq f(x_0)$ (**globales Maximum**) bzw. $f(x) \geq f(x_0)$ (**globales Minimum**).

Satz

Es sei f eine Funktion, die auf einem abgeschlossenen Intervall I definiert ist und an der Stelle $x_0 \in I$ ein globales Extremum annimmt. Dann ist x_0 entweder ein Randpunkt von I, oder x_0 ist eine lokale Extremstelle von f.

Man findet nach diesem Satz die globalen Extremwerte von f im Intervall $[a; b]$ durch Vergleich der lokalen Extremwerte mit den Funktionswerten in den Randpunkten a und b.

Das Newton-Verfahren
Das Newton-Verfahren ist ein Iterationsverfahren zur näherungsweisen Berechnung von Nullstellen einer differenzierbaren Funktion f.

- Man wählt einen Startwert x_0 in der Nähe einer Lösung der Gleichung $f(x) = 0$, für den $f'(x_0) \neq 0$ ist.
- Als nächsten Näherungswert nimmt man die Schnittstelle x_1 der Tangente an den Graphen von f im Punkt x_0 mit der x-Achse:
  $x_1 = x_0 - \frac{f(x_0)}{f'(x_0)}$

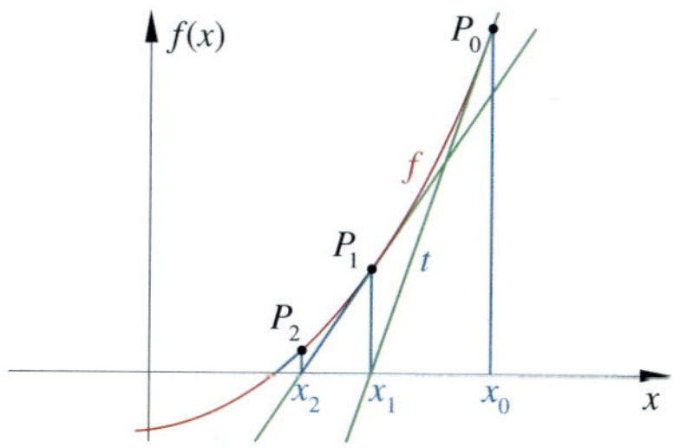

- Dieselbe Rechnung wird nun mit dem Wert x_1 (statt x_0) ausgeführt; man setzt $x_2 = x_1 - \frac{f(x_1)}{f'(x_1)}$.
- Allgemein berechnet man x_{n+1} aus x_n nach der Formel $x_{n+1} = x_n - \frac{f(x_n)}{f'(x_n)}$.

In vielen Fällen konvergiert die so erhaltene Folge (x_n) gegen eine Lösung der Gleichung $f(x) = 0$. (⇒ Zahlenfolgen, S. 173; ⇒ Konvergenz; S. 174)

Insbesondere konvergiert die Folge für jeden beliebigen Startwert aus einem Intervall $]a; b[$, wenn folgende Voraussetzungen erfüllt sind:
f ist in $]a; b[$ zweimal differenzierbar; die Funktionswerte $f(a)$ und $f(b)$ haben unterschiedliches Vorzeichen; der Graph von f ist in $[a; b]$ konvex oder konkav.

Höhere Ableitungen und ihre Anwendungen

Höhere Ableitungen
Ist die Ableitungsfunktion f' einer differenzierbaren Funktion f selbst wieder eine differenzierbare Funktion, so heißt deren Ableitungsfunktion $(f')' = f''$ die **zweite Ableitung** von f.

Schreibweisen: $f''(x) = \frac{d^2 f(x)}{dx^2} = \frac{d^2}{dx^2} f(x) = \frac{d^2 y}{dx^2} = y''$

Entsprechend werden die weiteren höheren Ableitungen gebildet (sofern sie existieren) und bezeichnet. Die n-te Ableitungsfunktion einer n-mal differenzierbaren Funktion f ist die Ableitungsfunktion der $(n-1)$-ten Ableitung von f:

$f^{(n)} = \left(f^{(n-1)}\right)'$.

Krümmung und Wendepunkte
Aus den Werten der zweiten Ableitung können Schlüsse auf das Krümmungsverhalten des Funktionsgraphen von f gezogen werden.

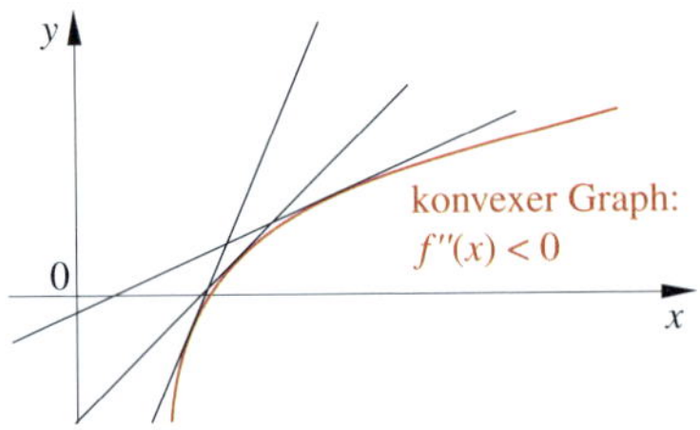

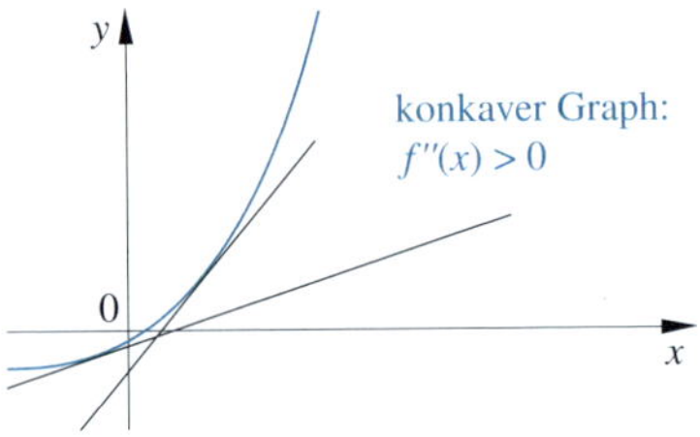

Rechtskrümmung (konvexer Graph): Die Tangentensteigung wird für größer werdende Argumente kleiner, d. h. die Ableitungsfunktion fällt. Die zweite Ableitung ist also negativ.

Linkskrümmung (konkaver Graph): Die Tangentensteigung wird für größer werdende Argumente größer, d. h. die Ableitungsfunktion steigt. Die zweite Ableitung ist also positiv.

Umgekehrt gilt für eine im Intervall I zweimal differenzierbare Funktion f:

- $f''(x) < 0$ für $x \in I$ $\Rightarrow G_f$ ist in I rechtsgekrümmt (konvex)
- $f''(x) > 0$ für $x \in I$ $\Rightarrow G_f$ ist in I linksgekrümmt (konkav)

Eine Stelle $x_0 \in D_f$ heißt **Wendestelle** der Funktion f genau dann, wenn der Graph G_f von f an der Stelle x_0 sein Krümmungsverhalten ändert.
Der Punkt $(x_0 | f(x_0))$ heißt dann **Wendepunkt** des Graphen von f.

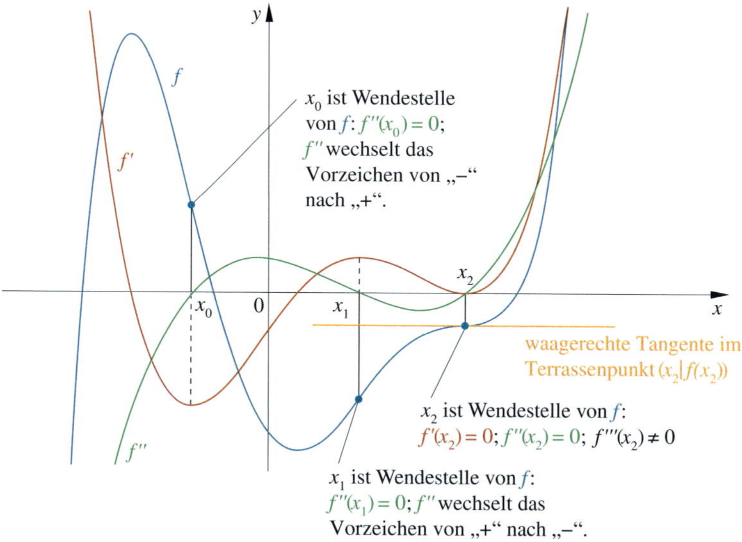

Hat eine in x_0 differenzierbare Funktion f an dieser Stelle einen Wendepunkt, so gilt $f''(x_0) = 0$.

Hinreichende Bedingungen für Wendestellen:

- Eine Funktion f hat bei x_0 eine Wendestelle, wenn $f''(x_0) = 0$ ist und die zweite Ableitung an der Stelle x_0 das Vorzeichen wechselt.
- Eine Funktion f hat bei x_0 eine Wendestelle, wenn $f''(x_0) = 0$ und $f'''(x_0) \neq 0$ ist.

Weitere hinreichende Bedingungen für lokale Extrema

- Eine zweimal differenzierbare Funktion f hat bei x_0 ein **lokales Maximum**, wenn $f'(x_0) = 0$ und $f''(x_0) < 0$ gilt.
- Eine zweimal differenzierbare Funktion f hat bei x_0 ein **lokales Minimum**, wenn $f'(x_0) = 0$ und $f''(x_0) > 0$ gilt.

Integralrechnung

Das bestimmte Integral als Flächenbilanz

Mithilfe des bestimmten Integrals lassen sich die Inhalte von Flächen berechnen, die von Funktionsgraphen und senkrechten Geraden begrenzt werden. (⇒ Ober- und Untersummen, S. 186). Das bestimmte Integral kann daher von vornherein als Flächenbilanz definiert werden.

Für eine auf dem Intervall $[a, b]$ $(a < b)$ definierte Funktion f seien die folgenden **Voraussetzungen** erfüllt:

(i) Die Funktion f hat im Inneren von $[a, b]$ keine Nullstellen.

(ii) Der Graph der Funktion, die x-Achse und die beiden Geraden $x = a$ und $x = b$ schließen ein Flächenstück von endlichem Flächeninhalt ein.

(iii) Die Maßzahl des Flächeninhalts der Fläche aus (ii) in der aus der jeweiligen Skalierung der beiden Koordinatenachsen sich ergebenden Flächeneinheit ist m.

Dann liegt das Flächenstück aus (ii) entweder vollständig oberhalb (Fall 1) oder vollständig unterhalb (Fall 2) der x-Achse.

Im Fall 1 nennt man die Zahl m das **bestimmte Integral** der Funktion f auf dem Intervall $[a, b]$ und schreibt:

$$\int_a^b f(x)\,\mathrm{d}x = m$$

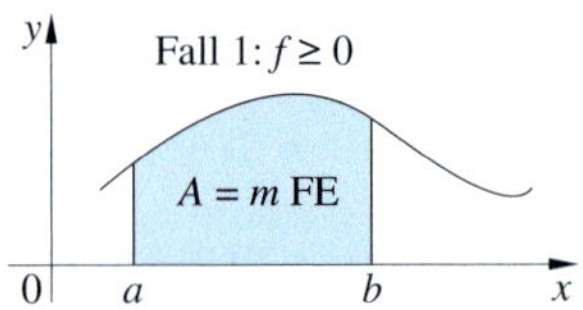

Im Fall 2 nennt man die Zahl $-m$ das **bestimmte Integral** der Funktion f auf dem Intervall $[a, b]$ und schreibt:

$$\int_a^b f(x)\,\mathrm{d}x = -m$$

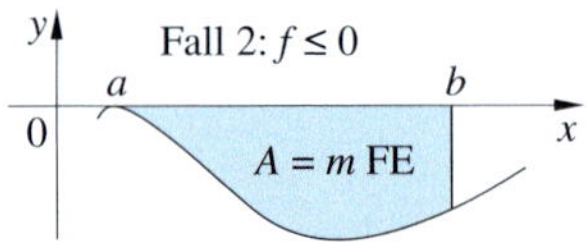

Auf diese beiden Fälle gründet sich die Definition des bestimmten Integrals als Flächenbilanz.

Das **bestimmte Integral** $\int_a^b f(x)\,\mathrm{d}x$ einer auf dem Intervall $[a, b]$ definierten Funktion f ist die Summe der je nach Situation mit dem Faktor $(+1)$ oder mit dem Faktor (-1) gewichteten Maßzahlen der von dem Funktionsgraphen von f und der x-Achse über dem Intervall $[a, b]$ eingeschlossenen Flächenstücke. Dabei werden die Maßzahlen der Flächenstücke, die oberhalb der x-Achse liegen, positiv gewichtet, die Maßzahlen der Flächenstücke, die unterhalb der x-Achse liegen, negativ.

Die Zahlen a und b heißen **Integrationsgrenzen**: Die Zahl a heißt **untere Grenze**, die Zahl b heißt **obere Grenze**. Die Funktion f heißt **Integrand**.

Eine Funktion f heißt **integrierbar auf dem Intervall [*a*, *b*]**, wenn das bestimmte Integral der Funktion f auf dem Intervall $[a, b]$ existiert.

Für eine auf $[a, b]$ definierte Funktion f, die im Intervall $[a, b]$ endlich viele Nullstellen x_i, $i = 1, 2, \ldots, n$ mit $a \leq x_1 < x_2 < \ldots < x_{n-1} < x_n \leq b$ hat, gilt:

$$\int_a^b f(x)\,\mathrm{d}x = \int_a^{x_1} f(x)\,\mathrm{d}x + \int_{x_1}^{x_2} f(x)\,\mathrm{d}x + \ldots + \int_{x_n}^{b} f(x)\,\mathrm{d}x$$

Beispiel

$$\int_a^b f(x)\,\mathrm{d}x = m_1 - m_2 + m_3 + m_4$$

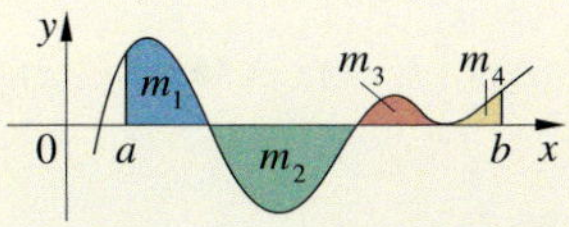

Kriterien für Integrierbarkeit:
- Jede in einem Intervall $[a, b]$ monotone Funktion f ist auf $[a, b]$ integrierbar. (Daraus ergibt sich z. B. die Integrierbarkeit einer stückweise konstanten Funktion („Treppenfunktion“) in der Umgebung einer Sprungstelle.)
- Jede in einem Intervall $[a, b]$ ⇒ stetige Funktion (S. 183) f ist auf $[a, b]$ integrierbar.

Siehe auch: ⇒ Definition des Integrals mit Ober- und Untersummen, S. 186

Eigenschaften des bestimmten Integrals

Es seien f und g auf $I = [a, b]$ integrierbare Funktionen. Dann gilt:

$$\int_a^b f(x)\,\mathrm{d}x = -\int_b^a f(x)\,\mathrm{d}x$$

$$\int_a^a f(x)\,\mathrm{d}x = 0$$

$$\int_a^b f(x)\,\mathrm{d}x = \int_a^c f(x)\,\mathrm{d}x + \int_c^b f(x)\,\mathrm{d}x \quad (a, b, c \in \mathbb{R})$$ **(Additivität des Integrals)**

$$f(x) < g(x) \text{ für alle } x \in I \Rightarrow \int_a^b f(x)\,\mathrm{d}x < \int_a^b g(x)\,\mathrm{d}x$$ **(Monotonie des Integrals)**

Ist f auf $[a, b]$ integrierbar und *beschränkt*, so gibt es Zahlen m und M mit $m \le f(x) \le M$ für alle $x \in [a, b]$, und wegen der Monotonie des Integrals gilt:

$$m \cdot (b - a) \le \int_a^b f(x)\,\mathrm{d}x \le M \cdot (b - a)$$

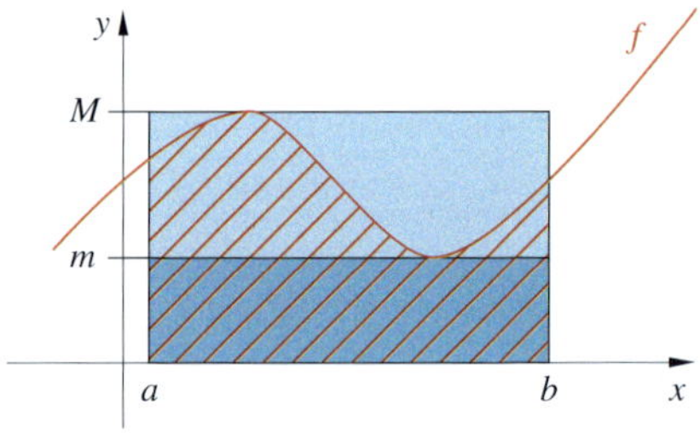

Sind f und g auf dem Intervall $I = [a, b]$ integrierbar und ist $k \in \mathbb{R}$, so gilt:

$$\int_a^b k \cdot f(x)\,\mathrm{d}x = k \cdot \int_a^b f(x)\,\mathrm{d}x$$

$$\int_a^b (f(x) + g(x))\,\mathrm{d}x = \int_a^b f(x)\,\mathrm{d}x + \int_a^b g(x)\,\mathrm{d}x$$

(Linearität des Integrals)

Integralfunktion

Für eine auf einem offenen Intervall I integrierbare Funktion f und beliebiges $a \in I$ heißt die Funktion F mit $F(x) = \int_a^x f(t)\,dt$ eine **Integralfunktion von f.**

Jede Integralfunktion hat eine Nullstelle an der unteren Grenze: $F(a) = 0$.

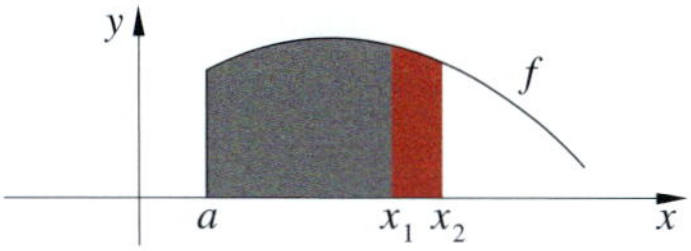

Inhalt der grauen Fläche = $F(x_1)$
Inhalt der roten Fläche = $F(x_2) - F(x_1)$

Hauptsatz der Differential- und Integralrechnung

Ist F eine Integralfunktion einer ⇒ stetigen Funktion (S. 183) f, dann ist F differenzierbar, und es gilt $F'(x) = f(x)$.

Mit anderen Worten: Jede Integralfunktion einer stetigen Funktion f ist eine ⇒ Stammfunktion (S. 66) von f.

Ist f eine auf dem Intervall $I = [a, b]$ stetige (und damit auch integrierbare) Funktion und F eine beliebige Stammfunktion von f, so gilt:

$$\int_a^b f(x)\,dx = F(b) - F(a) = [F(x)]_a^b$$ (**allgemeine Integrationsformel**)

Mithilfe der allgemeinen Integrationsformel können bestimmte Integrale leicht berechnet werden, wenn eine Stammfunktion des Integranden bekannt ist.

Je zwei Stammfunktionen von f unterscheiden sich nur um eine additive Konstante $c \in \mathbb{R}$. Das **unbestimmte Integral** von f ist die Menge aller Stammfunktionen von f. Dafür wird häufig folgende Schreibweise verwendet:

$\int f(x)\,dx = F(x) + c$ (c heißt **Integrationskonstante**)

Beispiel
Stammfunktionen von f mit $f(x) = x^2$ im Intervall $]-\infty, \infty[= \mathbb{R}$ sind z. B.
$F_1(x), F_2(x), F_3(x)$ mit $F_1(x) = \frac{1}{3}x^3$, $F_2(x) = \frac{1}{3}x^3 + 5$, $F_3(x) = \frac{1}{3}x^3 - 7$.

Einige unbestimmte Integrale und Stammfunktionen

Wichtige Funktionstypen und ihre Stammfunktionen

f(x)	F(x)
$c \in \mathbb{R}$	$c \cdot x$
$x^r \quad (r \neq -1)$	$\frac{x^{r+1}}{r+1}$
$\frac{1}{x} \quad (x \neq 0)$	$\ln\|x\|$
e^x	e^x
$a^x \quad (a > 0, a \neq 1)$	$\frac{a^x}{\ln a}$
$\ln x \; (x > 0)$	$x \cdot \ln x - x$
$\sin x$	$-\cos x$
$\cos x$	$\sin x$

Beachte: Eine Stammfunktion zu einer gegebenen Funktion f ist nur bis auf eine additive Konstante eindeutig bestimmt: Ist F irgendeine Stammfunktion von f, so ist auch jede Funktion G mit $G(x) = F(x) + c$ mit $c \in \mathbb{R}$ eine Stammfunktion von f.

Wichtige unbestimmte Integrale

Unter Verwendung der Schreibweise $\int f(x)\,\mathrm{d}x = F(x) + c$ können Stammfunktionen auch als unbestimmte Integrale angegeben werden.

$$\int x^r\,\mathrm{d}x = \frac{x^{r+1}}{r+1} + c \quad (r \neq -1)$$

$$\int \frac{1}{x}\,\mathrm{d}x = \ln|x| + c$$

$$\int \sin x\,\mathrm{d}x = -\cos x + c$$

$$\int \cos x\,\mathrm{d}x = \sin x + c$$

$$\int e^x\,\mathrm{d}x = e^x + c$$

$$\int \ln x\,\mathrm{d}x = -x + x\ln x + c$$

$$\int \frac{f'(x)}{f(x)}\,\mathrm{d}x = \ln|f(x)| + c$$

$$\int f'(x)e^{f(x)}\,\mathrm{d}x = e^{f(x)} + c$$

$\int f(ax+b)\,\mathrm{d}x = \frac{1}{a}F(ax+b) + c$, wobei F Stammfunktion von f ist.

Flächeninhaltsberechnung durch Integration

Fläche oberhalb bzw. unterhalb der x-Achse

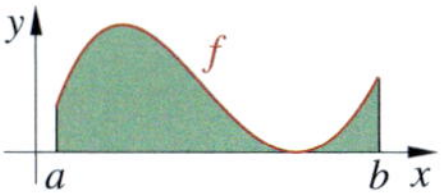

$$A = \int_a^b f(x)\,\mathrm{d}x$$

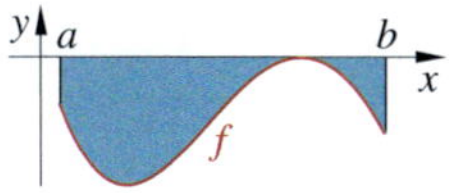

$$A = -\int_a^b f(x)\,\mathrm{d}x$$

Fläche oberhalb und unterhalb der x-Achse

$$A = A_1 + A_2 + A_3 = \int_a^{x_1} f(x)\,\mathrm{d}x - \int_{x_1}^{x_2} f(x)\,\mathrm{d}x + \int_{x_2}^{b} f(x)\,\mathrm{d}x$$

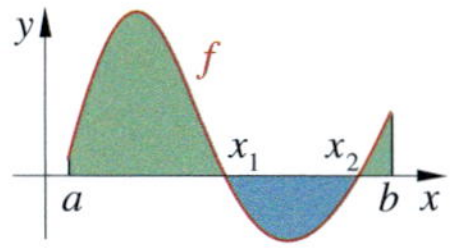

Fläche zwischen zwei Graphen

$$A = \int_a^b (f_1(x) - f_2(x))\,\mathrm{d}x,\ \text{falls}\ f_1 \geq f_2$$

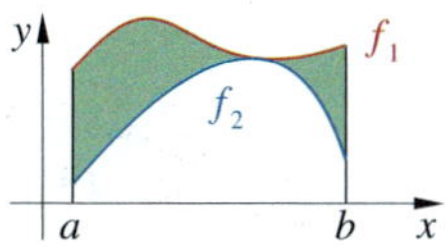

Beispiel

Zu berechnen ist der Inhalt der stark umrandeten Fläche A.

Für die Berechnung durch Integration kommt es darauf an, die Fläche in geeignete Teilflächen zu zerlegen. Eine Möglichkeit wird hier gezeigt.

Für die grüne Fläche A_1, die gelbe Fläche A_2 und die blaue Fläche A_3 gilt respektive:

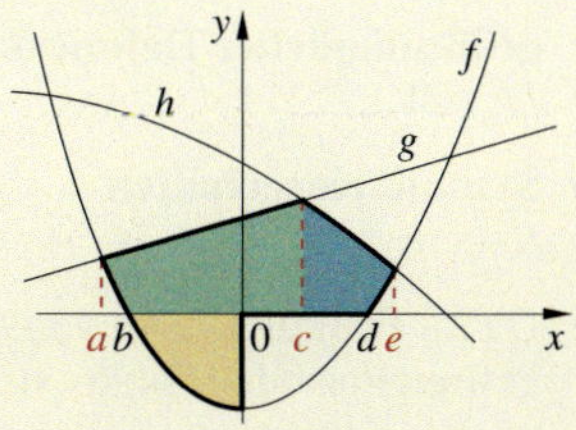

$$A_1 = \int_a^c g(x)\,\mathrm{d}x - \int_a^b f(x)\,\mathrm{d}x, \quad A_2 = -\int_b^0 f(x)\,\mathrm{d}x, \quad A_3 = \int_c^e h(x)\,\mathrm{d}x - \int_d^e f(x)\,\mathrm{d}x$$

Also ist $A = A_1 + A_2 + A_3 = \int_a^c g(x)\,\mathrm{d}x + \int_c^e h(x)\,\mathrm{d}x - \int_a^0 f(x)\,\mathrm{d}x - \int_d^e f(x)\,\mathrm{d}x.$

Siehe auch: ⇒ Volumenberechnung durch Integration, S. 188;
⇒ Näherungsverfahren zur Integration, S. 189

Anwendungen der Differential- und Integralrechnung

Klassische Kurvendiskussion

Als **Kurvendiskussion** bezeichnet man die Untersuchung von Funktionsgraphen auf bestimmte Eigenschaften mithilfe der Differentialrechnung. Die dabei gewonnenen Ergebnisse geben Aufschluss über den Verlauf des Graphen und ermöglichen es, den Graphen zu skizzieren.

Eine Kurvendiskussion kann (abhängig vom Funktionstyp) folgende Punkte beinhalten:

- Definitions- und Wertebereich
- Periodizität
- Symmetrieverhalten
- Verhalten im Unendlichen und bei Definitionslücken, Asymptoten
- Schnittpunkte mit den Koordinatenachsen
- Monotonieverhalten
- Lage und Art lokaler Extrema
- Krümmungsverhalten
- Lage und Art von Wendepunkten
- Skizze des Graphen

Beispiel
Kurvendiskussion der ganzrationalen Funktion f mit der Gleichung
$f(x) = x^3 - 6x^2 + 9x - 2 = (x - 2)(x^2 - 4x + 1)$

- **größtmöglicher Definitionsbereich**
  $D_f = \mathbb{R}$
- **Symmetrieverhalten**
  $f(-x) = (-x)^3 - 6(-x)^2 + 9(-x) - 2 = -x^3 - 6x^2 - 9x - 2$

  Da im Funktionsterm von f sowohl gerade als auch ungerade Exponenten auftreten, ist der Funktionsgraph weder achsensymmetrisch zur y-Achse noch punktsymmetrisch zum Ursprung.
- **Verhalten im Unendlichen**
  $$\lim_{x \to \infty} f(x) = \lim_{x \to \infty} (x^3 - 6x^2 + 9x - 2) = \lim_{x \to \infty} \left[x^3\left(1 - \tfrac{6}{x} + \tfrac{9}{x^2} - \tfrac{2}{x^3}\right)\right] = \infty$$
  $$\lim_{x \to -\infty} f(x) = \lim_{x \to -\infty} (x^3 - 6x^2 + 9x - 2) = \lim_{x \to -\infty} \left[x^3\left(1 - \tfrac{6}{x} + \tfrac{9}{x^2} - \tfrac{2}{x^3}\right)\right] = -\infty$$
- **Wertebereich**
  $W_f = \mathbb{R}$

- **Schnittpunkte mit den Koordinatenachsen**
  $f(0) = -2 \Rightarrow$ Der **Schnittpunkt mit der y-Achse** ist der Punkt $(0|-2)$.
  $f(x) = 0 \Leftrightarrow x^3 - 6x^2 + 9x - 2 = (x-2)(x^2 - 4x + 1) = 0$

  Wegen des Linearfaktors $(x - 2)$ erkennt man sofort $f(2) = 0$, also ist 2 eine **Nullstelle** von f.
  Durch Lösen von $x^2 - 4x + 1 = 0$ erhält man die weiteren Nullstellen von f:
  $x = 2 + \sqrt{3}$ und $x = 2 - \sqrt{3}$

  Schnittpunkte mit der x-Achse: $(2|0)$, $(2 + \sqrt{3}|0)$, $(2 - \sqrt{3}|0)$

- **Lokale Extrema und Monotonieverhalten**
  Lokale Extremstellen sind notwendig Nullstellen der 1. Ableitung:

  $f'(x) = 0 \Leftrightarrow 3x^2 - 12x + 9 = 0 \Leftrightarrow x = 1$ oder $x = 3$

  Überprüfung der hinreichenden Bedingung für das Vorliegen von Extremstellen mithilfe der 2. Ableitung $f''(x) = 6x - 12$:

  $f''(1) = -6 < 0 \Rightarrow$ Maximumstelle; $f(1) = 2$ **lokales Maximum**: $(1|2)$

  $f''(3) = 6 > 0 \Rightarrow$ Minimumstelle; $f(3) = -2$ **lokales Minimum**: $(3|-2)$

  $x < 1$ und $x > 3$: $f'(x) > 0$, d. h. der Graph von f ist **streng monoton steigend**.
  $1 < x < 3$: $f'(x) < 0$, d. h. der Graph von f ist **streng monoton fallend**.

- **Wendepunkte und Krümmungsverhalten**
  Wendestellen sind notwendig Nullstellen der 2. Ableitung $f''(x) = 6x - 12$.

  $f''(x) = 0 \Leftrightarrow 6x - 12 = 0 \Leftrightarrow x = 2$

  Überprüfung der hinreichenden Bedingung mit dem Verhalten der 2. Ableitung: f'' wechselt an der Stelle 2 das Vorzeichen von – nach +. Der Graph hat den **Wendepunkt** $(2|0)$.

  $x < 2$: $f''(x) < 0$, d. h. der Graph von f ist für $x < 2$ **rechtsgekrümmt**.

  $x > 2$: $f''(x) > 0$, d. h. der Graph von f ist für $x > 2$ **linksgekrümmt**.

- **Skizze des Graphen**

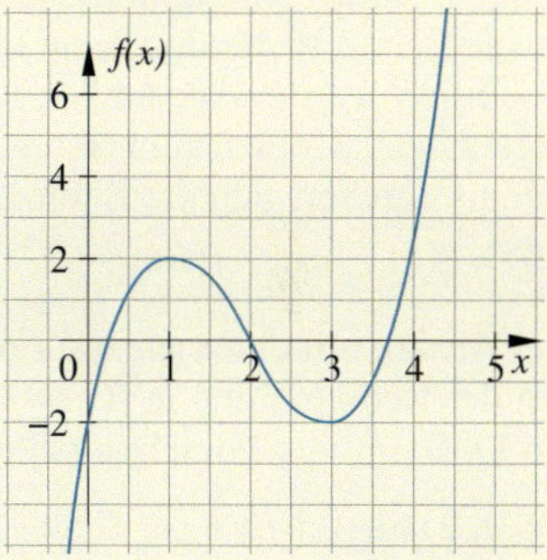

Modellieren

Reales Problem → 1. Mathematisieren → **Mathematisches Problem**

Beschreiben des realen Zusammenhangs mit Mitteln der Mathematik (Terme, Gleichungen, Funktionen, geometrische Figuren …)

Mathematisches Problem → 2. Mathematisch Lösen → **Mathematische Lösung**

Lösen des mathematischen Problems, das dem realen Problem entspricht (z.B. Lösen eines Gleichungssystems, Zeichnen eines Graphen)

Mathematische Lösung → 3. Interpretieren → **Vermutete Lösung des realen Problems**

Interpretieren der berechneten Daten, gezeichneten Kurven oder Figuren usw. für den realen Sachverhalt

Vermutete Lösung des realen Problems → 4. Überprüfen/Anpassen → **Reales Problem**

Überprüfen, wie weit die vermutete Lösung mit den Beobachtungen in der Realität übereinstimmt und ggf. anpassen an die realen Bedingungen

Beispiel

Zwei geradlinige Straßenstücke sollen durch einen „glatten“ Straßenbogen ohne Knickstellen verbunden werden.

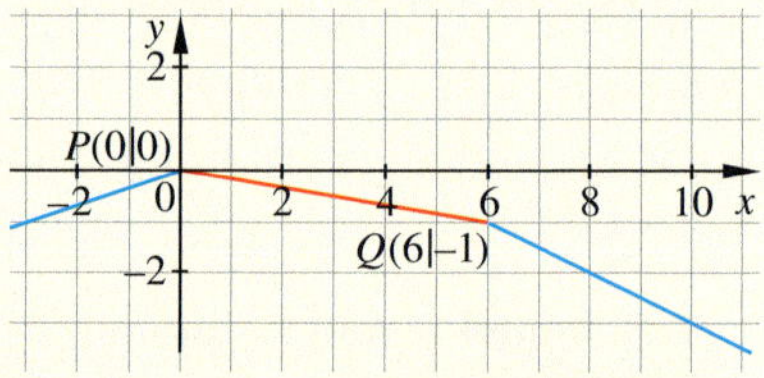

Die beiden Straßenstücke werden durch Geradenstücke mit den Steigungen $\frac{1}{3}$ und $-\frac{1}{2}$ modelliert.
Das fehlende Verbindungsstück soll mithilfe einer ganzrationalen Funktion f modelliert werden, die an den Rändern des Intervalls $[0; 6]$ mit den vorgegebenen „Straßenstücken“ in Funktionswert und Steigung übereinstimmt. Daraus ergeben sich die Bedingungen:

$f(0) = 0$ $\qquad f(6) = -1$ $\qquad f'(0) = \frac{1}{3}$ $\qquad f'(6) = -\frac{1}{2}$

Der Ansatz mit einer ganzrationalen Funktion 3. Grades liefert durch Einsetzen der Bedingungen in $f(x) = ax^3 + bx^2 + cx + d$ und $f'(x) = 3ax^2 + 2bx + c$ ein LGS mit vier Gleichungen und vier Unbekannten:

$d = 0$; $216a + 36b + 6c + d = -1$; $c = \frac{1}{3}$; $108a + 12b + c = -\frac{1}{2}$. Die Lösung ist $a = \frac{1}{216}$, $b = -\frac{1}{9}$, $c = \frac{1}{3}$, $d = 0$.

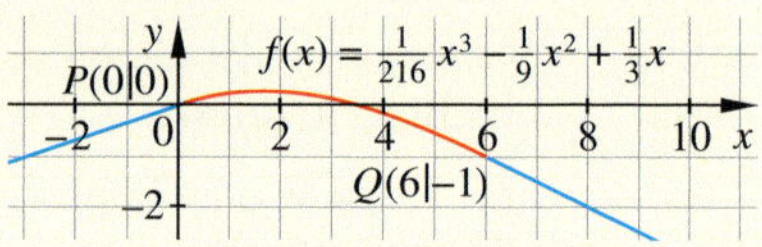

Extremwertprobleme

Bei einem **Extremwertproblem** ist herauszufinden, unter welchen Bedingungen eine Größe maximal oder minimal wird.

Mögliche Schrittfolge zur Lösung:

1. Festlegen der benötigten Variablen
Die Realsituation wird in die Sprache der Mathematik überführt. Hier sind oft Skizzen hilfreich.

2. Aufstellen einer Zielfunktion
Hängt die Funktion, deren Extrema gesucht werden, von mehreren Variablen ab, versucht man, mithilfe von **Nebenbedingungen** alle Variablen bis auf eine zu eliminieren.

Für die Zielfunktion ist der Definitionsbereich anzugeben.

3. Bestimmung der Extrema
Die Extrema der Zielfunktion werden meistens mithilfe der Differentialrechnung bestimmt. Manchmal helfen auch geometrische oder algebraische Überlegungen.

Falls die Definitionsmenge Randpunkte hat, ist zu untersuchen, ob sich dort Extrema befinden können.

4. Interpretation des Ergebnisses
Mithilfe der Nebenbedingungen lassen sich die weiteren Variablen berechnen.

Es ist zu prüfen, ob die ermittelten Ergebnisse in der Realität sinnvoll sind.

Beispiel
Mit einem 100 m langen Zaundraht soll ein Rechteck maximalen Flächeninhalts abgesteckt werden. Wie sind die Maße des Rechtecks zu wählen?

Seitenlängen des Rechtecks in m: x, y

Umfang in m: $u = 100$

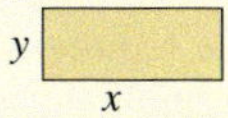

zu maximierende Größe:
Flächeninhalt in m²: $A = xy$

Nebenbedingung: $u = 100$,
d. h. $2x + 2y = 100 \Leftrightarrow y = 50 - x$

Zielfunktion: $A(x) = x(50 - x)$
$A(x) = 50x - x^2$

Definitionsbereich: $0 < x < 50$

Ermittlung des Maximums von A:

$A'(x) = 50 - 2x$

$A'(x) = 0 \quad \Leftrightarrow \quad x = 25$

$A''(x) = -2; \quad A''(25) = -2 < 0$

Bei $x = 25$ liegt das Maximum von A, da sich dort der Scheitelpunkt der nach unten geöffneten Parabel befindet.

$x = 25 \Rightarrow y = 25$

Den maximalen Flächeninhalt erhält man bei einem Quadrat mit der Seitenlänge von 25 m.

Grundlagen

Grundbegriffe

Strecke, Gerade, Halbgerade

Unter der **Strecke [*PQ*]** versteht man die geradlinige Verbindung der Punkte *P* und *Q*.
Die Strecke [*PQ*] ist die kürzeste Verbindung der Punkte *P* und *Q*.

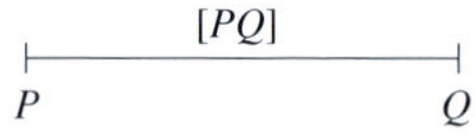

Die **Länge der Strecke** [*PQ*] wird mit $\overline{PQ}$ bezeichnet. (⇒ Abstände, S. 85 und S. 116)

Zur **Längenmessung** dienen Messinstrumente wie Lineal oder Meterstab. Die Länge wird durch einen Zahlenwert und eine Einheit angegeben. Die Basiseinheit ist **Meter (m)**. (⇒ Größen, S. 13)

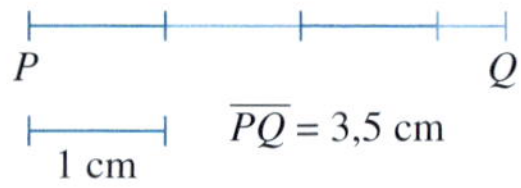

Verlängert man eine Strecke über einen ihrer Endpunkte hinaus, so erhält man eine **Halbgerade**. Die Verlängerung der Strecke [*PQ*] über *Q* hinaus ergibt die **Halbgerade [*PQ***.

Verlängert man die Strecke über *P* und *Q* hinaus (bis ins Unendliche), so erhält man die **Gerade *PQ***.

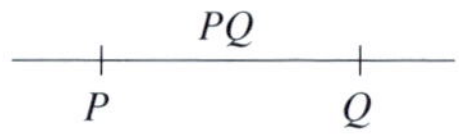

Lot und Parallele

Zwei Geraden *g* und *h*, die einander in einem rechten Winkel schneiden, nennt man **zueinander senkrecht**. Jede der beiden Geraden ist dann eine **Lotgerade** der anderen. Man schreibt: $g \perp h$

Zwei Geraden *f* und *g* mit einem gemeinsamen Lot *h* sind **zueinander parallel**. Man schreibt: $f \parallel g$

Zueinander parallele Geraden haben entweder keinen gemeinsamen Punkt (sie sind dann **echt parallel**) oder sie sind identisch.

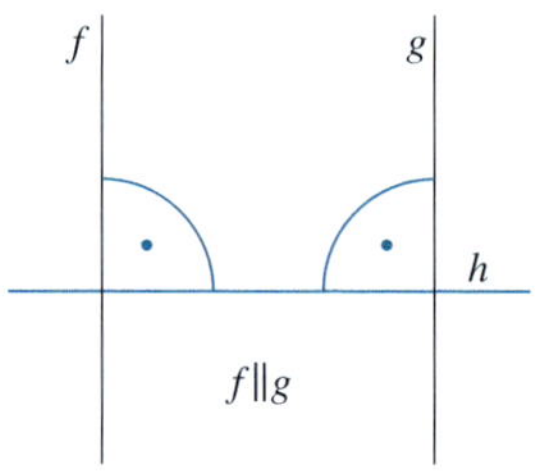

Abstände

Der **Abstand $d(P; Q) = \overline{PQ}$ zweier Punkte** P und Q ist die Länge der Strecke $[PQ]$

Der **Abstand $d(P; h)$ eines Punktes P zu einer Geraden** h ist die Länge der Lotstrecke von P auf h.

Der **Abstand $d(g; h)$ zweier paralleler Geraden** g und h ist der Abstand eines beliebigen Punktes P von g zu h. (Alle Punkte von g haben denselben Abstand von h.)

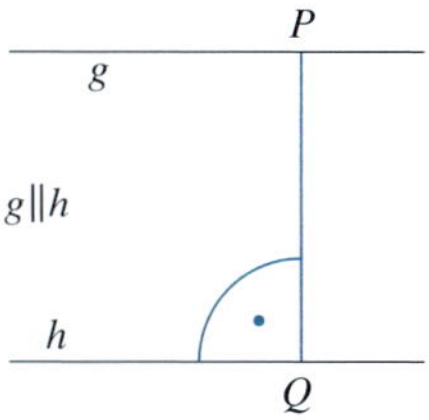

Umfang, Flächeninhalt, Volumen

Als **Umfangslänge** oder **Umfang u** bezeichnet man die Summe aller Seitenlängen einer ebenen Figur.

Die Größe der eingeschlossenen Fläche nennt man **Flächeninhalt (A)** der Figur.
Der **Oberflächeninhalt O** eines Köpers ist die Summe der Flächeninhalte seiner Begrenzungsflächen.

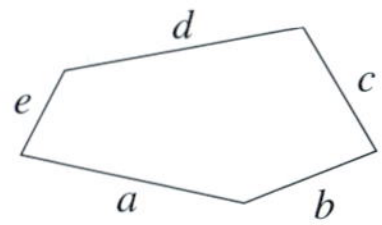

$u = a + b + c + d + e$

Zur **Flächenmessung** verwendet man z. B. **Einheitsquadrate**. Die Basiseinheit ist **Quadratmeter (m^2)**. (⇒ Größen, S. 14)

Der Flächeninhalt einer Figur kann ermittelt werden, indem man sie in andere Figuren zerlegt oder zu anderen Figuren ergänzt, deren Flächeninhalt bekannt ist.

Beispiel
Die schraffierte Fläche hat den Flächeninhalt
$A = 3^2 - 1^2 = 8$

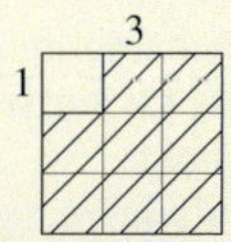

Die Größe des Raumes, den ein Körper einnimmt bzw. umschließt, nennt man **Volumen** (oder Rauminhalt) (***V***) des Körpers.

Zur **Volumenmessung** verwendet man z. B. **Einheitswürfel**. Die Basiseinheit ist **Kubikmeter (m^3)**. (⇒ Größen, S. 14)
Das Volumen von Körpern lässt sich ermitteln, indem man sie in andere Körper zerlegt oder zu anderen Körpern ergänzt, deren Volumen bekannt ist.
Der Rauminhalt eines hohlen Körpers lässt sich (im Prinzip) experimentell durch Ausfüllen mit Flüssigkeiten ermitteln (⇒ Hohlmaße, S. 14).

Siehe auch: ⇒ Dreiecke, S. 93; ⇒ Weitere ebene Figuren, S. 103 ff.

Begriffe am Kreis

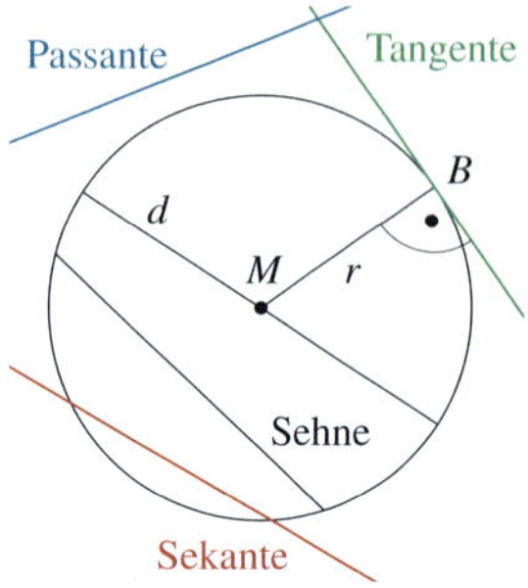

Ein Kreis besteht aus allen Punkten der Ebene, die von einem gegebenen Punkt M, dem **Mittelpunkt** des Kreises, den gleichen Abstand haben.
Dieser Abstand heißt **Radius** r des Kreises.
Die Verbindungsstrecke zweier beliebiger Kreispunkte wird **Sehne** genannt.
Eine Sehne durch den Kreismittelpunkt heißt **Durchmesser** d des Kreises. Er ist doppelt so lang wie der Radius.
Eine Gerade, die den Kreis in zwei verschiedenen Punkten schneidet, heißt **Sekante**.
Eine Gerade, die mit dem Kreis keinen Punkt gemeinsam hat, heißt **Passante**.
Eine Gerade, die mit dem Kreis genau einen Punkt B gemeinsam hat, heißt **Tangente** des Kreises. Der Punkt B heißt **Berührpunkt**. Der **Berührradius** $[MB]$ steht senkrecht auf der Tangente. (⇒ Kreise und Kreisteile, S. 107)

Winkel

Ein **Winkel** entsteht durch Drehung einer Halbgeraden um ihren Anfangspunkt S.
Der Drehsinn dieser Drehung wird auch als **Orientierung des Winkels** bezeichnet.
Der Anfangspunkt S der Halbgeraden heißt **Scheitel** des Winkels.
Die beiden Halbgeraden, die den Winkel einschließen, heißen **Schenkel** des Winkels.

Winkel werden mit kleinen griechischen Buchstaben α, β, γ etc. oder durch Angabe des Scheitels und je eines weiteren (beliebigen) Punktes auf den Schenkeln bezeichnet (siehe rechts).

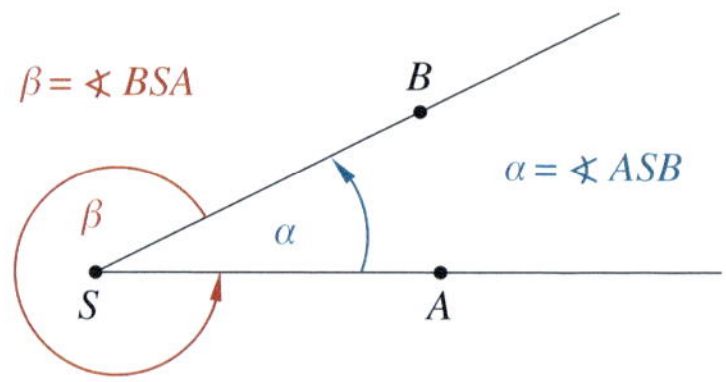

Die Reihenfolge der Punkte A, S, B in der Bezeichnung $\alpha = \sphericalangle ASB$ bedeutet, dass der Strahl $[SA$ bei Drehung um S auf den Strahl $[SB$ im mathematisch positiven Sinn (= Drehung gegen den Uhrzeigersinn) den Winkel α überstreicht. (A liegt auf dem „ersten“ Schenkel, B auf dem „zweiten“.) Dadurch ist α eindeutig bestimmt.

Winkelmessung

Winkel werden im **Gradmaß** (bezeichnet mit °) oder im **Bogenmaß** angegeben.

Beim **Gradmaß** wird dem Vollwinkel die Zahl 360 zugeordnet. Die Basiseinheit heißt **Grad (°)**.
1 Grad (1°) ist definiert als der 360ste Teil des Vollwinkels. Weitere Einheiten sind **Winkelminute (′) und Winkelsekunde (″)**: $1° = 60' = 3600''$

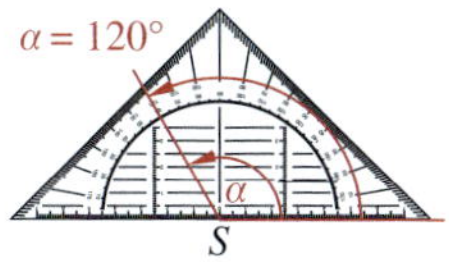

Der ⇒ Kreisbogen $b = \widehat{AB}$ (S. 107) ist proportional zum Mittelpunktswinkel $\alpha = ∢AMB$. Deshalb ist das Verhältnis $\frac{b}{r}$ ein Maß für die Größe des Winkels. Man bezeichnet es als **Bogenmaß** des Winkels. Die (bei konkreten Angaben meist weggelassene) Einheit des Bogenmaßes heißt **Radiant (rad)**.
1 rad entspricht der Größe des Winkels, der aus dem Umfang des Kreises einen Bogen mit der Länge des Radius herausschneidet. Zu dem Vollwinkel 360° gehört das Bogenmaß 2π. Für beliebige andere (auch negative) Winkel kann das Bogenmaß durch ⇒ Schlussrechnung (S. 41) ermittelt werden.

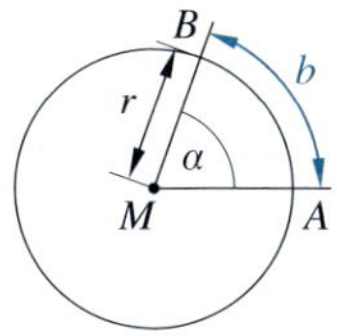

$$b = \frac{\alpha}{360} \cdot u = \frac{\alpha}{180°} \cdot r\pi$$

1 rad ≈ 57,296°
1° ≈ 0,0175 rad

Grad	10	30	45	60	90	180	270
rad	≈ 0,175	$\frac{\pi}{6} \approx 0{,}524$	$\frac{\pi}{4} \approx 0{,}785$	$\frac{\pi}{3} \approx 1{,}047$	$\frac{\pi}{2} \approx 1{,}571$	$\pi \approx 3{,}142$	$\frac{3\pi}{2} \approx 4{,}712$

siehe auch: ⇒ Kreise und Kreisteile (S. 107)

Man unterscheidet folgende Winkelarten:

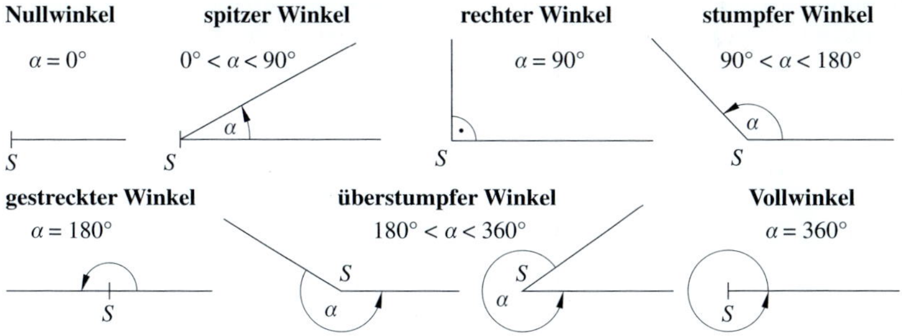

Winkelpaare

An **Geradenkreuzungen** bzw. an **Doppelkreuzungen**, die durch den Schnitt einer Gerade mit zwei zueinander parallelen Geraden entstehen, gelten folgende Winkelgesetze:

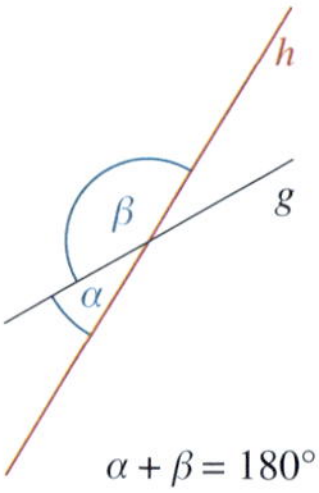

Nebenwinkel ergänzen sich zu 180°.

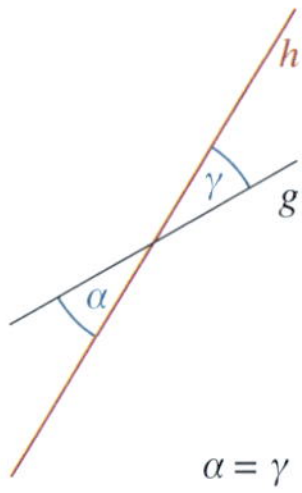

Scheitelwinkel sind gleich groß.

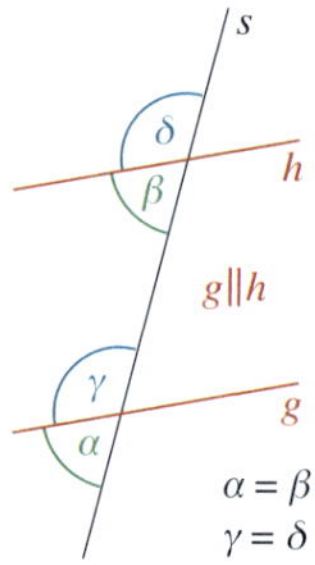

Stufenwinkel (α und β bzw. γ und δ) sind gleich groß.

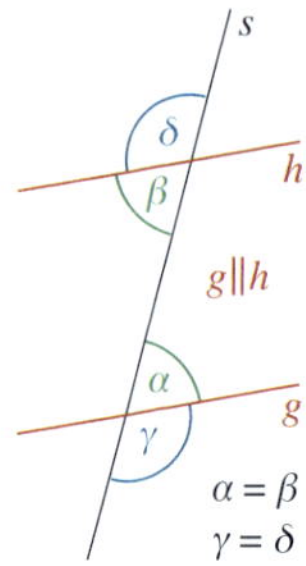

Wechselwinkel (α und β bzw. γ und δ) sind gleich groß.

Beziehungen zwischen Figuren

Achsensymmetrie und Punktsymmetrie

Zwei Figuren heißen **achsensymmetrisch zueinander**, wenn sie durch eine **Achsenspiegelung** an einer **Symmetrieachse** a aufeinander abgebildet werden können.

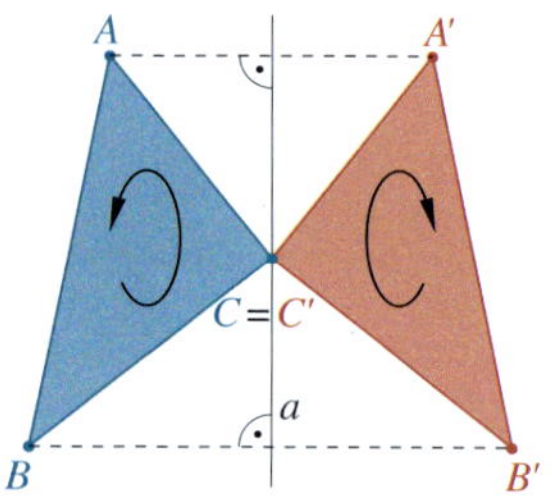

Zwei Figuren heißen **punktsymmetrisch zueinander**, wenn sie durch eine **Punktspiegelung** an einem **Symmetriezentrum** Z aufeinander abgebildet werden können.

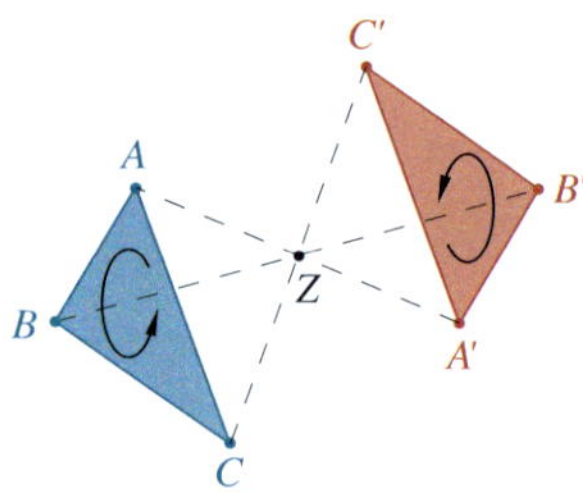

Eigenschaften der Achsensymmetrie

- Die Punkte der Symmetrieachse sind **Fixpunkte**, d. h., jeder Achsenpunkt ist sein eigener Bildpunkt.
- Die Strecke zwischen Punkt und Bildpunkt wird von der Achse senkrecht halbiert.
- Achsenpunkte – und nur diese – sind von Punkt und Bildpunkt gleich weit entfernt.
- Eine Strecke und die dazu symmetrische Strecke sind gleich lang.
- Eine Gerade und die dazu symmetrische Gerade können sich nur auf der Symmetrieachse schneiden.
- Ein Winkel und der dazu achsensymmetrische Winkel sind gleich groß und besitzen unterschiedlichen Drehsinn.

Konstruktion des Bildpunktes: Spiegeln des Punktes *A* an *g*

Man wählt zwei Punkte *P* und *Q* auf *g*. Der Kreis um *P* durch *A* schneidet den Kreis um *Q* durch *A* im Punkt *A'*.
(⇒ Grundkonstruktionen: Lot fällen, S. 92)

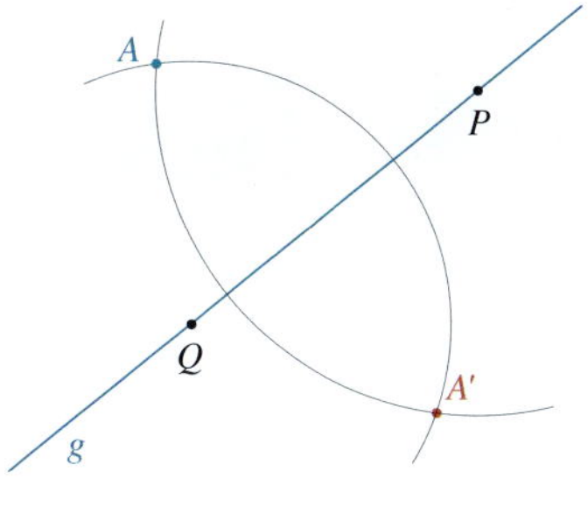

Eigenschaften der Punktsymmetrie

- Das Symmetriezentrum ist (einziger) **Fixpunkt**, d. h., es ist sein eigener Bildpunkt.
- Die Strecke zwischen Punkt und Bildpunkt wird von dem Symmetriezentrum halbiert.
- Eine Strecke und die dazu punktsymmetrische Strecke sind gleich lang und zueinander parallel.
- Ein Winkel und der dazu punktsymmetrische Winkel sind gleich groß und besitzen den gleichen Drehsinn.

Konstruktion des Bildpunktes: Spiegeln des Punktes *A* an *Z*

Die Gerade *AZ* schneidet den Kreis um *Z* durch *A* im Punkt *A'*.

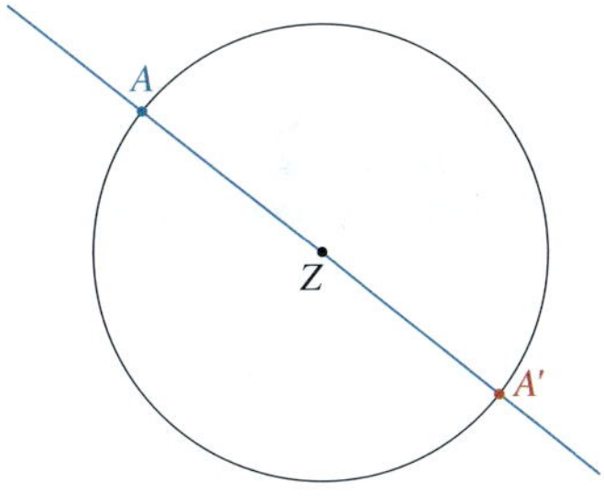

Eine Figur heißt achsen- bzw. punktsymmetrisch, falls es eine Achsenspiegelung bzw. eine Punktspiegelung gibt, bei der die Figur auf sich selbst abgebildet wird. (Konstruktion von Symmetrieachse bzw. -zentrum: ⇒ S. 91)

Geometrie

Kongruenz und Ähnlichkeit

Figuren, die in der Größe einander entsprechender Winkel und einander entsprechender Strecken übereinstimmen, heißen **zueinander kongruent (deckungsgleich).**

Flächeninhalt bzw. Volumen zueinander kongruenter Figuren sind gleich groß.
Zueinander kongruente Figuren können durch geeignete Drehungen, Verschiebungen und Spiegelungen aufeinander abgebildet werden.

Beispiele

(1) Die beiden abgebildeten Trapeze sind zueinander kongruent.

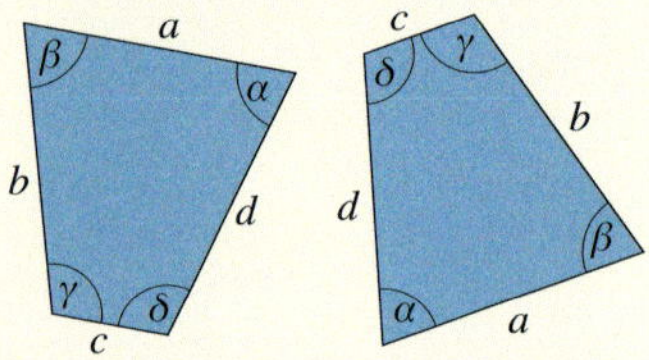

(2) Zueinander punkt- oder achsensymmetrische Figuren sind stets zueinander kongruent.

Figuren, die in der Größe einander entsprechender Winkel und in den Verhältnissen einander entsprechender Strecken übereinstimmen, heißen **zueinander ähnlich**.

Der Wert des Verhältnisses entsprechender Streckenlängen heißt **Ähnlichkeitsfaktor *k***.
Die Flächeninhalte zueinander ähnlicher Figuren (Flächen) stehen im Verhältnis k^2, die Volumina zueinander ähnlicher räumlicher Figuren stehen im Verhältnis k^3 (⇒ Größen, S. 14;
⇒ Maßstab).

Beispiel

Alle abgebildeten Figuren derselben Farbe sind zueinander ähnlich.

Maßstäbliche Vergrößerung und Verkleinerung

Durch maßstäbliche Vergrößerung oder Verkleinerung auseinander hervorgegangene (ebene oder räumliche) Figuren sind zueinander ähnlich.
Den ⇒ Ähnlichkeitsfaktor bezeichnet man daher auch als Maßstab:
Der **Maßstab** ist der Quotient aus der Länge einer Strecke in einem Plan (Modell, Karte) und der Länge der zugehörigen Strecke in Wirklichkeit.

Beispiele

Verkleinerung 1 : 300
Einer Strecke von 1 cm Länge auf einer Karte mit dem Maßstab 1 : 300 entspricht eine Strecke von 300 cm = 3 m Länge in der Wirklichkeit (in der Natur).

Vergrößerung 10 : 1
Eine Strecke ist im Modell zehnmal so lang wie in der Wirklichkeit.
Ein räumliches Modell hat dann eine hundertmal ($10^2 = 100$) so große Oberfläche und ein tausendmal ($10^3 = 1000$) so großes Volumen wie der modellierte Gegenstand.

Siehe auch: Ergänzungen und Vertiefungen ⇒ Zentrische Streckung, S. 201

Grundkonstruktionen

Bei einer **Konstruktion** verwendet man zum Zeichnen nur Zirkel und Lineal und verzichtet auf das Abmessen von Strecken und Winkeln.
Im **Konstruktionsplan** werden die einzelnen Arbeitsschritte einer Konstruktion beschrieben.

Mittelsenkrechte einer Strecke

Die **Mittelsenkrechte *m*** einer Strecke [*AB*] halbiert die Strecke [*AB*] und ist zu ihr senkrecht. Sie ist die ⇒ Symmetrieachse (S. 88) zu den Streckenendpunkten.
Man erhält sie als Verbindungsgerade der Schnittpunkte zweier Kreise mit gleichem Radius $\left(r > \frac{1}{2}\overline{AB}\right)$ um die Streckenendpunkte.
Der Schnittpunkt der Mittelsenkrechten mit [*AB*] ist der **Mittelpunkt** *M* der Strecke [*AB*] (⇒ Symmetriezentrum, S. 88).

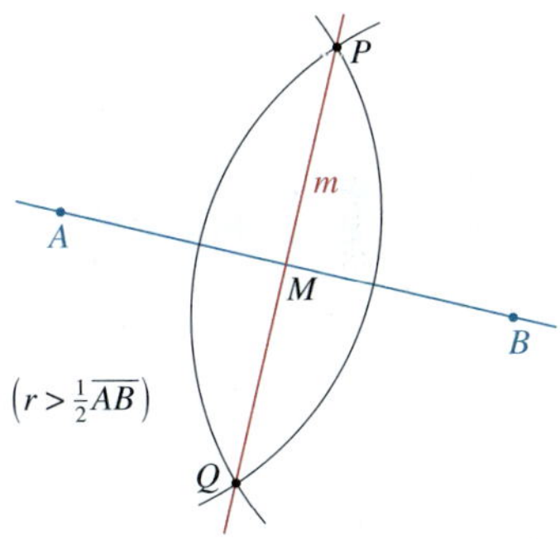

Winkelhalbierende

Die Symmetrieachse eines Winkels heißt **Winkelhalbierende**. Um sie zu erhalten, konstruiert man die Symmetrieachse zu zwei Punkten P und P' auf den Schenkeln des Winkels, die vom Scheitel gleich weit entfernt sind.

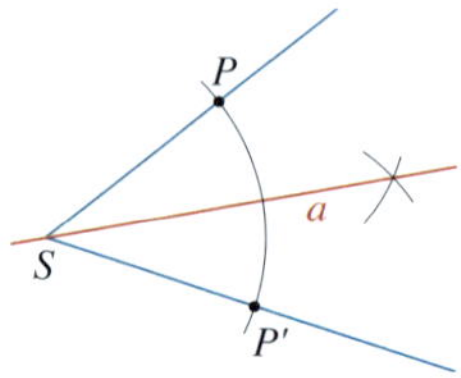

Konstruktion eines Lotes

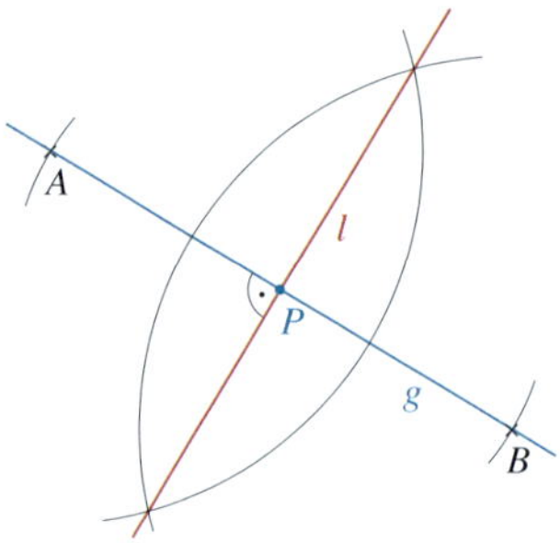

$P \in g$:
Errichten des Lotes in P auf g

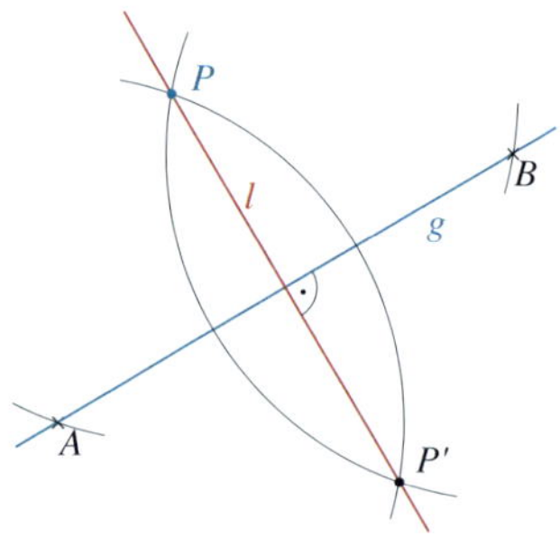

$P \notin g$:
Fällen des Lotes von P auf g

Man konstruiert in beiden Fällen die Symmetrieachse zu zwei Punkten auf g, die von P gleich weit entfernt sind.

Konstruktion der Tangente an einen Kreis in einem Punkt *P* des Kreises

Die Konstruktion der Tangente ist eine Anwendung der Lotkonstruktion:
Die Tangente ist das Lot auf der Geraden MP im Punkt P.

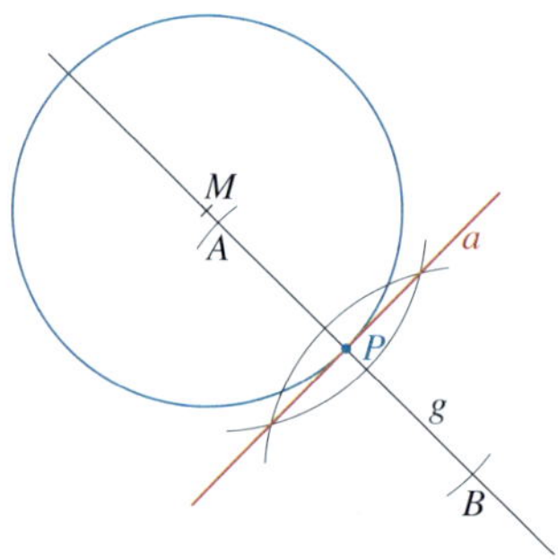

Dreiecke

Grundbegriffe

Standardbezeichnungen

Üblicherweise werden die Eckpunkte mit Großbuchstaben bezeichnet. Die einem Eckpunkt gegenüberliegende Seite wird mit dem entsprechenden Kleinbuchstaben bezeichnet.

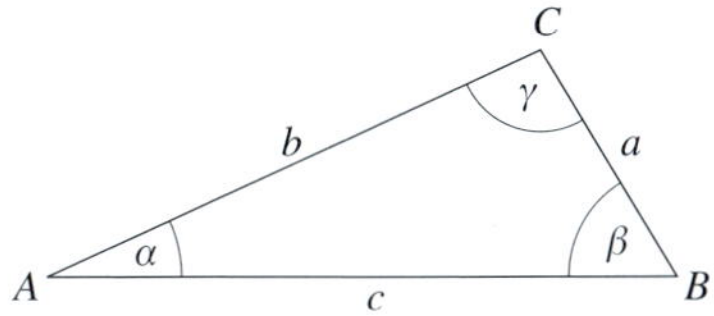

Unterscheidung nach Innenwinkeln

Nach der Größe der Innenwinkel unterscheidet man **spitzwinklige Dreiecke** (jeder Innenwinkel ist kleiner als 90°), **rechtwinklige Dreiecke** (ein Innenwinkel misst 90°) und **stumpfwinklige Dreiecke** (ein Innenwinkel ist größer als 90°).

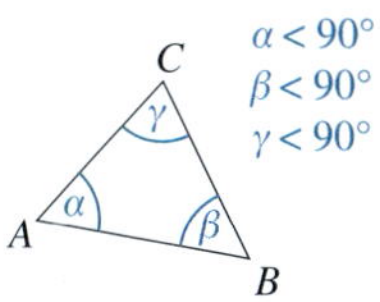

spitzwinkliges Dreieck

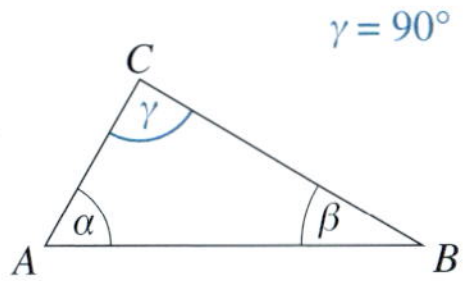

rechtwinkliges Dreieck

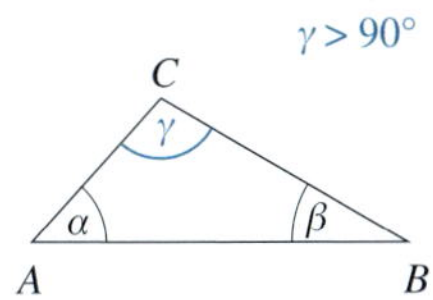

stumpfwinkliges Dreieck

Grundlegende Eigenschaften

- Die **Summe der Innenwinkel** beträgt in jedem (ebenen) Dreieck 180° ($\alpha + \beta + \gamma = 180°$).
- Für jedes Dreieck gilt die **Dreiecksungleichung**: Die Summe der Längen zweier Seiten ist immer größer als die Länge der dritten Seite.

$$a + b > c$$
$$a + c > b$$
$$b + c > a$$

- Der längsten Seite liegt der größte Winkel gegenüber, und umgekehrt liegt dem größten Winkel die längste Seite gegenüber.

Flächeninhalt *A* eines Dreiecks

$$A = \frac{1}{2} a \cdot h_a = \frac{1}{2} b \cdot h_b = \frac{1}{2} c \cdot h_c$$

(h_a bzw. h_b bzw. h_c sind die ⇒ Höhen (S. 94) des Dreiecks auf den Seiten a bzw. b bzw. c.)

Besondere Linien und Punkte

Die **Höhen** eines Dreiecks sind die Lote von den Eckpunkten auf die gegenüberliegenden Seiten (oder deren Verlängerung). Die Höhen schneiden sich in genau einem Punkt, dem **Höhenschnittpunkt**.
Hinweis: Im stumpfwinkligen Dreieck liegen zwei Höhen außerhalb des Dreiecks.

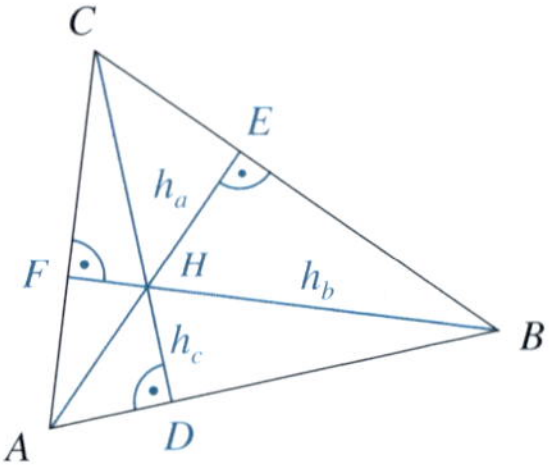

Die **Mittelsenkrechten** eines Dreiecks sind die Mittelsenkrechten seiner Seiten. Sie schneiden sich in genau einem Punkt, dem **Umkreismittelpunkt**. Dies ist der Mittelpunkt des Kreises, auf dem alle drei Eckpunkte des Dreiecks liegen.

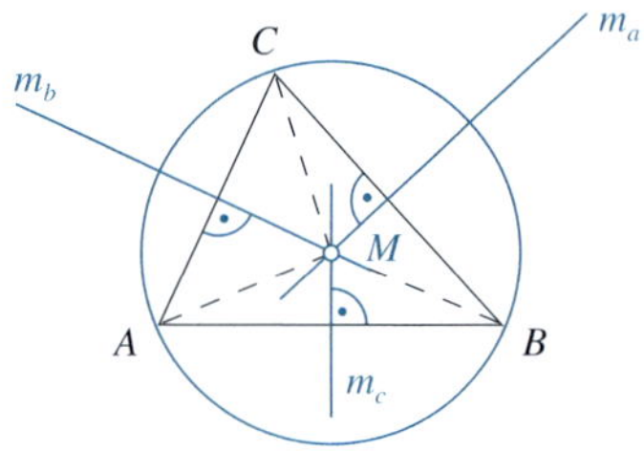

Die **Winkelhalbierenden** eines Dreiecks sind die Symmetrieachsen der Innenwinkel des Dreiecks. Sie schneiden sich in genau einem Punkt, dem **Inkreismittelpunkt**. Dies ist der Mittelpunkt des Kreises, der alle Dreiecksseiten berührt.

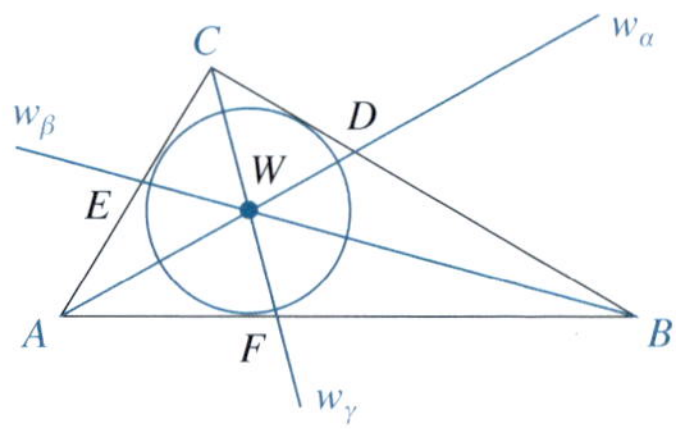

Die **Seitenhalbierenden** eines Dreiecks verbinden jeweils den Mittelpunkt einer Seite mit dem gegenüberliegenden Eckpunkt. Sie schneiden sich in genau einem Punkt, dem **Schwerpunkt** des Dreiecks.
Er teilt die Seitenhalbierenden im Verhältnis 2 : 1.

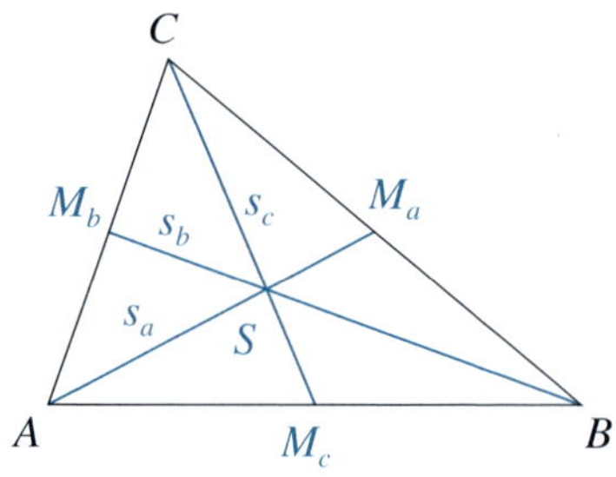

Besondere Dreiecke

Ein Dreieck mit zwei gleich langen Seiten heißt **gleichschenkliges Dreieck.**
Eigenschaften gleichschenkliger Dreiecke:
- Jedes gleichschenklige Dreieck ist achsensymmetrisch.
- Die Symmetrieachse ist zugleich die Mittelsenkrechte der Basis und die Winkelhalbierende des Winkels an der Spitze.
- Die Basiswinkel im gleichschenkligen Dreieck sind gleich groß.

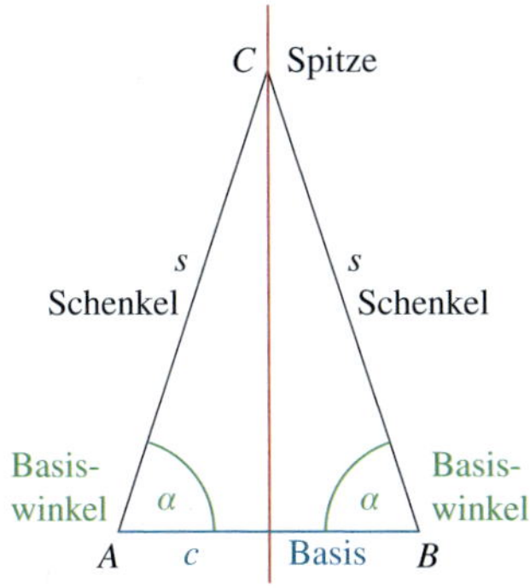

Ein Dreieck mit drei gleich langen Seiten heißt **gleichseitiges Dreieck**.

Eigenschaften gleichseitiger Dreiecke:
- Jedes gleichseitige Dreieck ist gleichschenklig, nicht aber umgekehrt.
- Jedes gleichseitige Dreieck hat drei Symmetrieachsen, diese sind zugleich Winkelhalbierende, Mittelsenkrechte, Höhe und Seitenhalbierende.

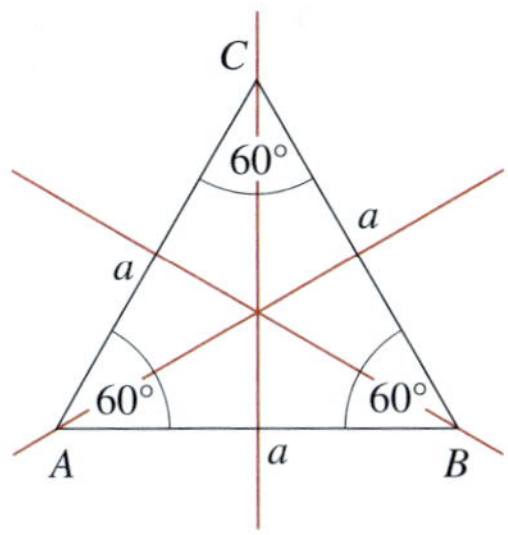

Ein Dreieck, in dem ein Innenwinkel 90° beträgt, heißt **rechtwinkliges Dreieck**.
Die dem rechten Winkel gegenüberliegende Seite heißt **Hypotenuse**.
Sie wird von der zugehörigen Höhe in die **Hypotenusenabschnitte** unterteilt.
Die Hypotenuse ist die längste Seite im rechtwinkligen Dreieck.
Die beiden Seiten, die den rechten Winkel einschließen, heißen **Katheten**.

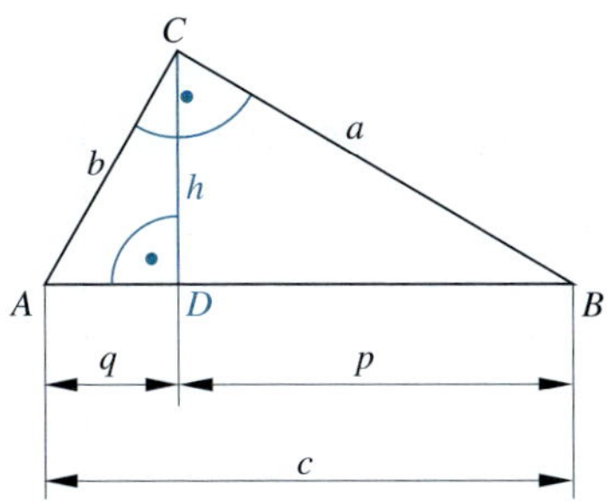

Sätze im rechtwinkligen Dreieck

Satz des Thales

Liegen die Ecken eines Dreiecks so auf einem Kreis, dass eine Seite des Dreiecks der Kreisdurchmesser ist, so ist das Dreieck rechtwinklig. Umgekehrt liegt der Umkreismittelpunkt eines rechtwinkligen Dreiecks auf der Hypotenuse.

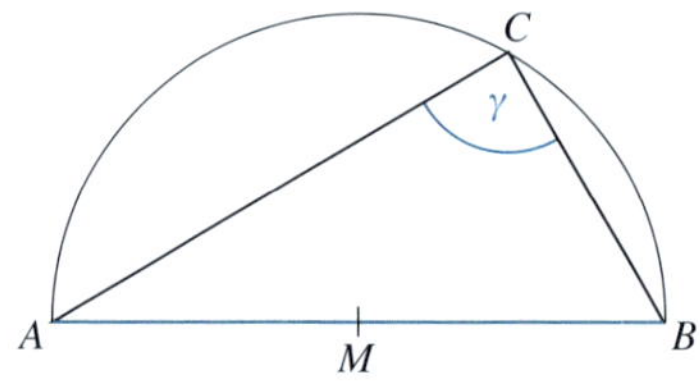

Beispiel

Zur Konstruktion der **Tangente** an einen Kreis **durch einen Punkt *P* außerhalb des Kreises** zieht man einen Kreis um den Mittelpunkt N der Strecke $[MP]$ durch M und P („Thaleskreis über $[MP]$“). Die Schnittpunkte der beiden Kreise sind die Berührpunkte der Tangenten durch P.

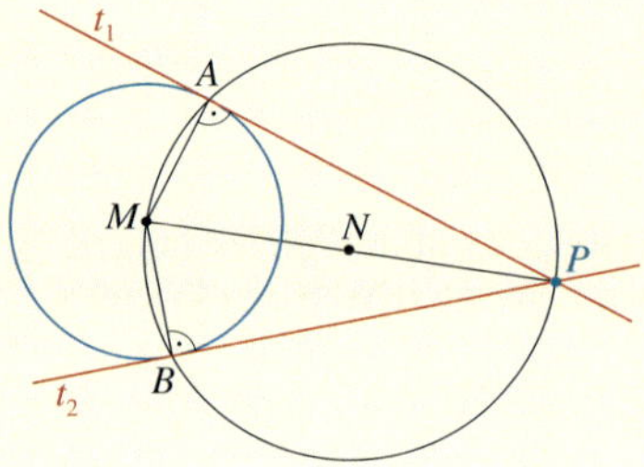

Satzgruppe des Pythagoras

Die Satzgruppe des Pythagoras besteht aus dem eigentlichen Satz des Pythagoras, dem Höhensatz und dem Kathetensatz. Diese drei Sätze sind eng miteinander verwandt und können auseinander hergeleitet werden.

Satz des Pythagoras (Hypotenusensatz)

Ein Dreieck ABC ist genau dann rechtwinklig, wenn der Flächeninhalt des Quadrates über der Hypotenuse c gleich der Summe der Flächeninhalte der beiden Quadrate über den Katheten a und b ist:

$$a^2 + b^2 = c^2$$

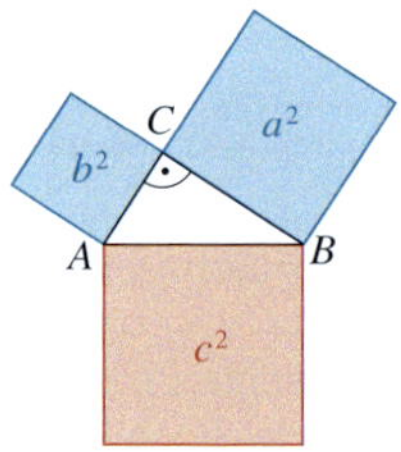

Beispiele

(1) Berechnung der Diagonalen im Rechteck:

$d = \sqrt{a^2 + b^2}$

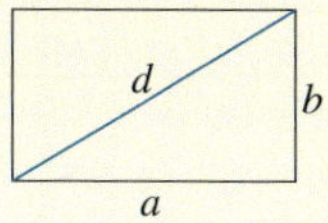

(2) Berechnung von Höhe und Flächeninhalt eines gleichseitigen Dreiecks:

$h^2 + \left(\frac{1}{2}a\right)^2 = a^2;$

$h = \sqrt{a^2 - \frac{1}{4}a^2} = \frac{1}{2}\sqrt{3}\,a$

$A = \frac{1}{2}a \cdot h = \frac{1}{4}\sqrt{3}\,a^2$

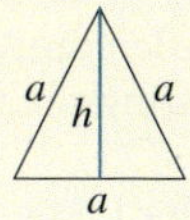

Kathetensatz

In jedem rechtwinkligen Dreieck hat das Quadrat über einer Kathete denselben Flächeninhalt wie das Rechteck aus der Hypotenuse und dem der Kathete anliegenden Hypotenusenabschnitt:

$\boldsymbol{a^2 = c \cdot p} \qquad \boldsymbol{b^2 = c \cdot q}$

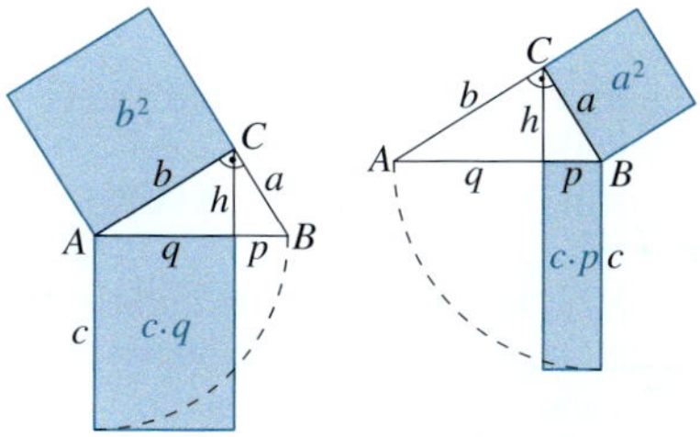

Höhensatz

In jedem rechtwinkligen Dreieck hat das Quadrat über der Höhe auf der Hypotenuse denselben Flächeninhalt wie das Rechteck aus den beiden Hypotenusenabschnitten:

$\boldsymbol{h^2 = p \cdot q}$

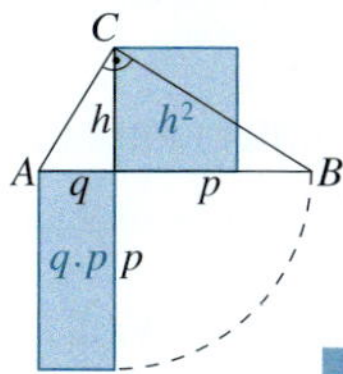

Beispiel

Zu einem Rechteck mit den Seiten 1 cm und 3 cm soll ein flächengleiches Quadrat konstruiert werden.

Mit $p = 1$ cm und $c = 3$ cm konstruiert man zunächst ein rechtwinkliges Dreieck mit der Hypotenuse c.
Dazu trägt man die Länge p auf c ab und erhält den Fußpunkt der Höhe. Der Eckpunkt C des Dreiecks ist der Schnittpunkt der Höhe mit dem Thaleskreis über c.

Nach dem Kathetensatz ($a^2 = c \cdot p$) ist die Dreiecksseite a die Seite des gesuchten Quadrats.

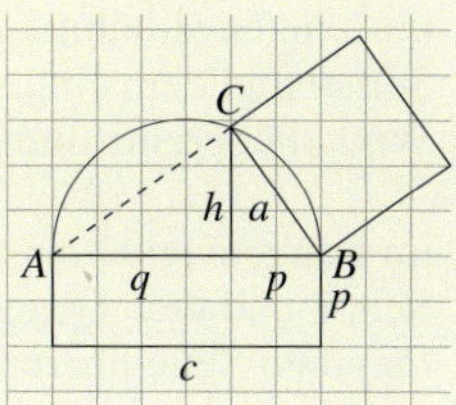

Kongruenz- und Ähnlichkeitssätze

Kongruenzsätze für Dreiecke

Zwei Dreiecke sind zueinander ⇒ kongruent (S. 90), wenn sie

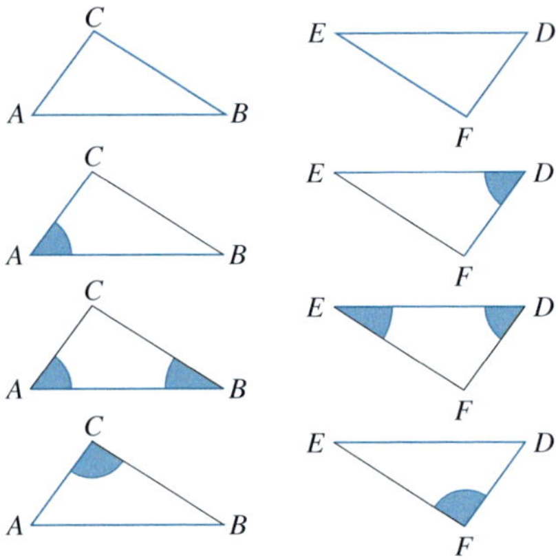

- in allen drei Seitenlängen übereinstimmen (**SSS**).
- in der Länge zweier Seiten und dem eingeschlossenen Winkel übereinstimmen (**SWS**).
- in der Länge einer Seite und zwei gleichliegenden Winkeln übereinstimmen (**WSW** bzw. **SWW**).
- in der Länge zweier Seiten und dem Gegenwinkel der *längeren* der beiden Seiten übereinstimmen (**SsW**).

Ähnlichkeitssätze für Dreiecke

Zwei Dreiecke sind zueinander ⇒ ähnlich (S. 90), wenn sie

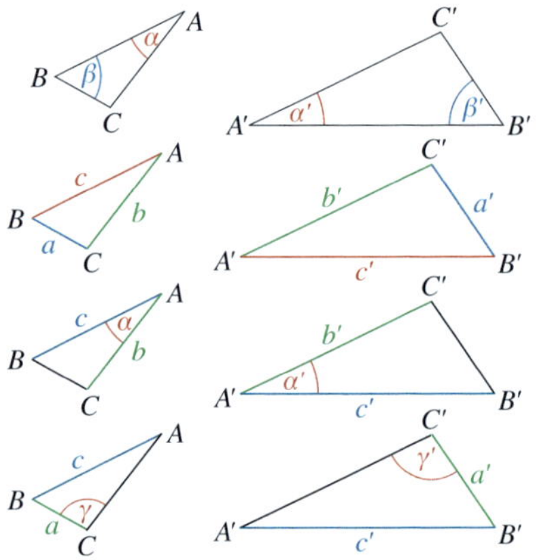

- in zwei Winkeln übereinstimmen.
- im Längenverhältnis je zweier einander entsprechenden Seiten übereinstimmen.
- im Längenverhältnis zweier Seiten und dem eingeschlossenen Winkel übereinstimmen.
- im Längenverhältnis zweier Seiten und dem Gegenwinkel der *längeren* Seite übereinstimmen.

Strahlensätze

Wird eine Geradenkreuzung von zwei zueinander parallelen Geraden geschnitten, so gilt für die entstandenen Streckenabschnitte:

- Streckenlängen auf der einen Kreuzungsgeraden verhalten sich zueinander wie die entsprechenden Streckenlängen auf der anderen Kreuzungsgeraden.
- Die ausgeschnittenen Parallelstrecken verhalten sich zueinander wie die Entfernungen der Streckenendpunkte vom Kreuzungspunkt, wenn diese Entfernungen jeweils auf ein und derselben Kreuzungsgeraden gemessen werden.

„Erster Strahlensatz“

$$AB \parallel A'B' \Leftrightarrow \frac{\overline{ZA}}{\overline{ZA'}} = \frac{\overline{ZB}}{\overline{ZB'}}; \quad \frac{\overline{ZA}}{\overline{AA'}} = \frac{\overline{ZB}}{\overline{BB'}}$$

„Zweiter Strahlensatz“

$$AB \parallel A'B' \Rightarrow \frac{\overline{AB}}{\overline{A'B'}} = \frac{\overline{ZA}}{\overline{ZA'}}$$

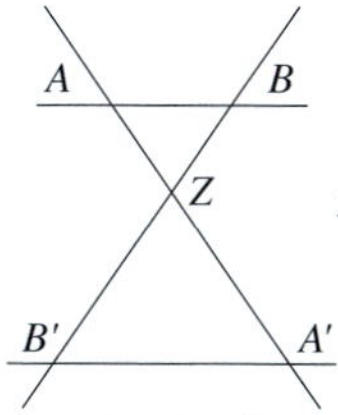

„X-Figur“

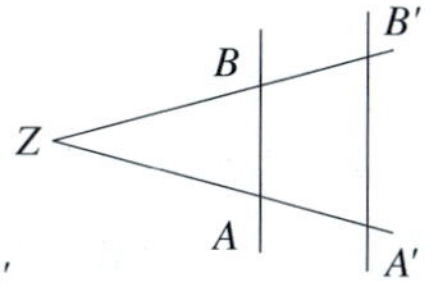

„V-Figur“

Beispiel

Zur „Nichtumkehrbarkeit“ des „zweiten“ Strahlensatzes:

Es gilt zwar

$\frac{\overline{AB}}{\overline{A'B'}} = \frac{\overline{ZA}}{\overline{ZA'}}$ $\left(\text{denn } \frac{0{,}8}{2{,}4} = \frac{1}{3}\right)$,

die Geraden AB und $A'B'$ sind aber nicht zueinander parallel.

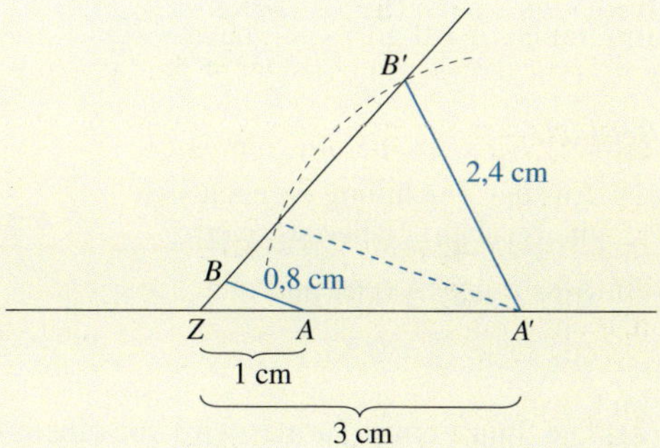

Trigonometrie

Trigonometrische Beziehungen im rechtwinkligen Dreieck

Im rechtwinkligen Dreieck verwendet man – bezogen auf einen der beiden nicht-rechten Innenwinkel – für die Verhältnisse von je zwei Seiten folgende Bezeichnungen:

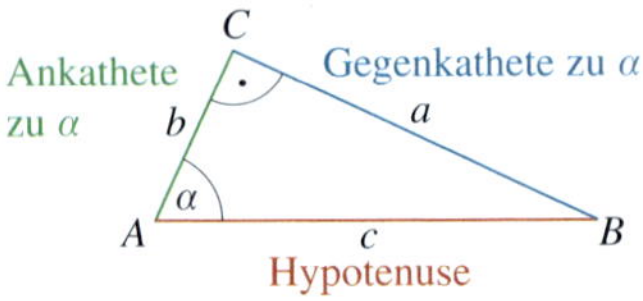

Sinus von α

$$\sin\alpha = \frac{\text{Gegenkathete}}{\text{Hypotenuse}}$$

Kosinus von α

$$\cos\alpha = \frac{\text{Ankathete}}{\text{Hypotenuse}}$$

Tangens von α

$$\tan\alpha = \frac{\text{Gegenkathete}}{\text{Ankathete}}$$

Für alle Winkel α gilt (vgl. Darstellung am ⇒ Einheitskreis, S. 102):

$$\sin\alpha = \cos(90° - \alpha)$$
$$\cos\alpha = \sin(90° - \alpha)$$

(Komplementwinkelbeziehungen)

$$(\sin\alpha)^2 + (\cos\alpha)^2 = 1$$

(„Trigonometrischer Pythagoras“)

Für α mit $\cos\alpha \neq 0$ gilt: $\tan\alpha = \frac{\sin\alpha}{\cos\alpha}$

Beispiele

(1) Aus der Zeichnung ergeben sich die (groben) Näherungswerte

$\sin 35° \approx \frac{1{,}7}{3} \approx 0{,}57$ und

$\cos 35° \approx \frac{2{,}5}{3} \approx 0{,}83$.

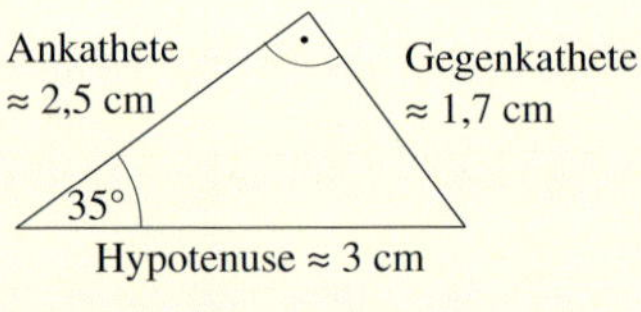

(2) Die Spitze eines Turmes wird von einem Beobachter in einer Entfernung von 25 m vom Fuß des Turmes unter einem Winkel von 27° angepeilt. Wie hoch ist der Turm?

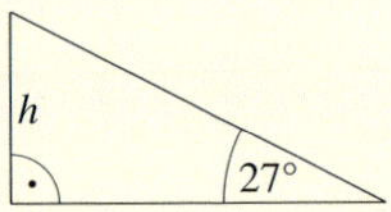

Aus $\tan 27° = \frac{h}{25\,\text{m}}$ erhält man mit dem Taschenrechnerwert

$\tan 27° \approx 0{,}51$ für die Turmhöhe etwa $h \approx 12{,}7\,\text{m}$.

Trigonometrische Berechnungen im allgemeinen Dreieck

Sind in einem beliebigen Dreieck Seiten oder Winkel gegeben, so lassen sich andere Stücke mithilfe folgender Sätze berechnen:

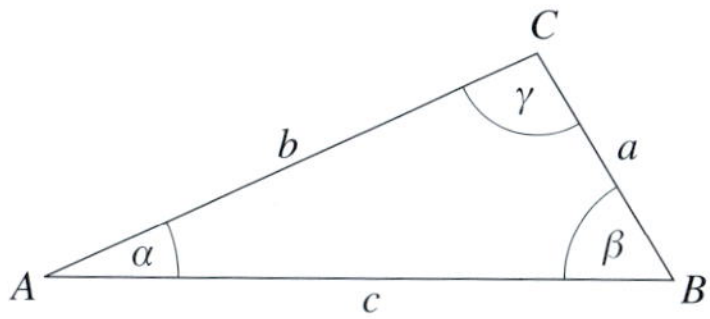

Sinussatz

In jedem Dreieck verhalten sich die Längen zweier Seiten wie die Sinuswerte der den Seiten gegenüberliegenden Winkel.

$$\frac{a}{b} = \frac{\sin\alpha}{\sin\beta};\quad \frac{a}{c} = \frac{\sin\alpha}{\sin\gamma};\quad \frac{b}{c} = \frac{\sin\beta}{\sin\gamma}$$

Kosinussatz

In jedem Dreieck ist das Quadrat einer Seitenlänge gleich der Summe der Quadrate der beiden anderen Seitenlängen vermindert um das doppelte Produkt dieser beiden Seitenlängen und dem Kosinus des von ihnen eingeschlossenen Winkels.

$$a^2 = b^2 + c^2 - 2bc\cos\alpha$$
$$b^2 = a^2 + c^2 - 2ac\cos\beta$$
$$c^2 = a^2 + b^2 - 2ab\cos\gamma$$

Beispiel

Von einem Dreieck sind die Seiten b, c und die zu c gehörige Höhe h gegeben.
Berechnung der Seite a und der Innenwinkel:

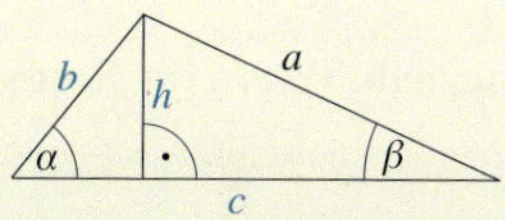

- b und h sind die Seiten eines rechtwinkligen Dreiecks, daher gilt $\sin\alpha = \frac{h}{b}$. Damit lässt sich der Winkel α berechnen.
- Mit dem Kosinussatz erhält man die dritte Seite: $a^2 = b^2 + c^2 - 2bc\cos\alpha$
- Mithilfe des Sinussatzes erhält man die fehlenden Winkel: Zum Beispiel β aus $\sin\beta = \frac{b}{a}\cdot\sin\alpha$ und damit $\gamma = 180° - \alpha - \beta$.

Für den ⇒ **Flächeninhalt *A* eines Dreiecks** (S. 93) gelten die Formeln

$A = \frac{1}{2}bc\cdot\sin\alpha$ bzw. $A = \frac{1}{2}ab\cdot\sin\gamma$ bzw. $A = \frac{1}{2}ac\cdot\sin\beta$

Sinus und Kosinus am Einheitskreis

Der Kreis um den Ursprung 0 des Koordinatensystems mit dem Radius 1 heißt **Einheitskreis**. Für jeden Punkt $P(x|y)$ auf dem Einheitskreis schließt die Halbgerade $[0P$ mit der positiven x-Achse einen Winkel α ein, so dass gilt:

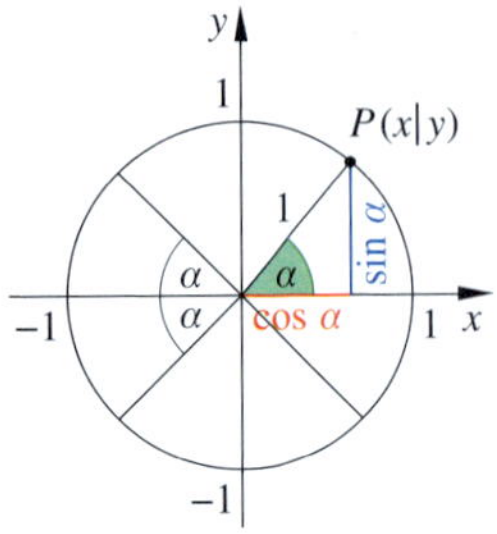

$x = \cos\alpha \qquad y = \sin\alpha$

Das Vorzeichen des Sinus- bzw. Kosinuswertes des Winkels α hängt davon ab, in welchem Quadranten der Punkt P liegt.

Sinus:

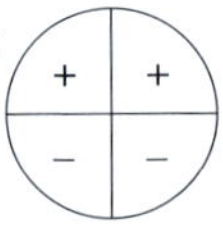

Kosinus:

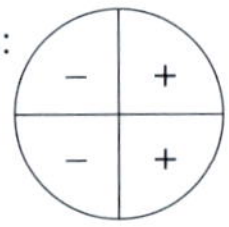

„Quadrantenbeziehungen":

$\cos(180° - \alpha) = -\cos\alpha$

$\sin(180° - \alpha) = \sin\alpha$

$\cos(180° + \alpha) = -\cos\alpha$

$\sin(180° + \alpha) = -\sin\alpha$

$\cos(360° - \alpha) = \cos\alpha$

$\sin(360° - \alpha) = -\sin\alpha$

Für negative Winkel (Drehung im Uhrzeigersinn) und für Winkel, die größer als 360° (Drehung weiter als eine Volldrehung) sind, lassen sich die Werte von Sinus und Kosinus mithilfe der „Quadrantenbeziehungen" ermitteln.

Für alle Winkel mit $\cos\alpha \neq 0$ gilt $\tan\alpha = \frac{\sin\alpha}{\cos\alpha}$.

Spezielle Werte für Sinus, Kosinus und Tangens

x	0	$\frac{\pi}{6}$	$\frac{\pi}{4}$	$\frac{\pi}{3}$	$\frac{\pi}{2}$	$\frac{2\pi}{3}$	$\frac{3\pi}{4}$	$\frac{5\pi}{6}$	π	$\frac{5\pi}{4}$	$\frac{3\pi}{2}$	2π
	0°	30°	45°	60°	90°	120°	135°	150°	180°	225°	270°	360°
sin x	0	$\frac{1}{2}$	$\frac{1}{2}\sqrt{2}$	$\frac{1}{2}\sqrt{3}$	1	$\frac{1}{2}\sqrt{3}$	$\frac{1}{2}\sqrt{2}$	$\frac{1}{2}$	0	$-\frac{1}{2}\sqrt{2}$	-1	0
cos x	1	$\frac{1}{2}\sqrt{3}$	$\frac{1}{2}\sqrt{2}$	$\frac{1}{2}$	0	$-\frac{1}{2}$	$-\frac{1}{2}\sqrt{2}$	$-\frac{1}{2}\sqrt{3}$	-1	$-\frac{1}{2}\sqrt{2}$	0	1
tan x	0	$\frac{1}{3}\sqrt{3}$	1	$\sqrt{3}$	–	$-\sqrt{3}$	-1	$-\frac{1}{3}\sqrt{3}$	0	1	–	0

Zu einem gegebenen Wert von $\sin x$, $\cos x$ oder $\tan x$ liefern Taschenrechner immer nur *einen* zugehörigen Winkel x. Wichtig ist die richtige Einstellung des Taschenrechners: DEG (D) für Gradmaß und RAD (R) für Bogenmaß.

Weitere ebene Figuren

Vierecke und Vielecke

In den Formeln der folgenden Übersicht steht u für den Umfang und A für den Flächeninhalt des dargestellten Vielecks.

Allgemeines (unregelmäßiges) Viereck

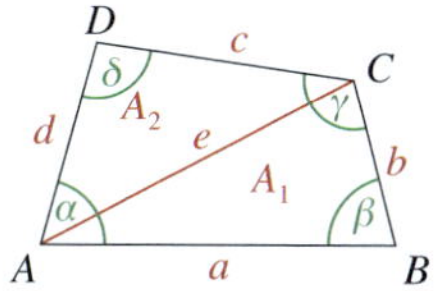

$u = a + b + c + d$

$A = A_1 + A_2$

$\alpha + \beta + \gamma + \delta = 360°$

Sehnenvierecke und Tangentenvierecke

Vierecke haben im Allgemeinen weder einen Umkreis noch einen Inkreis.

Ein Viereck, das einen Umkreis besitzt, heißt **Sehnenviereck**.
Eine Viereck $ABCD$ mit den Innenwinkel α, β, γ und δ (in der üblichen Bezeichnungsweise) ist genau dann ein Sehnenviereck, wenn sich gegenüberliegende Innenwinkel zu 180° ergänzen, wenn also $\alpha + \gamma = 180°$ und $\beta + \delta = 180°$ gilt.

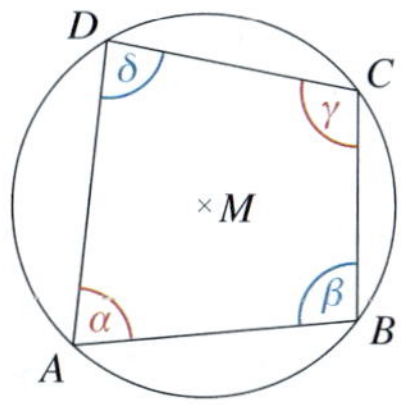

Ein Viereck, das einen Inkreis besitzt, heißt **Tangentenviereck**.
Eine Viereck $ABCD$ mit den Seiten a, b, c und d (in der üblichen Bezeichnungsweise) ist genau dann ein Tangentenviereck, wenn die Summen der Längen einander gegenüberliegender Seiten übereinstimmen, wenn also $a + c = b + d$ gilt.

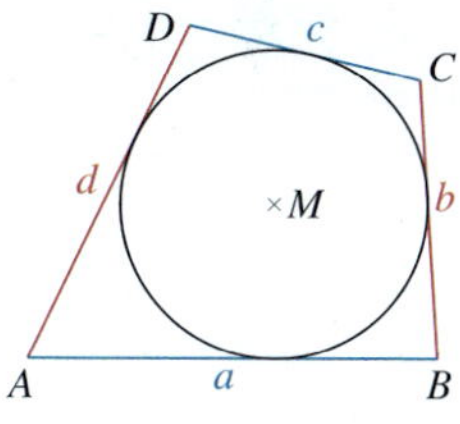

Geometrie

Spezielle Vierecke

Trapez
(zwei Seiten sind parallel)

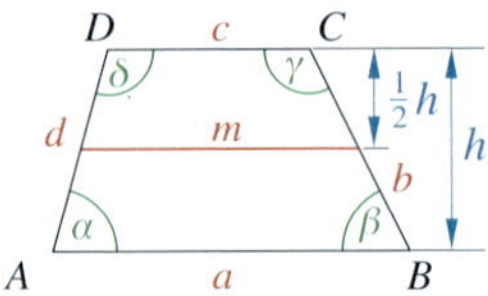

$a \parallel c$
$\alpha + \delta = 180°$; $\beta + \gamma = 180°$
$A = \frac{1}{2}(a + c) \cdot h = m \cdot h$
$m = \frac{1}{2}(a + c)$

Parallelogramm
(gegenüberliegende Seiten sind parallel)

Die Diagonalen halbieren einander. Ein Parallelogramm hat keine Symmetrieachse, es ist aber punktsymmetrisch bzgl. des Diagonalenschnittpunktes.

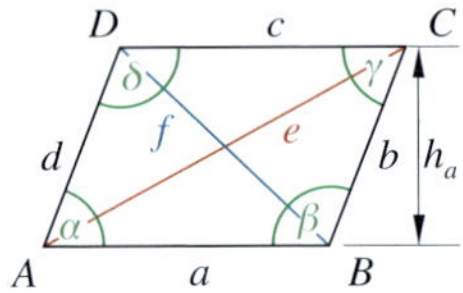

$a \parallel c$; $b \parallel d$
$a = c$; $b = d$
$\beta = \delta$; $\alpha + \beta = 180°$
$\alpha = \gamma$; $\alpha + \delta = 180°$
$u = 2(a + b)$
$A = a \cdot h_a = b \cdot h_b$
$A = ab \cdot \sin\alpha$
$= ab \cdot \sin\beta$

Raute
(alle Seiten sind gleich lang)

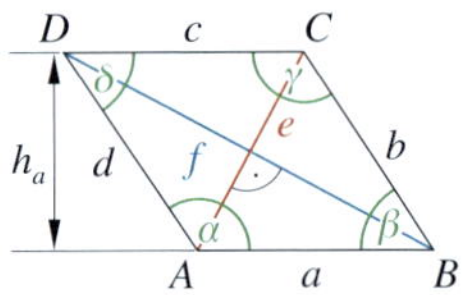

Die Diagonalen halbieren einander und stehen senkrecht aufeinander.
Eine Raute hat zwei Symmetrieachsen (die Verlängerungen der Diagonalen), und sie ist punktsymmetrisch bzgl. des Diagonalenschnittpunktes.

$a \parallel c$; $b \parallel d$
$a = b = c = d$
$\alpha = \gamma$; $\beta = \delta$
$\alpha + \beta = 180°$; $\gamma + \delta = 180°$
$u = 4a$
$A = a \cdot h_a$
$A = \frac{1}{2}e \cdot f$; $e \perp f$
$A = a^2 \cdot \sin\alpha = a^2 \cdot \sin\beta$

Drachenviereck
(zwei Paare benachbarter, gleichlanger Seiten)

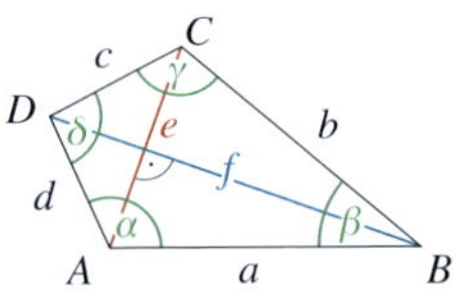

Die Diagonalen stehen senkrecht aufeinander, eine Diagonale (in der Zeichnung *e*) wird von der anderen halbiert. Es gibt eine Symmetrieachse (in der Zeichnung *BD*).

$a = b$; $c = d$
$\alpha = \gamma$; $e \perp f$
$u = 2(a + d)$
$A = \frac{1}{2}e \cdot f$

Rechteck
(Parallelogramm mit rechten Innenwinkeln)

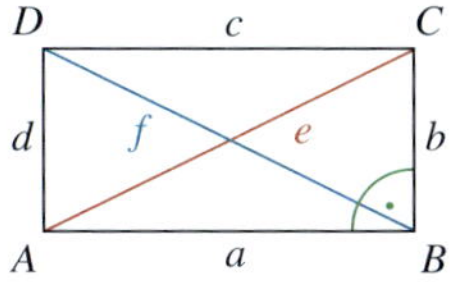

$a \parallel c;\ b \parallel d;\ a \perp b$
$a = c;\ b = d;\ e = f$
$e = \sqrt{a^2 + b^2}$
$\alpha = \beta = \gamma = \delta = 90°$
$u = 2(a + b)$
$A = ab$

Die Diagonalen sind gleich lang und halbieren einander.
Ein Rechteck hat zwei Symmetrieachsen (die Verbindungsgeraden der Seitenmittelpunkte) und ist punktsymmetrisch bzgl. des Diagonalenschnittpunktes.

Quadrat
(Rechteck mit vier gleich langen Seiten)

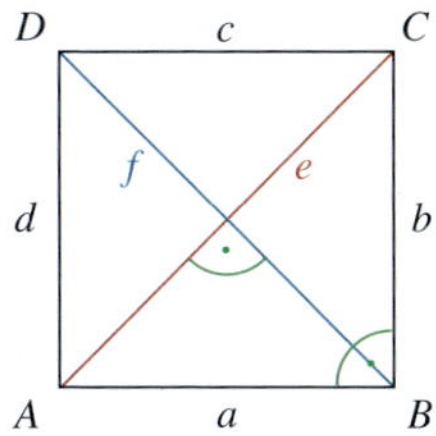

$a \parallel c;\ b \parallel d;\ a \perp b$
$a = b = c = d$
$\alpha = \beta = \gamma = \delta = 90°$
$e = f;\ e \perp f;\ e = a\sqrt{2}$
$u = 4a$
$A = a^2$

Die Diagonalen sind gleich lang, halbieren einander und stehen aufeinander senkrecht.
Ein Quadrat hat vier Symmetrieachsen (Diagonalen und Seitenhalbierende) und ist punktsymmetrisch bzgl. des Diagonalenschnittpunktes.

Symmetrie bei ebenen Vierecken

Die Symmetrieeigenschaften können als Grundlage für eine systematische Übersicht über die ebenen Vierecke dienen. Die meisten Symmetrieeigenschaften weist das Quadrat auf.

In der Übersicht ist ein Viereck ein Sonderfall eines „eine Etage höher" stehenden Vierecks, wenn es mit diesem durch eine Linie verbunden ist (z. B. sind Rechteck und Raute besondere Parallelogramme, und ein Parallelogramm ist ein besonderes Trapez).

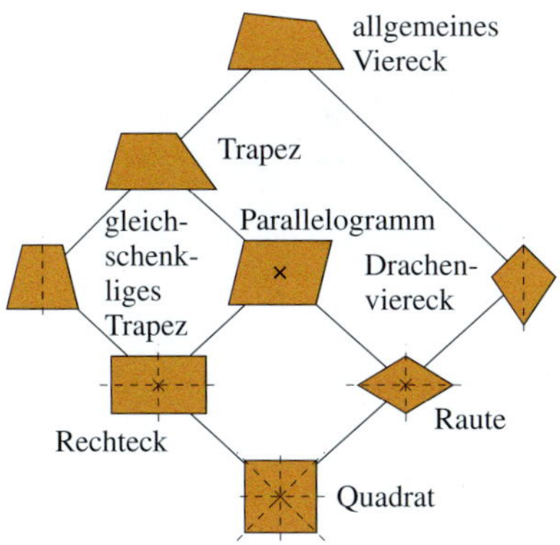

Vielecke

Jedes n-Eck ($2 < n \in \mathbb{N}$) lässt sich durch Diagonalen in $(n-2)$ Dreiecke zerlegen. Der Flächeninhalt ist dann gleich der Summe der Flächeninhalte der Teildreiecke:

$$A = A_1 + A_2 + \ldots + A_{n-2}$$

Die **Winkelsumme des n-Ecks** entspricht der Summe aller Winkel der Teildreiecke: $(n-2) \cdot 180°$

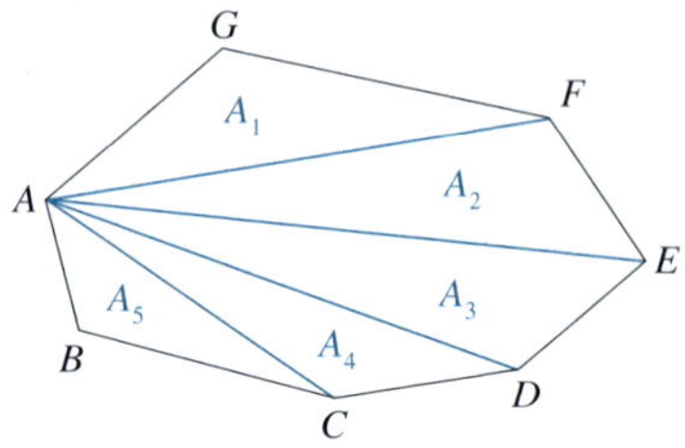

Reguläre n-Ecke

Jedes n-Eck mit gleich langen Seiten und gleich großen Winkeln heißt **reguläres n-Eck**.

Die Umfangslänge des regulären n-Ecks mit der Seitenlänge a ist

$$u = n \cdot a_n.$$

Jedes reguläre n-Eck lässt sich in n deckungsgleiche gleichschenklige Dreiecke einteilen.
Jedes dieser Dreiecke hat den Flächeninhalt

$$A_n = \frac{a_n \cdot h_n}{2}.$$

Der Flächeninhalt des n-Ecks ist

$$A = n \cdot A_n = n \cdot \frac{a_n \cdot h_n}{2}.$$

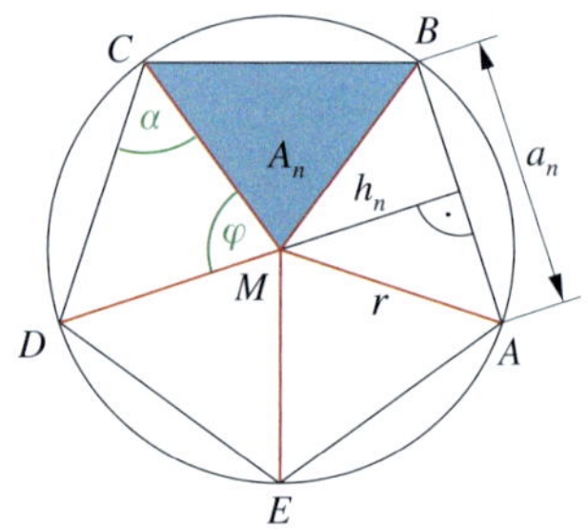

$$\varphi = \frac{360°}{n}; \quad \alpha = \frac{180° - \varphi}{2}$$

$$h_n^2 = r^2 - \left(\frac{1}{2}a_n\right)^2; \; a_n = 2r \cdot \sin\frac{\varphi}{2}$$

$$A_n = \frac{1}{2}r^2 \cdot \sin\varphi$$

Kreise und Kreisteile

Umfangslänge *u* und **Flächeninhalt *A* eines Kreises** lassen sich mithilfe der **Kreiszahl $\pi = 3{,}141\,592\,653\,589\ldots$** ermitteln.

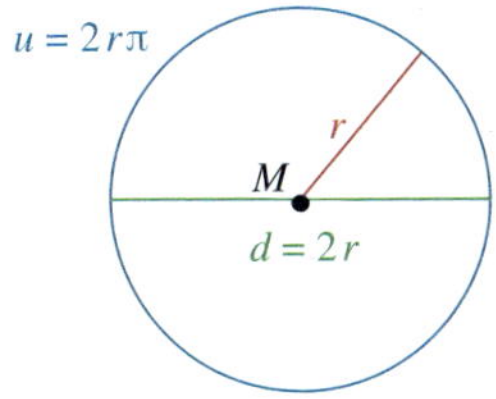

Kreisumfang: $u = 2r\pi = d\pi$

Kreisfläche: $A = r^2\pi = \frac{1}{4}d^2\pi$

Durch zwei Punkte A und B auf einer Kreislinie wird diese in den **Kreisbogen $\overset{\frown}{AB}$** und den **Kreisbogen $\overset{\frown}{BA}$** zerlegt.
Der Winkel $\sphericalangle AMB$ heißt **Mittelpunktswinkel** über dem Bogen $\overset{\frown}{AB}$.
Der **Kreisbogen** $b = \overset{\frown}{AB}$ ist proportional zu dem zugehörigen Mittelpunktswinkel $\varphi = \sphericalangle AMB$.
(⇒ Bogenmaß, S. 87)

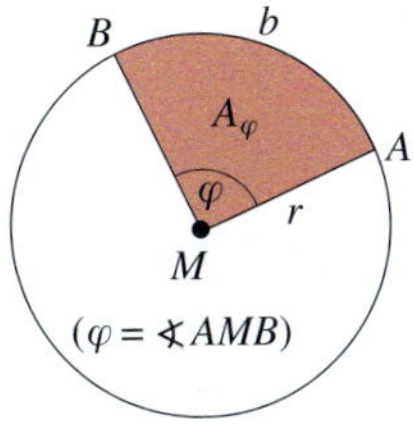

Der **Kreissektor (Kreisausschnitt) A_φ** ist der Teil der Kreisfläche, der von den Schenkeln des Mittelpunktswinkels φ und dem dazugehörigen Bogen b begrenzt wird. A_φ ist proportional zu φ.

$$b = \frac{\varphi}{360°} \cdot u = \frac{\varphi}{180°} \cdot r\pi$$

$$A_\varphi = \frac{\varphi}{360°} \cdot A = \frac{\varphi}{360°} \cdot r^2\pi$$

Das **Kreissegment (Kreisabschnitt) A_b** ist die Fläche, die vom Kreisbogen b und der Sehne $s = [AB]$ begrenzt wird.

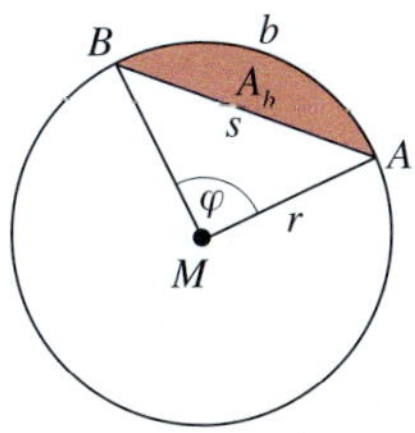

$$A_b = A_\varphi - A_{\Delta AMB} = \frac{\varphi}{360°} \cdot r^2\pi - \frac{1}{2}r^2 \sin\varphi$$

Beispiel
Umfang und Inhalt einer aus Kreisteilen zusammengesetzten Fläche lassen sich durch Ergänzen oder Zerlegen ermitteln. Für den abgebildeten Spitzbogen gilt z. B.

$$A = A_\Delta + 2 \cdot A_{\text{Segment}} = A_\Delta + 2 \cdot (A_{\text{Sektor}} - A_\Delta)$$
$$= 2 \cdot A_{\text{Sektor}} - A_\Delta = 2 \cdot \frac{\pi}{6}s^2 - \frac{1}{4} \cdot \sqrt{3}\,s^2 = \left(\frac{\pi}{3} - \frac{1}{4} \cdot \sqrt{3}\right)s^2$$

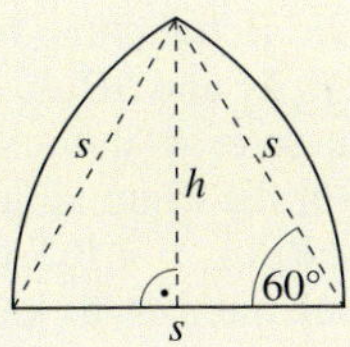

Sätze über Winkel und Streckenverhältnisse am Kreis

Umfangswinkelsatz

Umfangswinkel über demselben Bogen sind gleich groß, und sie sind halb so groß wie der zu dem Bogen gehörige Mittelpunktswinkel.

(siehe auch: ⇒ Satz des Thales, S. 96)

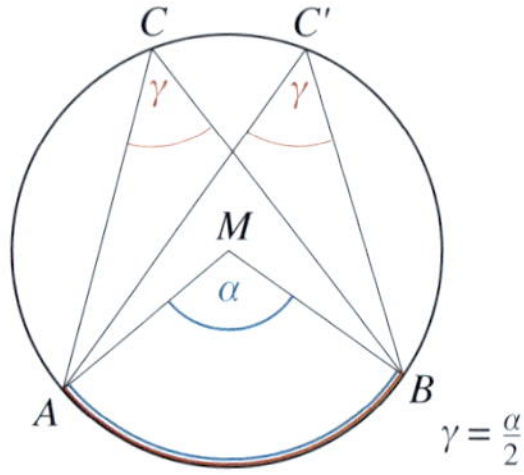

Sehnensatz

Schneiden die Sehnen $[A_1A_2]$ und $[B_1B_2]$ einander im Punkt S, so gilt:

$\overline{SA_1} \cdot \overline{SA_2} = \overline{SB_1} \cdot \overline{SB_2}$

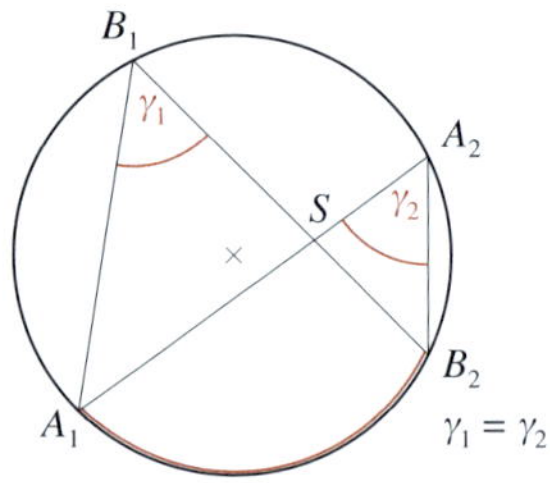

Sekantensatz

Schneiden zwei Sekanten A_1A_2 und B_1B_2 einander in einem Punkt S außerhalb des Kreises so gilt:

$\overline{SA_1} \cdot \overline{SA_2} = \overline{SB_1} \cdot \overline{SB_2}$

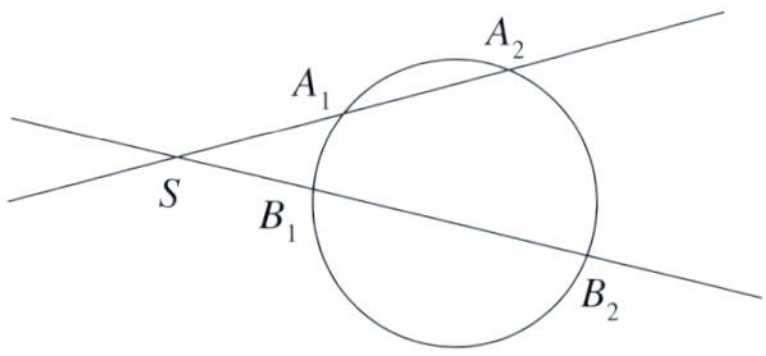

Beispiel

Beweis des Sehnensatzes und des Sekantensatzes
Die Behauptung beider Sätze ergibt sich wegen der Ähnlichkeit der Dreiecke SB_1A_1 und SB_2A_2 in der jeweiligen Figur als Aussage über Streckenverhältnisse in ⇒ ähnlichen Figuren (S. 90).
Für die Figur zum Sehnensatz folgt die Ähnlichkeit von SB_1A_1 und SB_2A_2 aus $\sphericalangle B_1SA_1 = \sphericalangle B_2SA_2$ und dem Umfangswinkelsatz ($\gamma_1 = \gamma_2$). Im Falle des Sekantensatzes kann sie z. B. leicht mit der Winkelbedingung für ⇒ Sehnenvierecke (S. 103), angewendet auf das Viereck $A_1B_1B_2A_2$, begründet werden.

Körper

Prismen

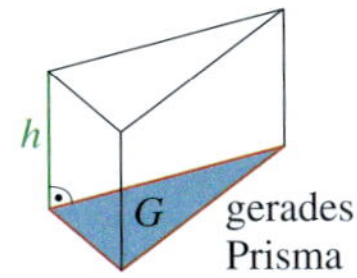

Ein ***n*-seitiges Prisma** besitzt als **Grund- und Deckfläche** zueinander **kongruente *n*-Ecke**, die in parallelen Ebenen liegen. Ihr Abstand ist die **Höhe *h*** des Prismas.
Beim **geraden Prisma** sind alle n Seitenflächen, die zusammen die **Mantelfläche *M*** bilden, Rechtecke.
Ein **schiefes Prisma** hat als Seitenflächen n Parallelogramme.
Für den Oberflächeninhalt O und das Volumen V eines Prismas gilt:

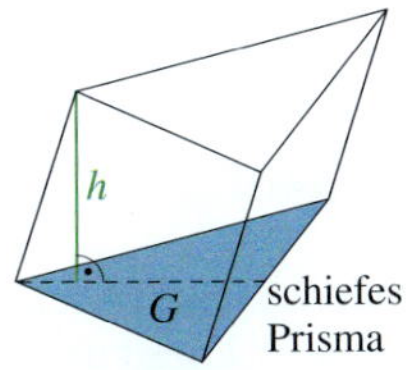

$O = 2 \cdot G + M$ $\qquad$ $V = G \cdot h$

Gerade Prismen

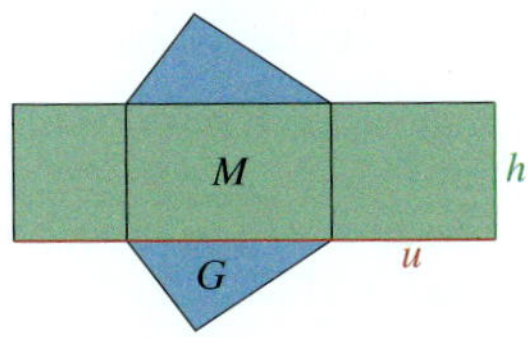

Ein gerades Prisma kann so zu einem **Netz** ausgebreitet werden, dass die Mantelfläche ein Rechteck mit den Seiten u (= Umfang von G) und h bildet.

Es gilt also $M = u \cdot h$ und $O = 2 \cdot G + u \cdot h$.

Sind Grund- und Deckfläche regelmäßige n-Ecke, so spricht man von einem **regelmäßigen Prisma**.

Beispiel

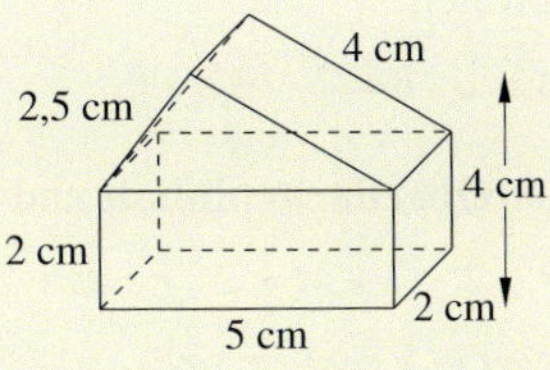

Berechnung von Volumen und Oberflächeninhalt des abgebildeten 5-seitigen Prismas mit der Höhe $h = 2\,\text{cm}$. Die Grundfläche ist zusammengesetzt aus einem Rechteck R und einem Dreieck D mit

$A_R = 2\,\text{cm} \cdot 5\,\text{cm}$ und $A_D = \frac{1}{2} \cdot 5\,\text{cm} \cdot (4\,\text{cm} - 2\,\text{cm})$.

$u = 2\,\text{cm} + 5\,\text{cm} + 2\,\text{cm} + 4\,\text{cm} + 2{,}5\,\text{cm} = 15{,}5\,\text{cm}$; $\quad M = u \cdot h = 31\,\text{cm}^2$;

$V = G \cdot h = (10\,\text{cm}^2 + 5\,\text{cm}^2) \cdot 2\,\text{cm} = 30\,\text{cm}^3$

$O = 2 \cdot G + M = 30\,\text{cm}^2 + 31\,\text{cm}^2 = 61\,\text{cm}^2$

Spezielle Prismen

Ein **Quader** ist ein gerades Prisma mit rechteckiger Grund- und Deckfläche.

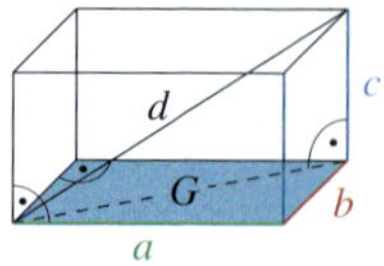

$O = 2 \cdot (ab + ac + bc)$ $V = a \cdot b \cdot c$ $d = \sqrt{a^2 + b^2 + c^2}$

Ein **Würfel** ist ein Quader, bei dem alle Kanten gleich lang sind. Er wird von sechs kongruenten Quadraten begrenzt.

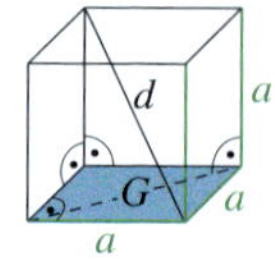

$O = 6 \cdot a^2$ $V = a^3$ $d = \sqrt{3} \cdot a$

Zylinder

Ein **Kreiszylinder** hat als **Grund- und Deckfläche** zueinander **kongruente Kreisflächen**, die in parallelen Ebenen liegen. Ihr Abstand ist die **Höhe *h*** des Zylinders. Der Radius der Kreisflächen heißt auch **Zylinderradius**.

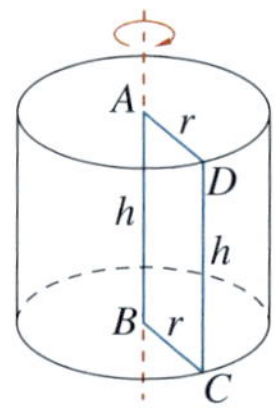

Ein **gerader Kreiszylinder** entsteht durch Rotation eines Rechtecks *ABCD* um die Seite [*AB*]. Die Rotationsachse *AB* heißt auch **Zylinderachse**; sie steht auf Grund- und Deckfläche senkrecht.

Die gekrümmte **Mantelfläche *M*** eines geraden Zylinders lässt sich in der Ebene zu einem Rechteck mit den Seitenlängen u (= Umfang des Grundkreises) und h abrollen:

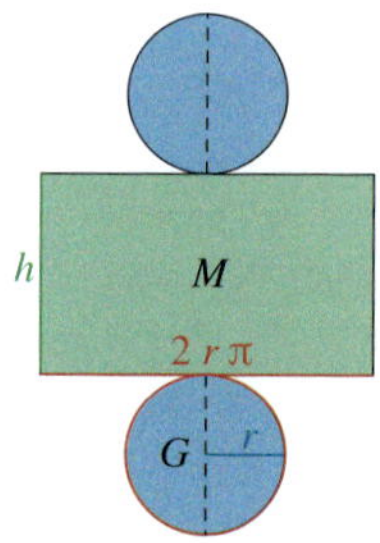

$M = u \cdot h = 2 \cdot r \cdot \pi \cdot h$

Für **Oberflächeninhalt** und **Volumen** des Zylinders gilt:

$O = 2 \cdot G + M = 2 \cdot r^2 \cdot \pi + 2 \cdot r \cdot \pi \cdot h = 2 \cdot r \cdot \pi \cdot (r + h)$

$V = G \cdot h = r^2 \cdot \pi \cdot h$

Ein Zylinder, bei dem die Zylinderachse nicht senkrecht auf der Grundfläche steht, heißt **schiefer Zylinder**. Auch für den schiefen Zylinder gilt:

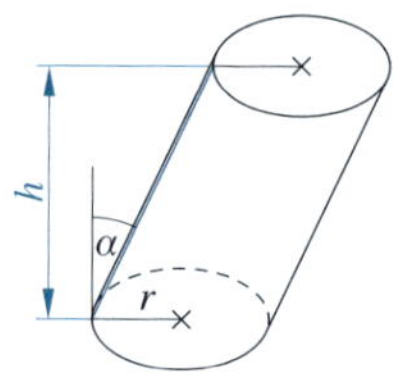

$O = 2 \cdot G + M$ $V = G \cdot h = r^2 \cdot \pi \cdot h$

Pyramiden

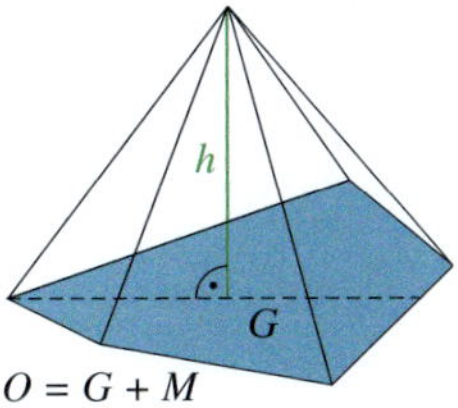

Eine **n-seitige Pyramide** besitzt eine **n-eckige Grundfläche G** und einen **Pyramidenmantel M**, der aus n dreieckigen Seitenflächen besteht. Diese haben alle einen Punkt gemeinsam, die **Spitze** der Pyramide. Der Abstand der Spitze von der Grundfläche ist die **Höhe h** der Pyramide.
Das Volumen der Pyramide beträgt ein Drittel des Volumens eines Prismas mit gleicher Grundfläche und Höhe.

$O = G + M$
$V = \frac{1}{3} \cdot G \cdot h$

Sind alle Seitenkanten gleich lang, so spricht man von einer **geraden Pyramide**.

Rechtwinklige **Stützdreiecke** helfen, fehlende Längenangaben zu ermitteln.

Beispiel
Bei einer geraden Pyramide mit quadratischer Grundfläche sind die Längen a und h gegeben. Mithilfe des rechtwinkligen Stützdreiecks mit den Seitenlängen h und h_a läßt sich mit dem Satz von Pythagoras die Höhe h_a der dreieckigen Seitenflächen berechnen.

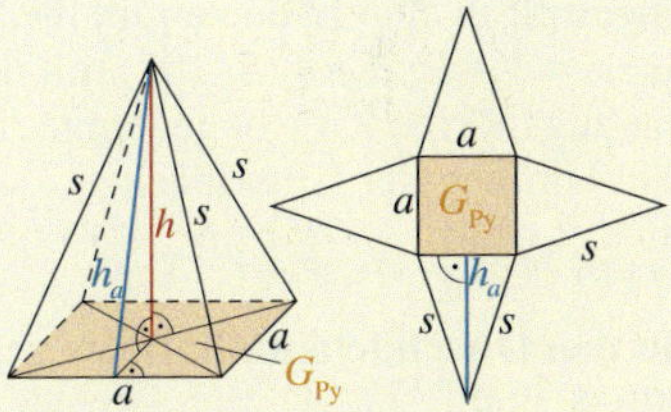

Damit kann der Flächeninhalt der Mantelfläche und der Oberflächeninhalt der Pyramide berechnet werden.

Eine dreiseitige Pyramide mit gleichlangen Kanten heißt **regelmäßiges Tetraeder**. Für ein regelmäßiges Tetraeder mit der Kantenlänge a gilt:

$O = a^2\sqrt{3}$ $\qquad$ $V = \frac{a^3}{12}\sqrt{2}$.

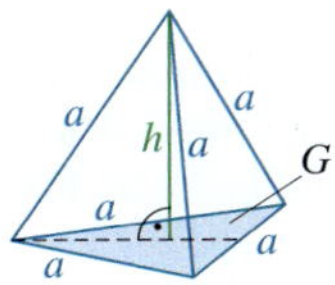

Ein **Pyramidenstumpf** entsteht, wenn eine Pyramide durch eine zur **n-eckigen Grundfläche G** parallelen Ebene geschnitten wird. Es entsteht eine zur Grundfläche ähnliche **n-eckige Deckfläche D**. Die **Mantelfläche M** besteht aus **n Trapezen**. Der Abstand von Grund- und Deckfläche ist die **Höhe h** des Pyramidenstumpfes.

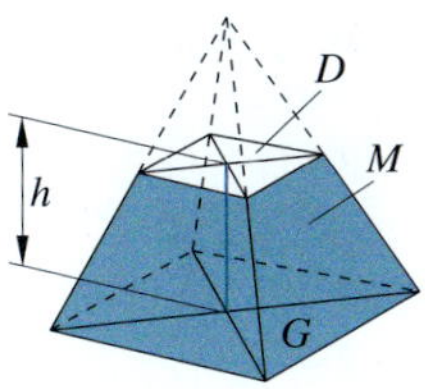

$O = G + M + D$ $\qquad$ $V = \frac{1}{3}h \cdot (G + \sqrt{G \cdot D} + D)$

Geometrie

Kegel

Ein **Kreiskegel** hat eine kreisförmige **Grundfläche *G*** und eine gekrümmte **Mantelfläche *M*** mit einer **Spitze**. Der Radius der Grundfläche heißt **Kegelradius *r***. Der Abstand der Spitze von der Grundfläche ist die **Höhe *h*** des Kegels.
Jede Verbindungsstrecke eines Randpunktes der Grundfläche mit der Spitze heißt **Mantellinie**.

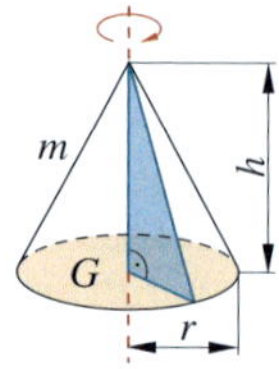

Bei einem **geraden Kreiskegel** steht die Spitze senkrecht über dem Mittelpunkt der Grundfläche. Ein gerader Kreiskegel entsteht z. B. durch Rotation eines rechtwinkligen Dreiecks um eine seiner Katheten.

Jede Mantellinie eines *geraden* Kreiskegels hat die **Länge** $m = \sqrt{h^2 + r^2}$.

Abgerollt in eine Ebene ergibt die **Mantelfläche *M*** einen ⇒ Kreissektor (S. 107) mit dem Radius *m*.
Die zugehörige Kreisbogenlänge $b = 2 \cdot r \cdot \pi$ entspricht dem Umfang der Grundfläche.

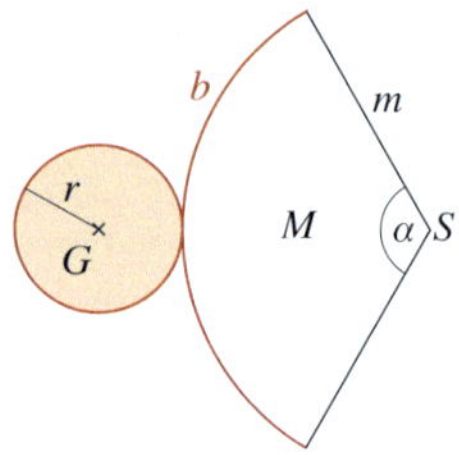

Es gilt $M = \frac{1}{2} \cdot b \cdot m = r \cdot \pi \cdot m$

Für den **Oberflächeninhalt** des geraden Kreiskegels gilt:

$O = G + M = r^2\pi + r \cdot \pi \cdot m = r\pi \cdot (r + m)$

Ein Kegel, bei dem die Spitze nicht senkrecht über dem Mittelpunkt der Grundfläche steht, heißt **schiefer Kegel**.

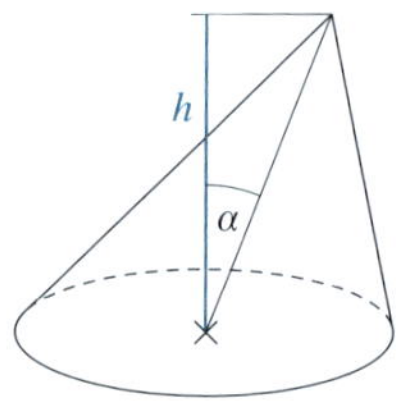

Das **Volumen** eines (geraden oder schiefen) Kreiskegels ist ein Drittel des Volumens eines Zylinders mit gleicher Grundfläche und Höhe:

$V = \frac{1}{3} \cdot G \cdot h = \frac{1}{3} \cdot r^2 \cdot \pi \cdot h$

Ein **Kegelstumpf** hat eine kreisförmige **Grundfläche *G*** mit Radius r_1 und eine kreisförmige **Deckfläche *D*** mit Radius $r_2 < r_1$. Der Abstand von Grund- und Deckfläche ist die **Höhe *h*** des Kegelstumpfes.

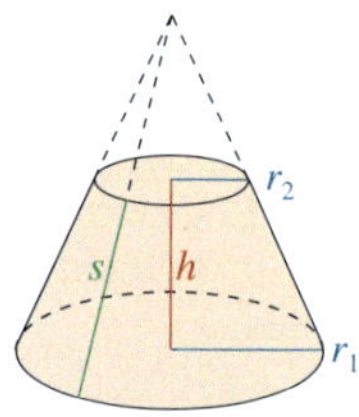

$O = G + M + D = r_1^2\pi + s\pi \cdot (r_1 + r_2) + r_2^2\pi$

$V = \frac{1}{3}\pi \cdot h \cdot \left(r_1^2 + r_1 \cdot r_2 + r_2^2\right)$

Geometrie

Das Cavalierische Prinzip

Von fundamentaler Bedeutung für die Volumenberechnung insbesondere von „schiefen" Körpern ist das Cavalierische Prinzip (Satz von Cavalieri):

Satz von Cavalieri
Für zwei Köper, die auf einer gemeinsamen Ebene stehen, gelte:
Die Schnittflächen der beiden Körper mit jeder zur gemeinsamen Grundebene E parallelen Ebene haben den gleichen Flächeninhalt.
Dann haben beide Körper das gleiche Volumen.

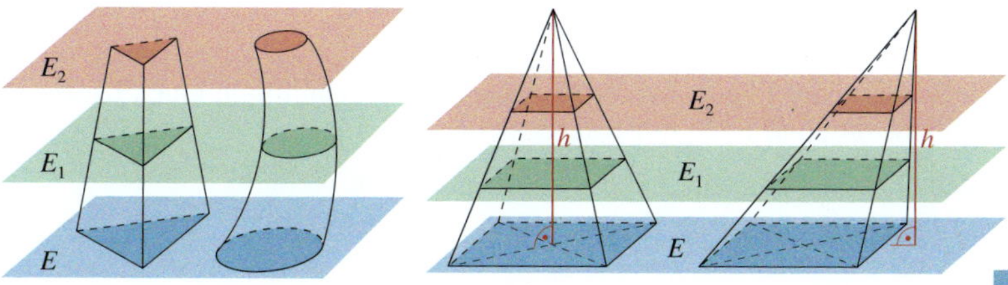

Beispiele

(1) Gerade und schiefe Pyramiden bzw. Zylinder mit gleicher Grundfläche und Höhe haben gleiches Volumen.

(2) Das Volumen eines Zylinders mit Höhe r und Zylinderradius r, aus dem ein Kegel der Höhe r mit Kegelradius r „herausgeschnitten" wurde, ist

$V_{\text{Zylinder}} - V_{\text{Kegel}} = r^2\pi \cdot r - \frac{1}{3} \cdot r^2\pi \cdot r = \frac{2}{3} \cdot r^3\pi.$

Es ist nach dem Satz von Cavalieri gleich dem Volumen einer Halbkugel mit Radius r: Die gekennzeichneten Schnittflächen sind in jeder Höhe x flächengleich, denn nach dem ⇒ Satz des Pythagoras (S. 96) ist $s^2 \cdot \pi = (r^2 - x^2) \cdot \pi$ (⇒ Kreise und Kreisteile, S. 107).

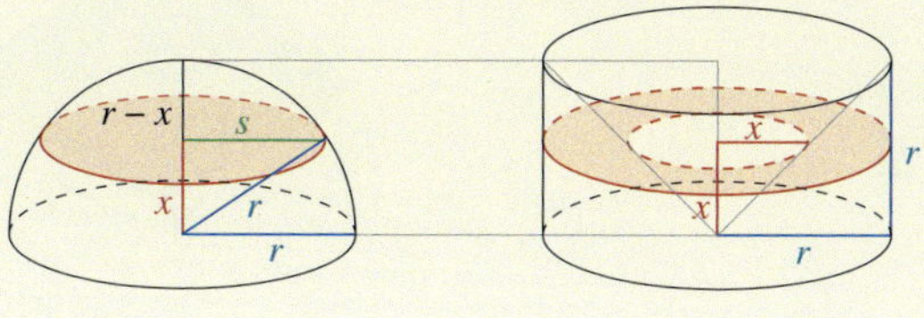

Kugel

Eine Kugel entsteht durch Rotation einer Kreisfläche um ihren Durchmesser. Der Radius r dieser Kreisfläche ist zugleich Radius der Kugel, der Mittelpunkt M des Kreises ist auch Mittelpunkt der Kugel.

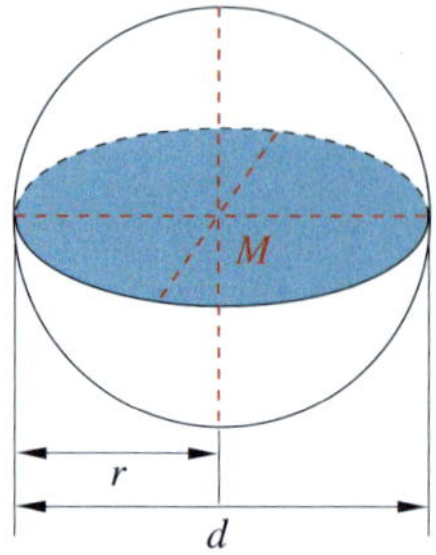

Die **Kugeloberfläche** besteht genau aus den Punkten des Raumes, die von dem Punkt M den Abstand r haben.

Die Kugeloberfläche lässt sich nicht in einer Ebene abwickeln.

Jeder Schnitt einer Ebene mit der Kugel ergibt als Schnittfigur einen Kreis. Jede Ebene durch M ist Symmetrieebene der Kugel.

Für den Oberflächeninhalt und das Volumen einer Kugel gilt:

$O = 4 \cdot r^2\pi$ $\qquad$ $V = \frac{4}{3} \cdot r^3\pi$

Weitere Formeln zur Kugelberechnung

Kugelabschnitt (Kugelkappe)

$$V = \frac{1}{6}\pi h(3\varrho^2 + h^2)$$

$$A_O = 2\pi r h + \varrho^2\pi = \pi(2\varrho^2 + h^2)$$

$$\varrho = \sqrt{h(2r - h)}$$

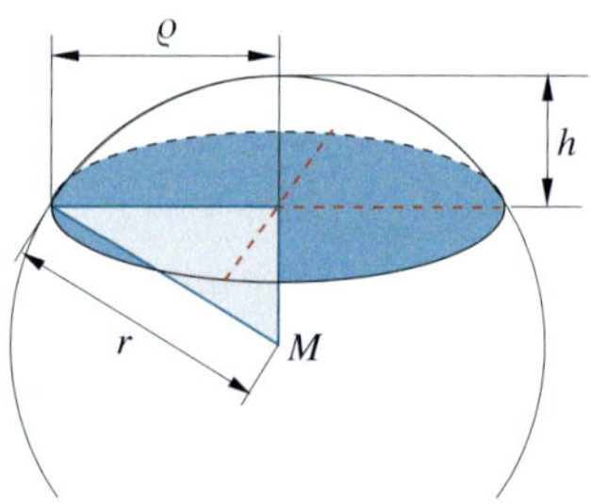

Kugelausschnitt (Kugelsektor)

$$V = \frac{2\pi}{3} r^2 h$$

$$A_O = \pi\varrho r + 2\pi r h$$

$$\varrho = \sqrt{h(2r - h)}$$

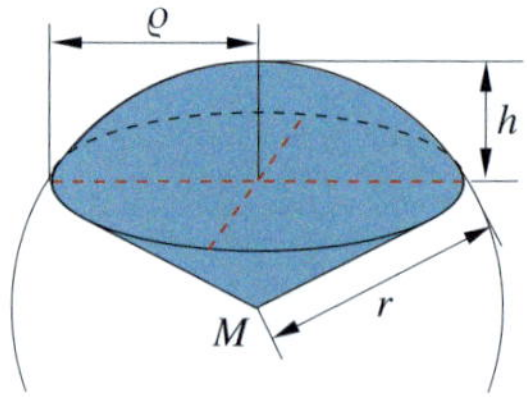

Zusammengesetze Körper

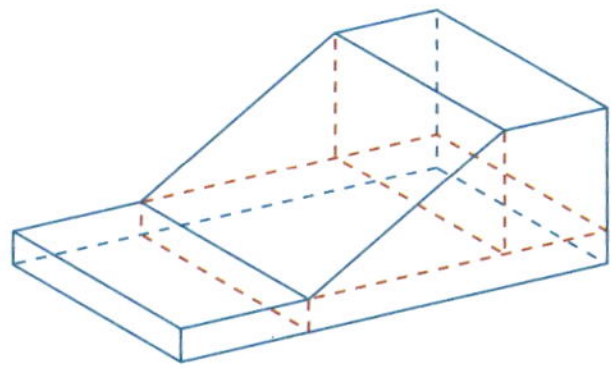

Aus geometrischen Grundkörpern (Quader, Prisma, Kegel, Zylinder etc.) lassen sich komplexe zusammengesetzte Körper bilden. Das Volumen eines zusammengesetzten Körpers ergibt sich aus der Summe der Volumina all seiner Teilkörper.
Den Oberflächeninhalt eines zusammengesetzten Körpers ermittelt man als Summe der Inhalte seiner Begrenzungsflächen.

Beispiel

Berechnung von Volumen und Oberflächeninhalt des abgebildeten Stehaufmännchens:
Die Figur besteht aus einer Halbkugel (im folgenden abgekürzt mit „Hk"), einem Zylinder (abgekürzt mit „Zy") und einem Kegel (abgekürzt mit „Ke") mit folgenden Maßen:

$r = 2\,\text{cm};\ h_{\text{Ke}} = 2\,\text{cm};\ h_{\text{Zy}} = 4\,\text{cm}$

Damit erhält man für das Volumen V und den Oberflächeninhalt O der Figur:

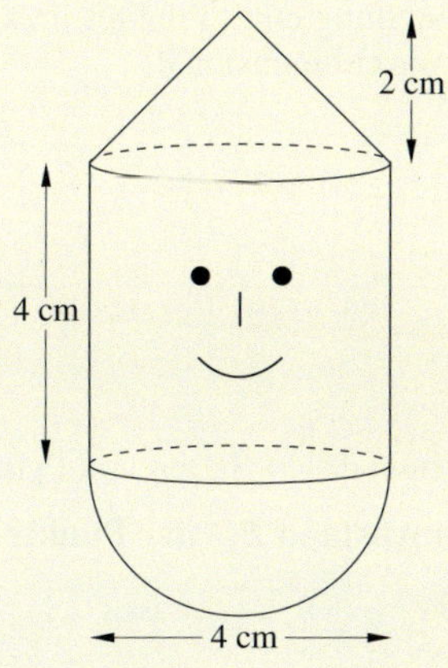

$$\begin{aligned} V &= V_{\text{Ke}} + V_{\text{Zy}} + V_{\text{Hk}} \\ &= \tfrac{1}{3} r^2 \pi \cdot h_{\text{Ke}} + r^2 \pi \cdot h_{\text{Zy}} + \tfrac{1}{2} \cdot \tfrac{4}{3} r^3 \pi \\ &= \pi \cdot \left(\tfrac{1}{3} \cdot 8\,\text{cm}^3 + 16\,\text{cm}^3 + \tfrac{2}{3} \cdot 8\,\text{cm}^3\right) \\ &= \pi \cdot 24\,\text{cm}^3 \\ &\approx 75{,}4\,\text{cm}^3 \end{aligned}$$

$$\begin{aligned} O &= \text{Mantel}_{\text{Ke}} + \text{Mantel}_{\text{Zy}} + \tfrac{1}{2} O_{\text{Kugel}} \\ &= r\pi \cdot \sqrt{r^2 + {h_{\text{Ke}}}^2} + 2r\pi \cdot h_{\text{Zy}} + \tfrac{1}{2} \cdot 4r^2\pi \\ &= \pi \cdot (4\sqrt{2}\,\text{cm}^2 + 16\,\text{cm}^2 + 8\,\text{cm}^2) \\ &= \pi \cdot (24 + 4\sqrt{2})\,\text{cm}^2 \\ &\approx 93{,}2\,\text{cm}^2 \end{aligned}$$

Darstellung geometrischer Objekte im Koordinatensystem

Kartesisches Koordinatensystem

Im **kartesischen Koordinatensystem** stehen die **Koordinatenachsen** senkrecht aufeinander und schneiden sich im **Koordinatenursprung** ***O***. Durch die Festlegung einer **Einheit** auf den Achsen ist die Lage eines Punktes $A(a_1|a_2|a_3)$ durch Angabe seiner Koordinaten a_1, a_2 und a_3 eindeutig beschrieben.

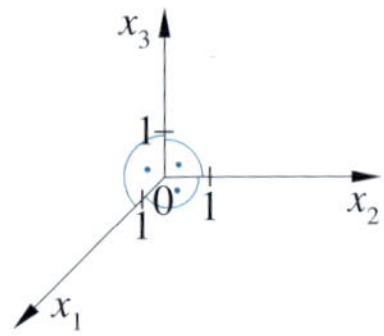

Üblicherweise wird die x_1-Achse in einem Winkel von 45° von rechts oben nach links unten gezeichnet, als Einheit auf der x_1-Achse wählt man meist die halbe Diagonalenlänge des Einheitsquadrats. Dabei entstehen Schrägbilder; manche Längen und Winkel erscheinen verzerrt.

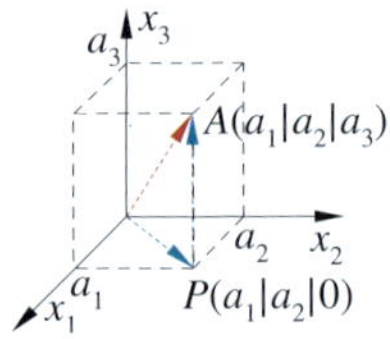

Beispiel

Darstellung eines Punktes im kartesischen Koordinatensystem:

(1) zweidimensional

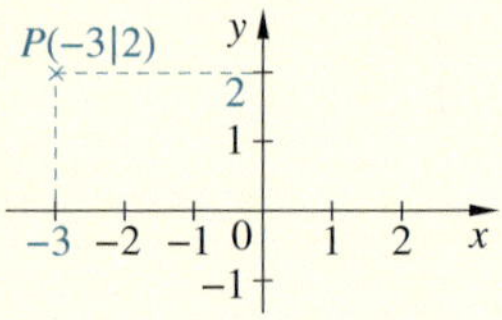

(2) dreidimensional

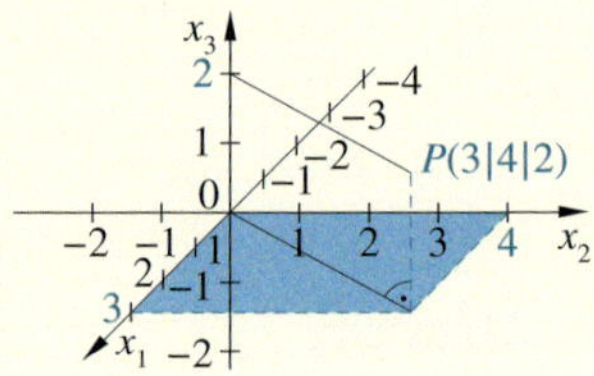

Aufgrund des ⇒ Satzes von Pythagoras (S. 96) gilt:

- Der **Abstand** $\overline{PQ}$ **der Punkte** $P(p_1|p_2)$ und $Q(q_1|q_2)$ **in der Ebene** ist:

$$\overline{PQ} = \sqrt{(q_1 - p_1)^2 + (q_2 - p_2)^2}$$

- Der **Abstand** $\overline{PQ}$ **der Punkte** $P(p_1|p_2|p_3)$ und $Q(q_1|q_2|q_3)$ **im Raum** ist:

$$\overline{PQ} = \sqrt{(q_1 - p_1)^2 + (q_2 - p_2)^2 + (q_3 - p_3)^2}$$

Beispiel
Im Koordinatensystem ist der im Schrägbild dargestellte Würfel *ABCDEFGH* mit folgenden Koordinaten gegeben:
$A(0|0|0)$, $B(0|4|0)$, $C(0|4|4)$, $D(0|0|4)$,
$E(4|0|0)$, $F(4|4|0)$, $G(4|4|4)$, $H(4|0|4)$

Die Raumdiagonale $[DF]$ misst

$$\overline{DF} = \sqrt{(4-0)^2 + (4-0)^2 + (0-4)^2}$$
$$= 4 \cdot \sqrt{3} \approx 6{,}93 \text{ (Längeneinheiten)}$$

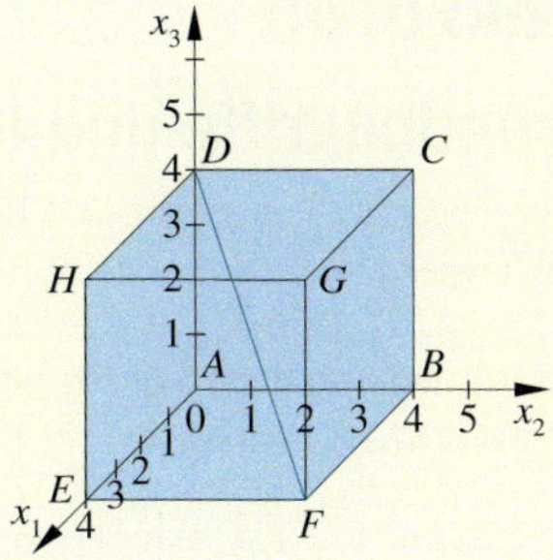

Kreis und Kugel

$X(x_1|x_2)$ liegt genau dann auf der **Kreislinie** mit Mittelpunkt $M(m_1|m_2)$ und Radius r, wenn die Koordinaten von X die **Kreisgleichung** erfüllen:

$$(x_1 - m_1)^2 + (x_2 - m_2)^2 = r^2$$

Alle Punkte X der Kreislinie haben den Abstand r von M, d. h. $\overline{XM} = r$.

$X(x_1|x_2|x_3)$ liegt genau dann auf der **Kugel** mit Mittelpunkt $M(m_1|m_2|m_3)$ und Radius r, wenn die Koordinaten von X die **Kugelgleichung** erfüllen:

$$(x_1 - m_1)^2 + (x_2 - m_2)^2 + (x_3 - m_3)^2 = r^2$$

Alle Punkte X der Kugeloberfläche haben den Abstand r von M, d. h. $\overline{XM} = r$.

Beispiel
Die Kugel mit Mittelpunkt $M(5|7|6)$ und Radius 3 wird durch die Gleichung
$(x_1 - 5)^2 + (x_2 - 7)^2 + (x_3 - 6)^2 = 3^2$ beschrieben.

$P(3|9|5)$ und $Q(4|5|8)$ liegen auf dieser Kugel, da ihre Koordinaten die Kugelgleichung erfüllen.
„Probe" für P: $(3-5)^2 + (9-7)^2 + (5-6)^2$
$= 4 + 4 + 1 = 9 = 3^2$

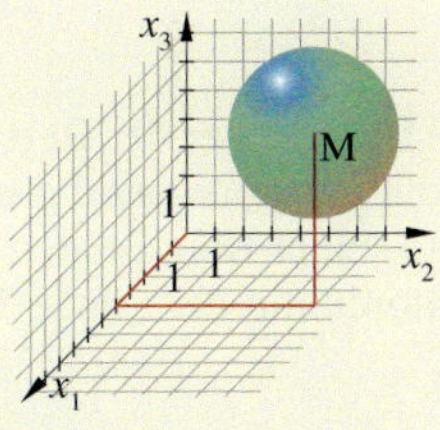

$R(7|6|7)$ liegt innerhalb der Kugel, da der Abstand $\overline{MR}$ kleiner als 3 ist; seine Koordinaten erfüllen die Kugelgleichung nicht. „Probe" für R:

$(7-5)^2 + (6-7)^2 + (7-6)^2 = 4 + 1 + 1 = 6 < 9 = 3^2$

Geometrie

Vektoren

Grundbegriffe und Rechenregeln

Ein Tripel $\vec{a} = \begin{pmatrix} a_1 \\ a_2 \\ a_3 \end{pmatrix}$ reeller Zahlen stellt einen (dreidimensionalen) **Vektor** mit den **Koordinaten** a_1, a_2 und a_3 dar.

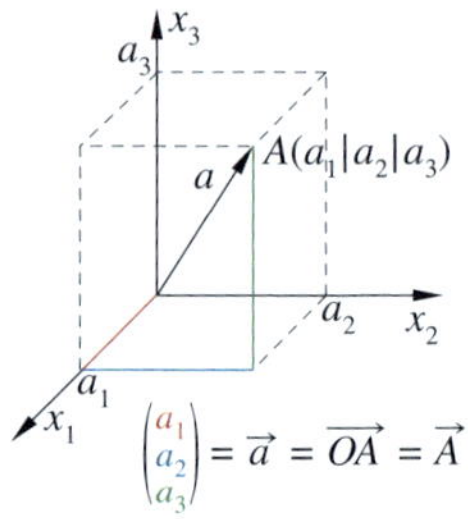

Ein Vektor $\vec{A} = \overrightarrow{OA} = \begin{pmatrix} a_1 \\ a_2 \\ a_3 \end{pmatrix}$ beschreibt eine **Verschiebung** im Raum, und zwar um a_1 in x_1-Richtung, um a_2 in x_2-Richtung und um a_3 in x_3-Richtung, also etwa vom Koordinatenursprung $O(0|0|0)$ zum Punkt $A(a_1|a_2|a_3)$.
Geometrisch lässt sich ein Vektor durch einen Pfeil darstellen, der festgelegt ist durch **Länge** und **Richtung**. Man nennt einen solchen Pfeil auch einen **Repräsentanten des Vektors**.

Für jeden Punkt $P(p_1|p_2|p_3)$ heißt $\vec{P} = \overrightarrow{OP}$ **Ortsvektor** von P (Verschiebung vom Ursprung nach P).

$$\overrightarrow{OP} = \vec{P} = \begin{pmatrix} p_1 \\ p_2 \\ p_3 \end{pmatrix}$$

Den Vektor, der den **Punkt $P(p_1|p_2|p_3)$** zu dem **Punkt $Q(q_1|q_2|q_3)$** verschiebt, bezeichnet man als **Verbindungsvektor $\overrightarrow{PQ}$**.

$$\overrightarrow{PQ} = \vec{Q} - \vec{P} = \begin{pmatrix} q_1 - p_1 \\ q_2 - p_2 \\ q_3 - p_3 \end{pmatrix}$$

Die **Länge** oder der **Betrag** $|\vec{a}|$ eines Vektors $\vec{a}$ ist die Quadratwurzel aus der Summe der Quadrate seiner Koordinaten.
Vektoren mit der Länge 1 heißen **Einheitsvektoren**.

$$|\vec{a}| = \sqrt{a_1^2 + a_2^2 + a_3^2}$$

Die Länge des Vektors $\overrightarrow{PQ}$ ist der Abstand der Punkte P und Q.

$$|\overrightarrow{PQ}| = \overline{PQ}$$

Geometrie

Beispiel
Die Verschiebung vom Punkt $P(2|2|0)$ zum Punkt $Q(1|4|2)$ wird durch den Vektor $\overrightarrow{PQ}$ beschrieben. Es gilt:

$$\overrightarrow{PQ} = \vec{Q} - \vec{P} = \begin{pmatrix} 1-2 \\ 4-2 \\ 2-0 \end{pmatrix} = \begin{pmatrix} -1 \\ 2 \\ 2 \end{pmatrix}$$

Die Länge von $\overrightarrow{PQ}$ ist $|\overrightarrow{PQ}| = \sqrt{(-1)^2 + 2^2 + 2^2} = 3 = \overline{PQ}$.

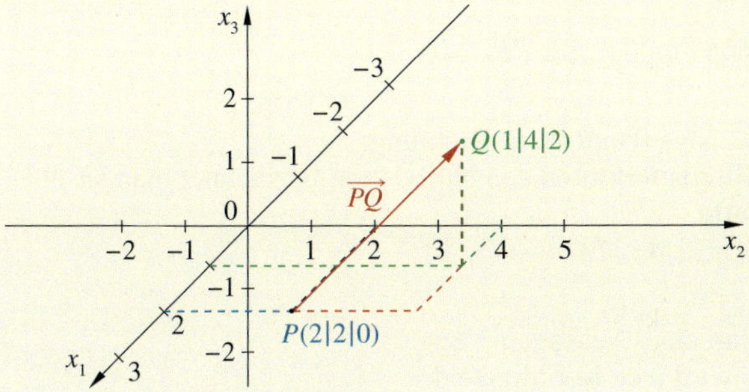

Addition und Subtraktion

Die **Addition** von Vektoren erfolgt koordinatenweise:

$$\vec{a} + \vec{b} = \begin{pmatrix} a_1 \\ a_2 \\ a_3 \end{pmatrix} + \begin{pmatrix} b_1 \\ b_2 \\ b_3 \end{pmatrix} = \begin{pmatrix} a_1 + b_1 \\ a_2 + b_2 \\ a_3 + b_3 \end{pmatrix}$$

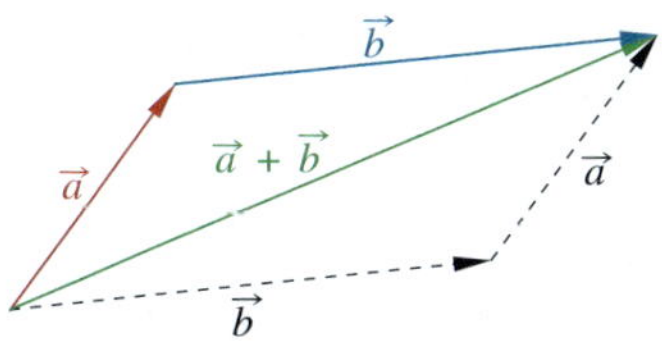

„Fuß an Spitze“

Der **Gegenvektor** $-\vec{a} = \begin{pmatrix} -a_1 \\ -a_2 \\ -a_3 \end{pmatrix}$ zu einem Vektor

$\vec{a} = \begin{pmatrix} a_1 \\ a_2 \\ a_3 \end{pmatrix}$ hat die gleiche Länge wie $\vec{a}$, d. h. $|-\vec{\boldsymbol{a}}| = |\vec{\boldsymbol{a}}|$,

und zeigt in die zu $\vec{a}$ entgegengesetzte Richtung.

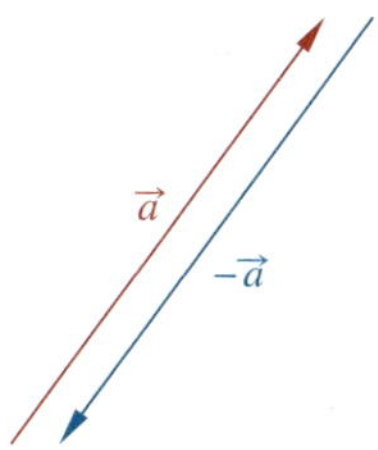

Der Gegenvektor zu einem Verbindungsvektor $\overrightarrow{PQ}$ ist $\overrightarrow{QP}$.

Die **Subtraktion** von Vektoren erfolgt koordinatenweise und entspricht der Addition des Gegenvektors.

$$\vec{a} - \vec{b} = \begin{pmatrix} a_1 \\ a_2 \\ a_3 \end{pmatrix} - \begin{pmatrix} b_1 \\ b_2 \\ b_3 \end{pmatrix} = \begin{pmatrix} a_1 - b_1 \\ a_2 - b_2 \\ a_3 - b_3 \end{pmatrix}$$

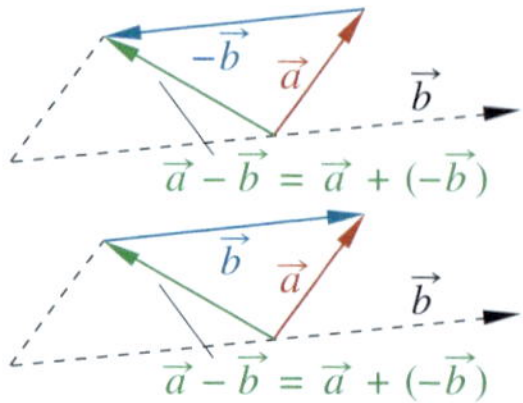

„Spitze an Spitze"

Nullvektor:

$$\vec{0} = \begin{pmatrix} 0 \\ 0 \\ 0 \end{pmatrix}$$

Für jeden Punkt P gilt $\overrightarrow{PP} = \vec{0}$.

Der Nullvektor hat die Länge 0 und keine Richtung.
Ergibt eine Summe mehrerer Vektoren den Nullvektor, bezeichnet man sie als **geschlossene Vektorkette**.

S-Multiplikation

Bei der **S-Multiplikation** eines Vektors mit einer reellen Zahl r (**Skalar**) wird jede Koordinate des Vektors mit r multipliziert.

$$r \cdot \vec{a} = r \cdot \begin{pmatrix} a_1 \\ a_2 \\ a_3 \end{pmatrix} = \begin{pmatrix} r \cdot a_1 \\ r \cdot a_2 \\ r \cdot a_3 \end{pmatrix}$$

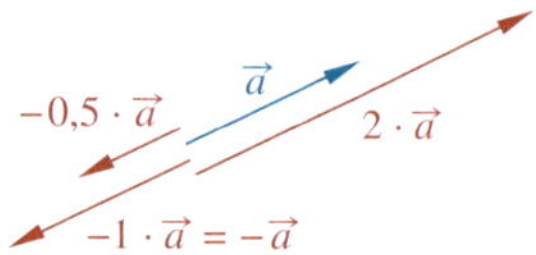

$r \cdot \vec{a}$ (auch bezeichnet als das ***r*-Fache von $\vec{a}$**) hat den $|r|$-fachen Betrag von $\vec{a}$, d. h. $|\boldsymbol{r} \cdot \vec{\boldsymbol{a}}| = |\boldsymbol{r}| \cdot |\vec{\boldsymbol{a}}|$, und zeigt für $r > 0$ in die Richtung von $\vec{a}$, für $r < 0$ in die entgegengesetzte Richtung. (⇒ Zentrische Streckung, S. 201)

Für jeden Vektor $\vec{a} \neq 0$ heißt $\vec{a}^{\,0} = \frac{1}{|\vec{a}|} \cdot \vec{a}$ **Einheitsvektor in Richtung $\vec{a}$**.

Beispiele
für Berechnungen mit Vektoren:

Für den **Mittelpunkt** M einer **Strecke** $[AB]$ gilt:
$\vec{M} = \frac{1}{2} \cdot (\vec{A} + \vec{B})$

Für den **Schwerpunkt** S eines **Dreiecks** ABC gilt:
$\vec{S} = \frac{1}{3} \cdot (\vec{A} + \vec{B} + \vec{C})$

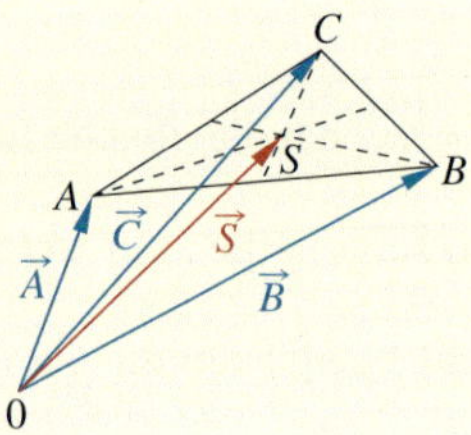

Rechenregeln für Vektoren

Für alle Vektoren $\vec{a}$, $\vec{b}$ und $\vec{c}$ und alle $r, s \in \mathbb{R}$ gilt:

$\vec{a} + \vec{b} = \vec{b} + \vec{a}$ (Kommutativgesetz der Addition)

$(\vec{a} + \vec{b}) + \vec{c} = \vec{a} + (\vec{b} + \vec{c})$ (Assoziativgesetz der Addition)

$\vec{0} + \vec{a} = \vec{a} + \vec{0} = \vec{a}$ (neutrales Element)

$-\vec{a} + \vec{a} = \vec{a} - \vec{a} = \vec{0}$ (inverses Element)

$(r \cdot s) \cdot \vec{a} = r \cdot (s \cdot \vec{a})$ (Assoziativgesetz der S-Multiplikation)

$(r + s) \cdot \vec{a} = r \cdot \vec{a} + s \cdot \vec{a}$ $\quad r \cdot (\vec{a} + \vec{b}) = r \cdot \vec{a} + r \cdot \vec{b}$ (Distributivgesetze)

$1 \cdot \vec{a} = \vec{a}$ (neutrales Element der S-Multiplikation)

Siehe auch: ⇒ Vektorräume (S. 171); ⇒ Gruppen (S. 170)

Kollinearität und Komplanarität

Zwei von $\vec{0}$ verschiedene Vektoren $\vec{a}$ und $\vec{b}$ heißen genau dann **kollinear**, wenn einer der Vektoren ein **Vielfaches** des anderen ist, d. h., wenn es ein $r \in \mathbb{R} \setminus \{0\}$ gibt, sodass gilt:

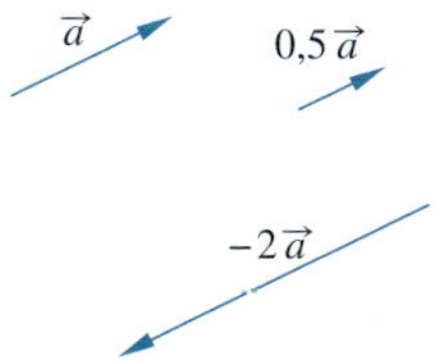

$$\vec{b} = r \cdot \vec{a}$$

Die Repräsentanten kollinearer Vektoren sind **parallel**. Man schreibt $\vec{a} \parallel \vec{b}$.

Drei Vektoren $\vec{a}$, $\vec{b}$ und $\vec{c}$ heißen genau dann **komplanar**, wenn sich einer der Vektoren als **Linearkombination** der anderen darstellen lässt, d. h., wenn es $r, s \in \mathbb{R}$ gibt, sodass (evtl. nach geeigneter Umbenennung der Vektoren) gilt:

$$\vec{c} = r \cdot \vec{a} + s \cdot \vec{b}$$

Die Repräsentanten komplanarer Vektoren können in eine **Ebene** gelegt werden. Aus geeigneten Vielfachen komplanarer Vektoren lässt sich demnach eine geschlossene Vektorkette bilden:

$r \cdot \vec{a} + s \cdot \vec{b} - 1 \cdot \vec{c} = \vec{0}$.

Beispiel

Gegeben sind die Vektoren $\vec{a} = \begin{pmatrix} 0 \\ 1 \\ 0 \end{pmatrix}$, $\vec{b} = \begin{pmatrix} -3 \\ 0{,}5 \\ 0 \end{pmatrix}$, $\vec{c} = \begin{pmatrix} -6 \\ 3{,}5 \\ 0 \end{pmatrix}$ und $\vec{d} = \begin{pmatrix} -6 \\ 3{,}5 \\ 2 \end{pmatrix}$.

(1) $\vec{a}$, $\vec{b}$ und $\vec{c}$ sind komplanar, denn es gilt:

$2{,}5 \cdot \vec{a} + 2 \cdot \vec{b} = \vec{c}$

(2) $\vec{a}$, $\vec{b}$ und $\vec{c}$ sind paarweise nicht kollinear, denn keiner der drei Vektoren ist ein Vielfaches eines der beiden anderen.

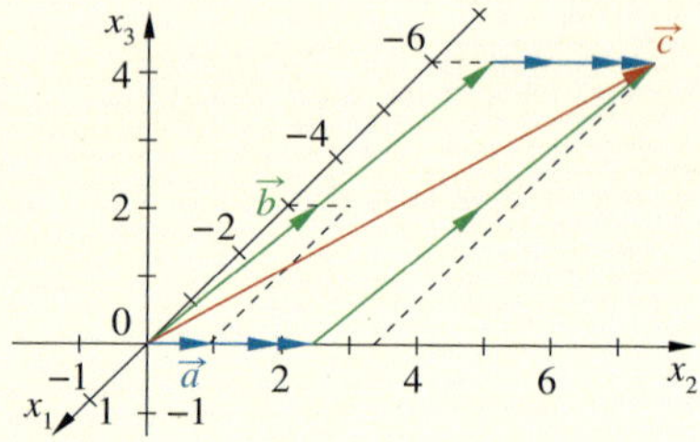

(3) Die Vektoren $\vec{a}$, $\vec{b}$ und $\vec{d}$ sind nicht komplanar, denn keiner dieser drei Vektoren lässt sich als Linearkombination der beiden anderen darstellen. Man erkennt übrigens auch ohne jede Rechnung, dass die Vektoren $\vec{a}$ und $\vec{b}$ parallel zur x_1-x_2-Ebene sind (die dritte Koordinate x_3 ist bei beiden null) und dass $\vec{d}$ nicht parallel zu dieser Ebene ist ($x_3 = 2$).

Lineare Unabhängigkeit

Drei Vektoren $\vec{a}$, $\vec{b}$ und $\vec{c}$ heißen genau dann **linear unabhängig**, wenn die Gleichung $r \cdot \vec{a} + s \cdot \vec{b} + t \cdot \vec{c} = \vec{0}$ nur die (triviale) Lösung $r = s = t = 0$ besitzt.

Wenn es dagegen eine **nichttriviale Nullsumme** der Vektoren gibt, das heißt, wenn eine Gleichung $r \cdot \vec{a} + s \cdot \vec{b} + t \cdot \vec{c} = \vec{0}$ besteht, in der mindestens eine der Zahlen r, s, t ungleich null ist, nennt man sie **linear abhängig**.

Lineare Abhängigkeit bzw. Unabhängigkeit für zwei Vektoren ist entsprechend definiert.

Zwei *nicht* kollineare sowie drei *nicht* komplanare Vektoren sind stets **linear unabhängig**. Vier Vektoren im $\mathbb{R}^3$ sind immer linear abhängig.

Ferner gilt: Drei Vektoren $\vec{a}$, $\vec{b}$, und $\vec{c}$ im $\mathbb{R}^3$ sind genau dann linear abhängig, wenn die ⇒ Determinante (S. 179) $\left| \vec{a}\ \vec{b}\ \vec{c} \right|$ gleich null ist. Die Determinante kann z. B. mithilfe der ⇒ Regel von Sarrus (S. 179) berechnet werden.

Skalarprodukt und Vektorprodukt

Skalarprodukt

Das **Skalarprodukt** ∘ von zwei Vektoren berechnet man als Summe der Produkte der einzelnen Koordinaten. Es ergibt eine **reelle Zahl**.

Für dreidimensionale Vektoren gilt:

$$\vec{a} \circ \vec{b} = \begin{pmatrix} a_1 \\ a_2 \\ a_3 \end{pmatrix} \circ \begin{pmatrix} b_1 \\ b_2 \\ b_3 \end{pmatrix} = a_1 \cdot b_1 + a_2 \cdot b_2 + a_3 \cdot b_3$$

Für $\vec{a} \circ \vec{a}$ schreibt man $\vec{a}^{\,2}$; es gilt: $\vec{a}^{\,2} = |\vec{a}|^2$

Vektorbetrag: $|\vec{a}| = \sqrt{\vec{a}^{\,2}}$

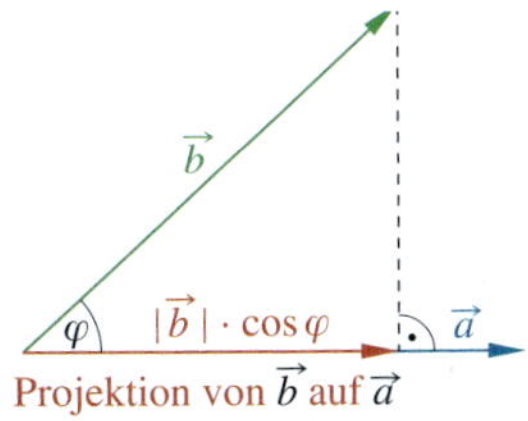

Geometrische Interpretation des Skalarprodukts

Ist $\varphi = \sphericalangle(\vec{a}, \vec{b})$ der **Winkel** zwischen den Vektoren $\vec{a}$ und $\vec{b}$, so gilt:

$$\vec{a} \circ \vec{b} = |\vec{a}| \cdot |\vec{b}| \cdot \cos\varphi \quad \text{bzw.} \quad \cos\varphi = \frac{\vec{a} \circ \vec{b}}{|\vec{a}| \cdot |\vec{b}|} \quad (\vec{a}, \vec{b} \neq \vec{0},\ 0° \leq \varphi \leq 180°)$$

Zwei Vektoren $\vec{a}$ und $\vec{b}$ mit $\vec{a} \neq 0$ und $\vec{b} \neq \vec{0}$ sind genau dann zueinander senkrecht (orthogonal, normal; Schreibweise $\vec{a} \perp \vec{b}$), wenn ihr Skalarprodukt null ist.

Es gilt: $\vec{a} \perp \vec{b} \Leftrightarrow \vec{a} \circ \vec{b} = 0$

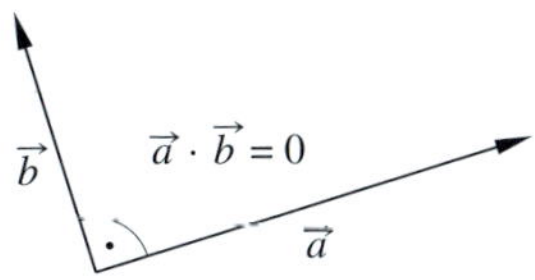

Rechenregeln für das Skalarprodukt:
Für alle Vektoren $\vec{a}$, $\vec{b}$ und $\vec{c}$ und alle $r, s \in \mathbb{R}$ gilt:

$\vec{a} \circ \vec{b} = \vec{b} \circ \vec{a}$ (Kommutativgesetz)

$(r \cdot \vec{a}) \circ (s \cdot \vec{b}) = (r \cdot s) \cdot (\vec{a} \circ \vec{b})$ (Assoziativgesetz)

$\vec{a} \circ (\vec{b} + \vec{c}) = \vec{a} \circ \vec{b} + \vec{a} \circ \vec{c}$
$(\vec{a} + \vec{b}) \circ \vec{c} = \vec{a} \circ \vec{c} + \vec{b} \circ \vec{c}$ (Distributivgesetz)

Beispiele

(1) Innenwinkel im Dreieck mit den Eckpunkten $A(-2|5|0)$, $B(-3|1|2)$ und $C(0|1|6)$.

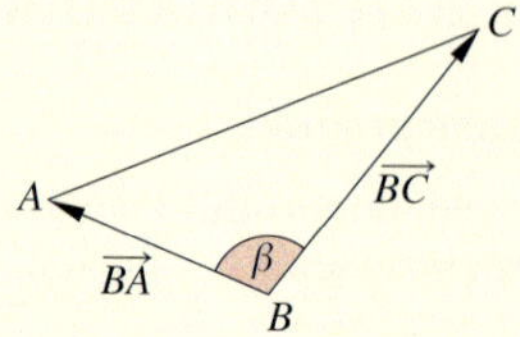

$$\overrightarrow{BA} = \begin{pmatrix} 1 \\ 4 \\ -2 \end{pmatrix} \qquad \overrightarrow{BC} = \begin{pmatrix} 3 \\ 0 \\ 4 \end{pmatrix}$$

$$\cos\beta = \frac{\overrightarrow{BA} \circ \overrightarrow{BC}}{|\overrightarrow{BA}| \cdot |\overrightarrow{BC}|} = \frac{1 \cdot 3 + 4 \cdot 0 + (-2) \cdot 4}{\sqrt{1^2 + 4^2 + (-2)^2} \cdot \sqrt{3^2 + 0^2 + 4^2}} = \frac{-5}{\sqrt{21} \cdot 5} \approx -0{,}218$$

$$\Rightarrow \beta \approx 102{,}6°$$

Achtung: Der Winkel zwischen den Vektoren $\overrightarrow{AB}$ und $\overrightarrow{BC}$ ergibt den Außenwinkel bei Punkt B und nicht den Innenwinkel.

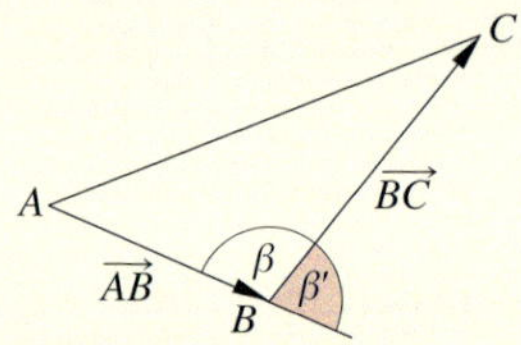

$$\cos\beta' = \frac{\overrightarrow{AB} \circ \overrightarrow{BC}}{|\overrightarrow{AB}| \cdot |\overrightarrow{BC}|} \approx 0{,}218 \text{ also } \beta' = 180° - \beta$$

(2) **Satz von Thales**

Ein Dreieck ABC ist rechtwinklig mit rechtem Winkel α, wenn der Umkreismittelpunkt M auf $[BC]$ liegt.

$$\overrightarrow{AB} \circ \overrightarrow{AC} = (\overrightarrow{AM} + \overrightarrow{MB}) \circ (\overrightarrow{AM} + \overrightarrow{MC})$$

$$= (\overrightarrow{AM} - \overrightarrow{MC}) \circ (\overrightarrow{AM} + \overrightarrow{MC})$$

$$= |\overrightarrow{AM}|^2 - |\overrightarrow{MC}|^2 = 0$$

Der Winkel α ist also 90°.

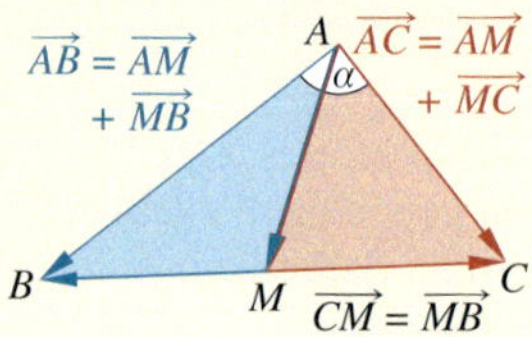

Vektorprodukt

Das **Vektorprodukt** von zwei Vektoren ergibt einen **Vektor**. Es ist nur für dreidimensionale Vektoren definiert.

$$\vec{a} \times \vec{b} = \begin{pmatrix} a_1 \\ a_2 \\ a_3 \end{pmatrix} \times \begin{pmatrix} b_1 \\ b_2 \\ b_3 \end{pmatrix} = \begin{pmatrix} a_2 \cdot b_3 - a_3 \cdot b_2 \\ a_3 \cdot b_1 - a_1 \cdot b_3 \\ a_1 \cdot b_2 - a_2 \cdot b_1 \end{pmatrix}$$

Es gilt: $|\vec{a} \times \vec{b}| = |\vec{a}| \cdot |\vec{b}| \cdot \sin\varphi$

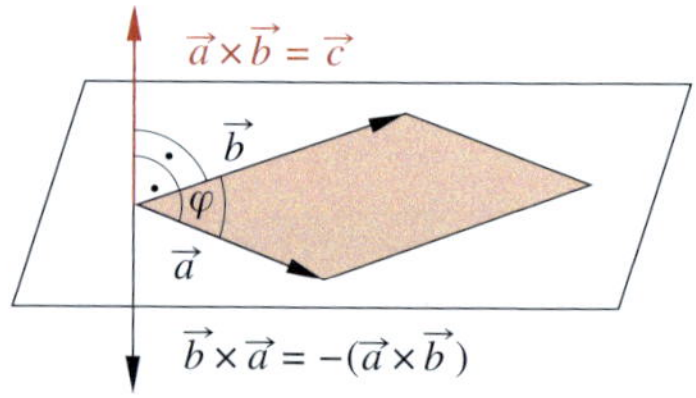

Der Vektor $\vec{a} \times \vec{b}$ ist senkrecht zu den Vektoren $\vec{a}$ und $\vec{b}$, falls $\vec{a} \times \vec{b} \neq \vec{0}$ ist.

Für kollineare Vektoren $\vec{a}$ und $\vec{b}$ ist $\vec{a} \times \vec{b} = \vec{0}$.

Der Betrag des Vektorprodukts gibt den **Flächeninhalt** des von $\vec{a}$ und $\vec{b}$ aufgespannten **Parallelogramms** an.

Für den **Flächeninhalt** F eines **Dreiecks** ABC gilt:

$$F = \frac{1}{2} \cdot |\overrightarrow{AB} \times \overrightarrow{AC}|$$

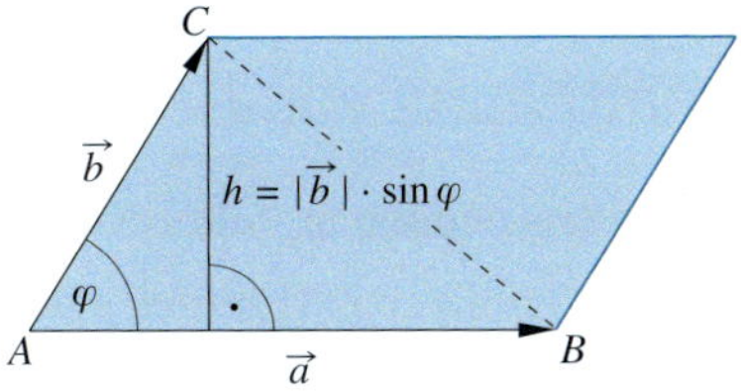

Für alle Vektoren $\vec{a}$, $\vec{b}$ und $\vec{c}$ und alle $r, s \in \mathbb{R}$ gelten folgende **Rechenregeln**:

$$\vec{a} \times \vec{b} = -(\vec{b} \times \vec{a})$$ (Anti-Kommutativgesetz)

$$(r \cdot \vec{a}) \times (s \cdot \vec{b}) = (r \cdot s) \cdot (\vec{a} \times \vec{b})$$ (gemischtes Assoziativgesetz)

$$\vec{a} \times (\vec{b} + \vec{c}) = \vec{a} \times \vec{b} + \vec{a} \times \vec{c}$$
$$(\vec{a} + \vec{b}) \times \vec{c} = \vec{a} \times \vec{c} + \vec{b} \times \vec{c}$$
(Distributivgesetz)

Spatprodukt

Das **Spatprodukt** $(\vec{a} \times \vec{b}) \circ \vec{c}$ ergibt eine **reelle Zahl**, deren Betrag das **Volumen** des von den Vektoren $\vec{a}$, $\vec{b}$ und $\vec{c}$ aufgespannten **Spats** liefert. Es gilt:

$$|(\vec{a} \times \vec{b}) \circ \vec{c}| = |\vec{a} \times \vec{b}| \cdot |\vec{c}| \cdot \cos\sphericalangle(\vec{a} \times \vec{b}, \vec{c})$$

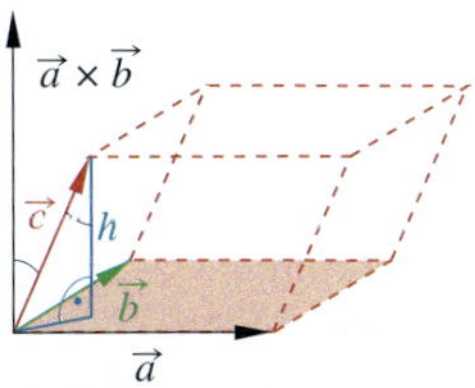

Drei Vektoren $\vec{a}$, $\vec{b}$ und $\vec{c}$ sind genau dann **komplanar**, wenn ihr Spatprodukt null ist, also wenn gilt: $(\vec{a} \times \vec{b}) \circ \vec{c} = 0$.

Für das **Volumen** V einer **dreiseitigen Pyramide** mit den Eckpunkten A, B, C und D gilt:

$$V = \frac{1}{6} \cdot |(\overrightarrow{AB} \times \overrightarrow{AC}) \circ \overrightarrow{AD}|$$

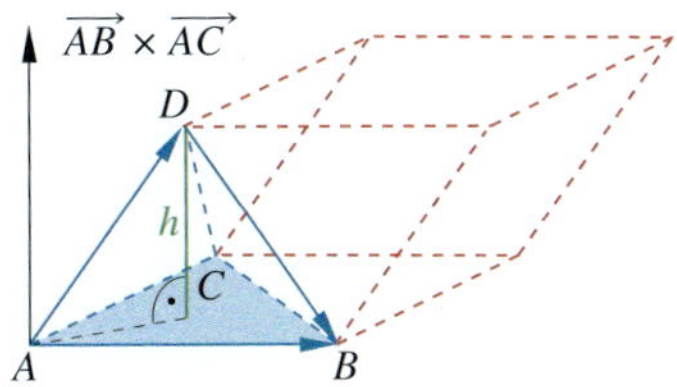

(Grundfläche $G = \frac{1}{2}|\overrightarrow{AB} \times \overrightarrow{AC}|$;
Höhe $h = |\overrightarrow{AD}| \cdot \cos\sphericalangle(\overrightarrow{AB} \times \overrightarrow{AC}, \overrightarrow{AD})$; $V_{\text{Pyramide}} = \frac{1}{3} G \cdot h$)

Geraden und Ebenen im Raum

Darstellung von Geraden

Geradengleichung in Punkt-Richtungs-Form

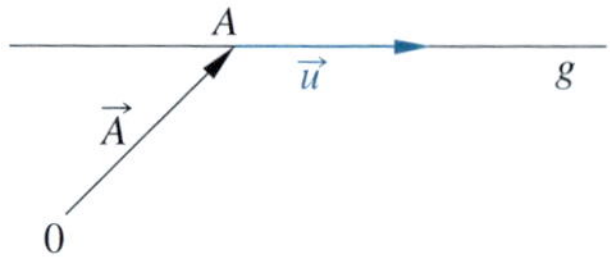

Ist A ein **Punkt** einer **Geraden** g und $\vec{u} \neq \vec{0}$ ein **Vektor** in **Richtung** der Geraden, dann erfüllen die Koordinaten eines jeden Punktes X der Geraden folgende Vektorgleichung:

$$\vec{X} = \vec{A} + \lambda \cdot \vec{u} \quad \text{mit } \lambda \in \mathbb{R}$$ **(Punkt-Richtungs-Form)**

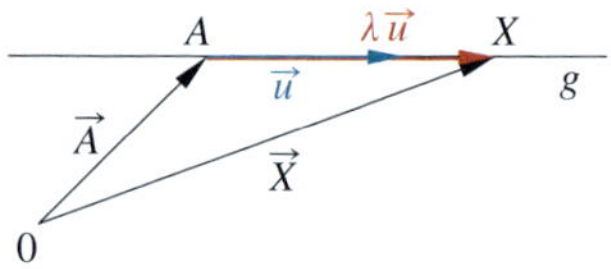

Zu jedem Wert des **Parameters** λ gehört genau ein Punkt der Geraden.

Der Punkt A heißt **Aufpunkt**, der Vektor $\vec{u}$ heißt **Richtungsvektor**.

Geradengleichung in Zwei-Punkte-Form

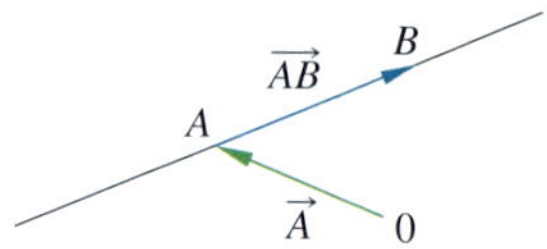

Sind A und B **zwei** verschiedene **Punkte**, dann erfüllt jeder Punkt X der **Geraden** AB die Vektorgleichung:

$$\vec{X} = \vec{A} + \lambda \cdot \overrightarrow{AB} \quad \text{mit } \lambda \in \mathbb{R}$$ **(Zwei-Punkte-Form)**

Als Richtungsvektor kann der Verbindungsvektor der Punkte A und B oder ein beliebiges Vielfaches davon, als Aufpunkt kann jeder Geradenpunkt verwendet werden. Die Gleichung ist also nicht eindeutig bestimmt.

Beispiel

$A(6|2|5)$, $B(3|4|3)$ Gerade AB: $\vec{X} = \begin{pmatrix} 6 \\ 2 \\ 5 \end{pmatrix} + \lambda \cdot \begin{pmatrix} -3 \\ 2 \\ -2 \end{pmatrix}$

Hier wurde A als Aufpunkt und $\overrightarrow{AB}$ als Richtungsvektor gewählt. Die Lage eines Punktes X auf der Geraden lässt sich in Abhängigkeit von λ beschreiben:

$\lambda = 0$:	$X = A$	$0 < \lambda < 1$:	X liegt zwischen A und B
$\lambda = 1$:	$X = B$	$\lambda > 1$:	B liegt zwischen A und X
		$\lambda < 0$:	A liegt zwischen X und B

Geometrie

Beispiel **(Fortsetzung)**

Der Punkt $P(-3|8|-1)$ liegt auf der Geraden, denn seine Koordinaten erfüllen die Gleichung für $\lambda = 3$. $Q(-3|8|4)$ liegt nicht auf der Geraden, denn zu $q_1 = -3$ gehört $\lambda = 3$, zu $q_3 = 4$ gehört $\lambda = 0{,}5$.

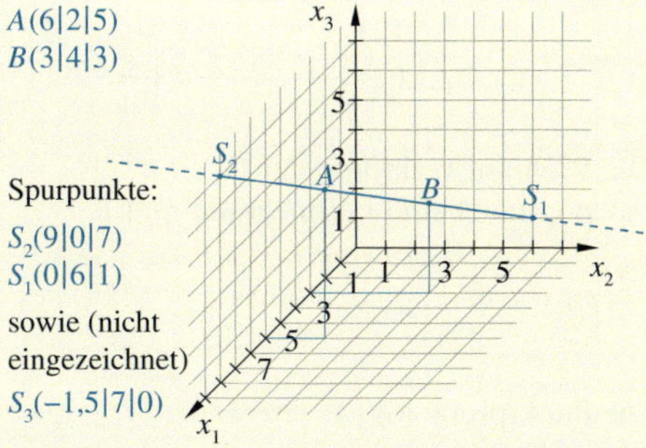

Schnittpunkte von Geraden mit den Koordinatenebenen heißen **Spurpunkte**, die Lage einer Geraden im Koordinatensystem wird durch Einzeichnen der Spurpunkte anschaulicher.

Lagebeziehung zwischen zwei Geraden

Bei der Lage zweier Geraden zueinander lassen sich vier Fälle unterscheiden:

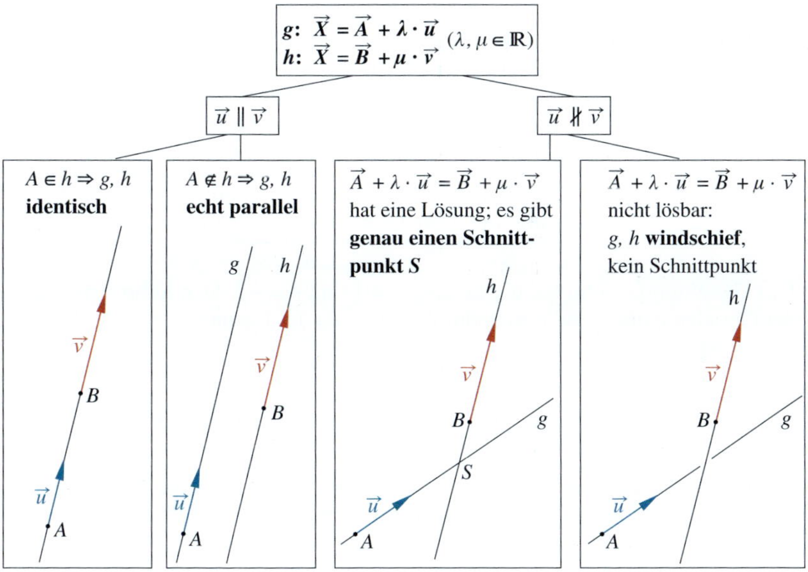

Beispiel

$g\colon \vec{X} = \begin{pmatrix} 3 \\ 0 \\ -1 \end{pmatrix} + \lambda \cdot \begin{pmatrix} -1 \\ 2 \\ 1 \end{pmatrix}$ $\quad h\colon \vec{X} = \begin{pmatrix} 1 \\ 4 \\ 0 \end{pmatrix} + \mu \cdot \begin{pmatrix} 2 \\ -4 \\ -2 \end{pmatrix}$ $\quad i\colon \vec{X} = \begin{pmatrix} 4 \\ 0 \\ 2 \end{pmatrix} + \nu \cdot \begin{pmatrix} 1 \\ -1 \\ 1 \end{pmatrix}$

Die Richtungsvektoren der Geraden g und h sind kollinear, da

$\begin{pmatrix} 2 \\ -4 \\ -2 \end{pmatrix} = -2 \cdot \begin{pmatrix} -1 \\ 2 \\ 1 \end{pmatrix}$ ist.

Die Punktprobe für $\begin{pmatrix} 3 \\ 0 \\ -1 \end{pmatrix}$ bzgl. h liefert die Gleichungen
$3 = 1 + 2\mu$ (also $\mu = 1$),
$0 = 4 - 4\mu$ (also $\mu = 1$) und
$-1 = 0 - 2\mu$ (also $\mu = 0{,}5$).
Also gibt es keinen Schnittpunkt; g und h sind echt parallel.

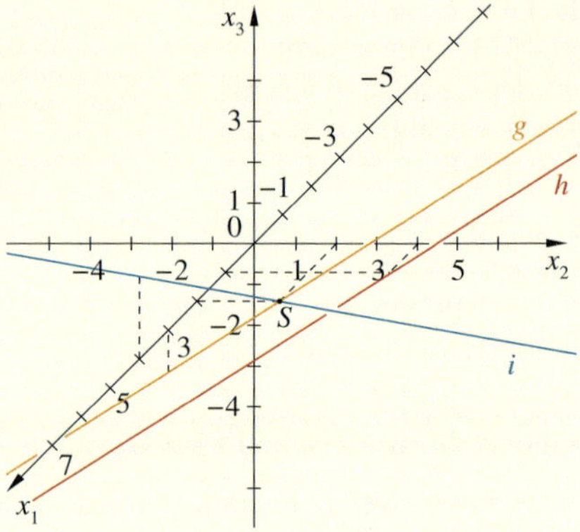

Die Richtungsvektoren der Geraden g und i sind nicht kollinear. Für einen möglichen Schnittpunkt S müssten sich λ und ν finden lassen, sodass gilt: $S(3-\lambda\,|\,2\lambda\,|\,-1+\lambda) = S(4+\nu\,|\,-\nu\,|\,2+\nu)$. Man erhält ein ⇒ lineares Gleichungssystem mit drei Gleichungen und zwei Unbekannten (S. 36):

$$\begin{aligned} 3 - \lambda &= 4 + \nu \\ 0 + 2\lambda &= 0 - \nu \\ -1 + \lambda &= 2 + \nu \end{aligned}$$

Tipp: Zwei Gleichungen zur Bestimmung der beiden Werte, die dritte Gleichung für die Probe verwenden!

Das Gleichungssystem hat die Lösung $\lambda = 1$ und $\nu = -2$. Den **Schnittpunkt** S der Geraden g und i erhält man durch Einsetzen der Lösung in eine der beiden Geradengleichungen:

$$\vec{S} = \begin{pmatrix} 3 \\ 0 \\ -1 \end{pmatrix} + 1 \cdot \begin{pmatrix} -1 \\ 2 \\ 1 \end{pmatrix} = \begin{pmatrix} 2 \\ 2 \\ 0 \end{pmatrix} \text{ bzw. } \vec{S} = \begin{pmatrix} 4 \\ 0 \\ 2 \end{pmatrix} - 2 \cdot \begin{pmatrix} 1 \\ -1 \\ 1 \end{pmatrix} = \begin{pmatrix} 2 \\ 2 \\ 0 \end{pmatrix} \text{ liefert } S(2\,|\,2\,|\,0).$$

Die Richtungsvektoren der Geaden h und i sind nicht kollinear. Das Gleichungssystem, das durch Gleichsetzen der rechten Seiten der Geradengleichungen entsteht, ist nicht lösbar. Die Geraden h und i sind **windschief**.

Ob zwei Geraden g: $\vec{X} = \vec{A} + \lambda \cdot \vec{u}$ und h: $\vec{X} = \vec{B} + \mu \cdot \vec{v}$ ($\lambda, \mu \in \mathbb{R}$) windschief zueinander verlaufen, lässt sich auch durch Berechnen der aus den Vektoren $\overrightarrow{AB}$, $\vec{u}$ und $\vec{v}$ gebildeten ⇒ **Determinante** (S. 179) $|\overrightarrow{AB}\ \ \vec{u}\ \ \vec{v}|$ überprüfen:

Ist $|\overrightarrow{AB}\ \ \vec{u}\ \ \vec{v}| = \begin{vmatrix} (b_1 - a_1) & u_1 & v_1 \\ (b_2 - a_2) & u_2 & v_2 \\ (b_3 - a_3) & u_3 & v_3 \end{vmatrix} \neq 0$,

so verlaufen g und h zueinander windschief.
(Zur Berechnung der Determinante kann z. B. die ⇒ **Regel von Sarrus** (S. 179) angewendet werden.)

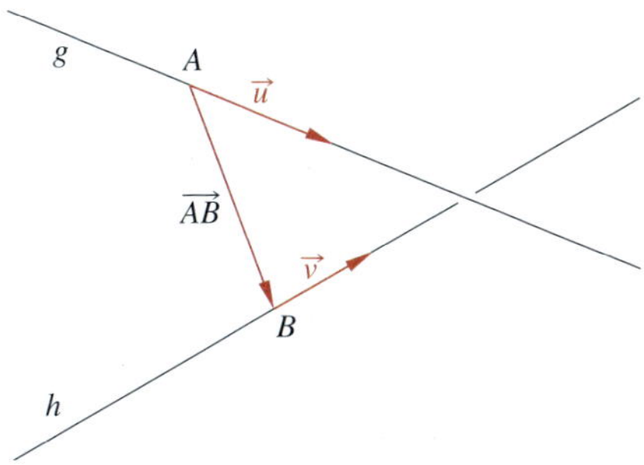

Ist hingegen $|\overrightarrow{AB}\ \ \vec{u}\ \ \vec{v}| = 0$, dann sind $\overrightarrow{AB}$, $\vec{u}$ und $\vec{v}$ komplanar; die Geraden g und h liegen in einer Ebene und sind daher nicht windschief.

Darstellung von Ebenen

Parameterform

Eine Ebene E lässt sich durch einen beliebigen Punkt A (**Aufpunkt**) der Ebene und zwei nicht zueinander parallele **Richtungsvektoren** $\vec{u}$ und $\vec{v}$ festlegen. Jeder Punkt X der Ebene E erfüllt dann die Ebenengleichung

E: $\vec{X} = \vec{A} + \lambda \cdot \vec{u} + \mu \cdot \vec{v}$ mit $\lambda, \mu \in \mathbb{R}$

(**Ebenengleichung in Parameterform**)

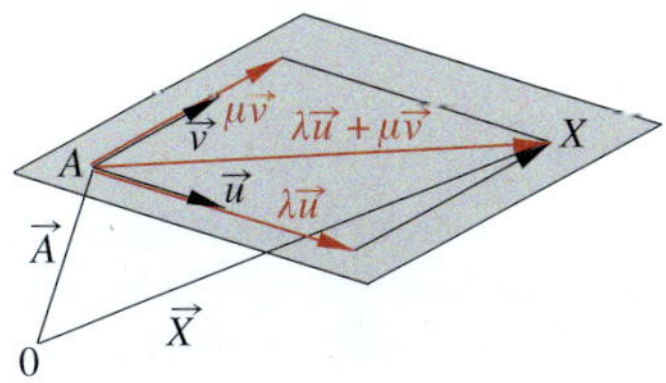

Jedes Wertepaar der **Parameter** λ und μ bestimmt eindeutig einen Punkt X der Ebene. Ein Punkt X liegt genau dann in der Ebene E, wenn seine Koordinaten die Ebenengleichung erfüllen.
Als Aufpunkt eignet sich jeder Punkt der Ebene, für die Richtungsvektoren jedes nicht parallele Paar von Verbindungsvektoren zweier Ebenenpunkte. Eine Ebenengleichung ist also nicht eindeutig bestimmt.

Aufstellen der Ebenengleichung:

Ebene E durch drei Punkte A, B und $C \notin AB$	Ebene E enthält Gerade g und Punkte $P \notin g$	Ebene E enthält zwei Geraden $g \parallel h$	Ebene E enthält zwei sich in S schneidende Geraden g und h
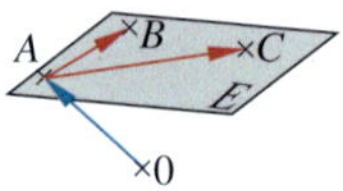	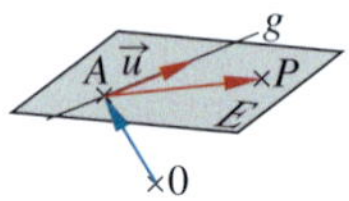	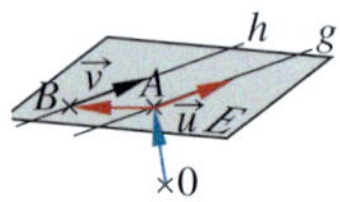	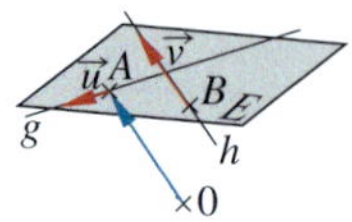
$\vec{x} = \vec{A} + \lambda \cdot \overrightarrow{AB} + \mu \cdot \overrightarrow{AC}$	$\vec{x} = \vec{A} + \lambda \cdot \vec{u} + \mu \cdot \overrightarrow{AP}$	$\vec{x} = \vec{A} + \lambda \cdot \vec{u} + \mu \cdot \overrightarrow{AB}$	$\vec{x} = \vec{A} + \lambda \cdot \vec{u} + \mu \cdot \vec{v}$

Normalenform der Ebenengleichung

Jeder zu einer **Ebene *E* senkrechte** Vektor $\vec{n}_E \neq \vec{0}$ heißt **Normalenvektor** der Ebene. Jedes Vielfache von $\vec{n}_E$ ist ebenfalls Normalenvektor von E. Sind $\vec{u}$ und $\vec{v}$ nicht kollineare Richtungsvektoren der Ebene E, dann ist das ⇒ Vektorprodukt (S. 124) $\vec{n}_E = \vec{u} \times \vec{v}$ ein Normalenvektor von E.

Ist A ein beliebiger Punkt der Ebene E und $\vec{n}_E$ ein **Normalenvektor** von E, dann erfüllt jeder Punkt X der Ebene folgende Gleichung:

$E\colon\ \vec{n}_E \circ (\vec{X} - \vec{A}) = 0$ (**Normalenform in Vektordarstellung**)

Geometrische Deutung:

Ein Punkt X liegt genau dann in der Ebene E, wenn der Verbindungsvektor $\overrightarrow{AX}$ (von einem beliebigen Ebenenpunkt A aus) senkrecht auf $\vec{n}_E$ steht.

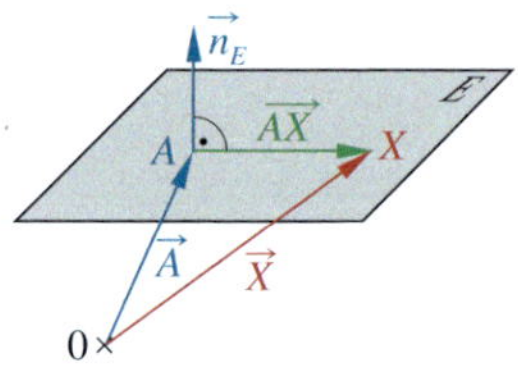

Mit $\vec{n}_E = \begin{pmatrix} n_1 \\ n_2 \\ n_3 \end{pmatrix}$, $\vec{X} = \begin{pmatrix} x_1 \\ x_2 \\ x_3 \end{pmatrix}$ und $\vec{A} = \begin{pmatrix} a_1 \\ a_2 \\ a_3 \end{pmatrix}$ ergibt sich durch Ausmultiplizieren

$E\colon\ n_1 x_1 + n_2 x_2 + n_3 x_3 + n_0 = 0$ mit $n_0 = -(\vec{n}_E \circ \vec{A}) = -n_1 a_1 - n_2 a_2 - n_3 a_3$

(**Normalenform in Koordinatendarstellung**)

Die **Koeffizienten** n_1, n_2 und n_3 einer Ebenengleichung in Normalenform sind die **Koordinaten eines Normalenvektors** der Ebene.

Auch für die Darstellung in Normalenform gilt: Ein Punkt X liegt genau dann in der Ebene E, wenn seine Koordinaten die Ebenengleichung erfüllen.

Die Ebenengleichung in Normalenform ist zur Bestimmung von ⇒ Lagebeziehungen (S. 132 ff.), ⇒ Schnittwinkeln (S. 135 f.) und ⇒ Abständen (S. 136 f.) meist besser geeignet als eine Parameterdarstellung der Ebene.

Die Schnittpunkte einer Ebene E mit den Koordinatenachsen heißen **Spurpunkte**, die Schnittgeraden der Ebene mit den Koordinatenebenen nennt man **Spurgeraden**. Die Spurgeraden vermitteln in der Zeichnung meist einen guten Eindruck von der Lage der Ebene.

Beispiel

Ebene E durch die Punkte $A(2|3|0)$, $B(4|-6|3)$ und $C(-4|0|6)$

Parameterform: $E\colon \vec{X} = \vec{A} + \lambda \cdot \overrightarrow{AB} + \mu \cdot \left(-\frac{1}{3}\overrightarrow{AC}\right) = \begin{pmatrix} 2 \\ 3 \\ 0 \end{pmatrix} + \lambda \cdot \begin{pmatrix} 2 \\ -9 \\ 3 \end{pmatrix} + \mu \cdot \begin{pmatrix} 2 \\ 1 \\ -2 \end{pmatrix}$

Das Vektorprodukt von $\overrightarrow{AB}$ und $-\frac{1}{3}\overrightarrow{AC}$ ergibt einen Normalenvektor $\vec{n}_E$ der Ebene E:

$$\begin{pmatrix} 2 \\ -9 \\ 3 \end{pmatrix} \times \begin{pmatrix} 2 \\ 1 \\ -2 \end{pmatrix} = \begin{pmatrix} 15 \\ 10 \\ 20 \end{pmatrix} = 5 \cdot \begin{pmatrix} 3 \\ 2 \\ 4 \end{pmatrix} \text{ also z.B. } \vec{n}_E = \begin{pmatrix} 3 \\ 2 \\ 4 \end{pmatrix}$$

Normalenform (vektoriell):

$$E\colon \begin{pmatrix} 3 \\ 2 \\ 4 \end{pmatrix} \circ \left(\vec{X} - \begin{pmatrix} 2 \\ 3 \\ 0 \end{pmatrix}\right) = 0$$

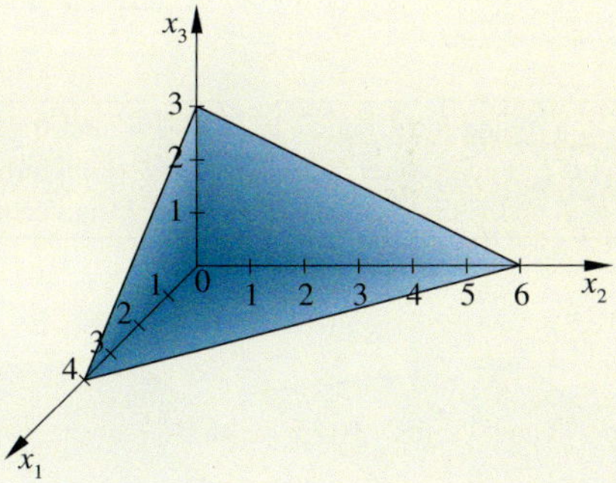

Normalenform:

$E\colon\ 3x_1 + 2x_2 + 4x_3 - 12 = 0$

Die **Spurpunkte** (je zwei Koordinaten Null!) sind $(4|0|0)$, $(0|6|0)$ und $(0|0|3)$.
Die Verbindungsgeraden der Spurpunkte liefern die **Spurgeraden**.

Lagebeziehungen

Lagebeziehung zwischen Gerade und Ebene

g: $\vec{X} = \vec{A} + \lambda \cdot \vec{u}$ $(\lambda \in \mathbb{R})$
E: $\vec{n} \circ (\vec{X} - \vec{B}) = 0$

- $\vec{u} \circ \vec{n} = 0$ $(\vec{u} \perp \vec{n})$
  - $A \in E$ (Punktprobe) $\Rightarrow g \subset E$
  - $A \notin E$ (Punktprobe) $\Rightarrow g \parallel E$
- $\vec{u} \circ \vec{n} \neq 0$ $\Rightarrow$ Schnittpunkt! Schnittwinkel φ: $\sin\varphi = \dfrac{|\vec{n} \circ \vec{u}|}{|\vec{n}| \cdot |\vec{u}|}$

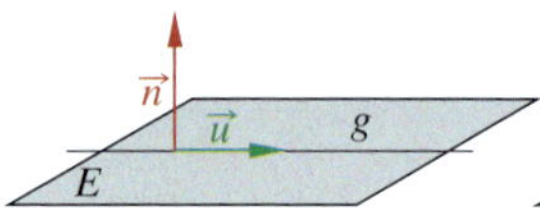

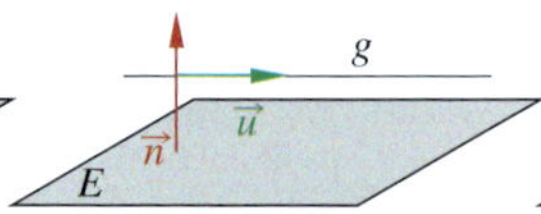

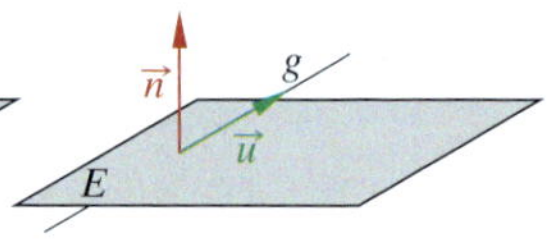

Lagebeziehung zwischen zwei Ebenen

E: $\vec{n}_E \circ (\vec{X} - \vec{A}) = 0$
F: $\vec{n}_F \circ (\vec{X} - \vec{B}) = 0$

- $\vec{n}_E \parallel \vec{n}_F$ und $B \in E$ oder $A \in F$ (Punktprobe) $\Rightarrow E$ und F sind identisch
- $\vec{n}_E \parallel \vec{n}_F$ und $B \notin E$ oder $A \notin F$ (Punktprobe) $\Rightarrow E, F$ sind echt parallel
- $\vec{n}_E, \vec{n}_F$ nicht kollinear $\Rightarrow E, F$ haben eine Schnittgerade

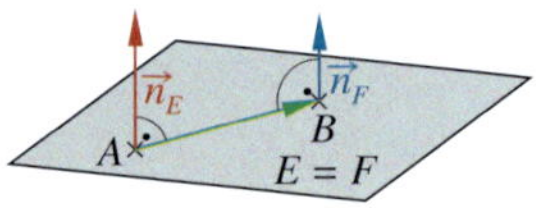

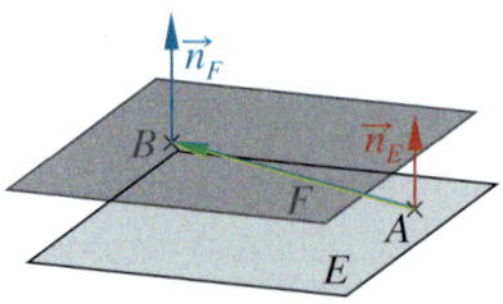

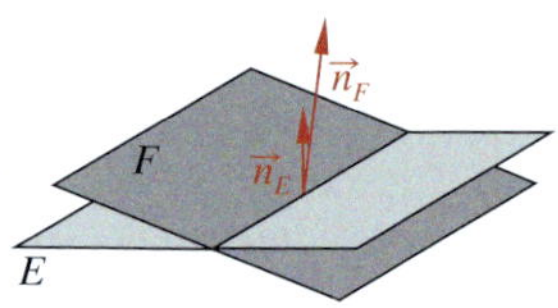

Lagebeziehung zwischen zwei Geraden: *siehe S. 127 (⇒ Darstellung von Geraden)*

Bestimmung gemeinsamer Punkte einer Geraden *g* und einer Ebene *E*

Gemeinsame Punkte von

$g\colon \vec{X} = \vec{A} + \lambda \cdot \vec{u} \; (\lambda \in \mathbb{R})$ und $E\colon n_1x_1 + n_2x_2 + n_3x_3 + c = 0$

ermittelt man durch Einsetzen der Koordinaten des Geradenpunktes $S(a_1 + \lambda u_1 \,|\, a_2 + \lambda u_2 \,|\, a_3 + \lambda u_3)$ in die Ebenengleichung.

- Die entstehende Gleichung hat genau eine Lösung für λ, falls g und E genau einen Schnittpunkt haben.
- Besitzt die Gleichung keine Lösung, haben g und E keinen gemeinsamen Punkt ($g \parallel E$; g und E sind echt parallel).
- Ist die Gleichung allgemeingültig, so ist $g \subset E$.

Beispiele

$g \parallel E$	$g \subset E$	1 Schnittpunkt
$g\colon \vec{x} = \begin{pmatrix}1\\0\\3\end{pmatrix} + \lambda \cdot \begin{pmatrix}-1\\4\\1\end{pmatrix}$ $E\colon x_1 + x_2 - 3x_3 + 5 = 0$	$g\colon \vec{x} = \begin{pmatrix}0\\4\\3\end{pmatrix} + \lambda \cdot \begin{pmatrix}-1\\4\\1\end{pmatrix}$ $E\colon x_1 + x_2 - 3x_3 + 5 = 0$	$g\colon \vec{x} = \begin{pmatrix}-1\\8\\6\end{pmatrix} + \lambda \cdot \begin{pmatrix}-1\\4\\2\end{pmatrix}$ $E\colon x_1 + x_2 - 3x_3 + 5 = 0$
$(1-\lambda) + 4\lambda -$ $3(3+\lambda) + 5 = 0$ $\Rightarrow -3 = 0$ (falsche Aussage); es gibt keinen gemeinsamen Punkt, also $g \parallel E$ (echt parallel)	$-\lambda + (4 + 4\lambda) -$ $3(3+\lambda) + 5 = 0$ $\Rightarrow 0 = 0$ (allgemeingültige Aussage); alle Geradenpunkte liegen auch in E, d. h. $g \subset E$	$(-1-\lambda) + (8 + 4\lambda) -$ $3(6 + 2\lambda) + 5 = 0$ $\Rightarrow \lambda = -2$ g und E schneiden sich in genau einem Punkt $S(1 \,|\, 0 \,|\, 2)$

Ist die Ebenengleichung in **Parameterform** gegeben, ist es zweckmäßig, sie in die Normalenform zu überführen. Andernfalls muss (unter größerem Rechenaufwand) ein lineares Gleichungssystem mit drei Gleichungen und drei Unbekannten gelöst werden, um die gegenseitige Lage und mögliche Schnittpunkte zu ermitteln.

Bestimmung der Spurgeraden einer Ebene *E*:

Die Spurgeraden sind (sofern vorhanden!) die Schnittgeraden der Ebene mit den Koordinatenebenen $x_1 = 0$, $x_2 = 0$ und $x_3 = 0$.

Bestimmung gemeinsamer Punkte zweier Ebenen *E* und *F*

Die Normalenformen der beiden Ebenengleichungen bilden ein ⇒ lineares Gleichungssystem mit zwei Gleichungen und drei Unbekannten x_1, x_2 und x_3 (S. 37). Bezüglich der Lösbarkeit dieses Gleichungssystems sind zwei Fälle zu unterscheiden:

- Das Gleichungssystem hat keine Lösung. Dann sind *E* und *F* **echt parallel zueinander** und haben keine gemeinsamen Punkte.
- Das Gleichungssystem hat unendlich viele Lösungen (dann sind *E* und *F* entweder **identisch** oder sie haben eine **Schnittgerade**).
  Um die Schnittgerade zu ermitteln, fasst man eine der Unbekannten als Parameter auf und stellt die anderen in Abhängigkeit des Parameters dar.

Beispiele

$E \parallel F$	$E = F$
$E\colon x_1 + x_2 - 3x_3 + 5 = 0$ $F\colon 2x_1 + 2x_2 - 6x_3 + 12 = 0$	$E\colon x_1 + x_2 - 3x_3 + 5 = 0$ $F\colon -3x_1 - 3x_2 + 9x_3 - 15 = 0$
Die Gleichung von *F* lässt sich durch Division beider Seiten durch 2 in die Gleichung $F\colon x_1 + x_2 - 3x_3 + 6 = 0$ umformen, die sich nur im konstanten Term von der Gleichung von *E* unterscheidet. *E* und *F* haben also kollineare Normalenvektoren und sind damit echt parallel.	Die Gleichung von *E* lässt sich durch Multiplikation beider Seiten mit -3 in die Gleichung von *F* umformen, die Ebenen sind also identisch.

Schnittgerade
$E\colon x_1 + x_2 - 3x_3 + 5 = 0$ $F\colon -3x_1 - 2x_2 + 5x_3 - 23 = 0$
In Abhängigkeit von x_3 als Parameter erhält man als Lösungen dieses Gleichungssystems $x_1 = -x_3 - 13$ und $x_2 = 4x_3 + 8$. Diese beiden Gleichungen müssen für die Koordinaten der Punkte der Schnittgeraden *s* erfüllt sein. Zum Beispiel mit den Punkten $(-13 \mid 8 \mid 0)$ (für $x_3 = 0$) und $(-14 \mid 12 \mid 1)$ (für $x_3 = 1$) erhält man $s\colon \vec{x} = \begin{pmatrix} -13 \\ 8 \\ 0 \end{pmatrix} + \lambda \begin{pmatrix} -1 \\ 4 \\ 1 \end{pmatrix}$ oder auch $s\colon \vec{x} = \begin{pmatrix} -\lambda - 13 \\ 4\lambda + 8 \\ \lambda \end{pmatrix}$ $(\lambda \in \mathbb{R})$.

Ist **eine Ebenengleichung in Parameterform** gegeben, kann man sie in die Normalenform überführen. Alternativ kann man den Ausdruck für $\vec{X}$ der Parametergleichung der einen Ebene in die Normalengleichung der anderen Ebene einsetzen, und die entstehende lineare Gleichung mit den beiden Parametern als Unbekannten lösen, um die gegenseitige Lage der Ebenen und eine mögliche Schnittgerade zu ermitteln.

Sind **beide Ebenengleichungen in Parameterform** gegeben, sollte mindestens eine in die Normalenform überführt werden, da sonst ein lineares Gleichungssystem mit drei Gleichungen und vier Unbekannten zu lösen wäre.

Siehe auch: ⇒ Lineare Gleichungssysteme (S. 33 ff.)

Schnittwinkel und Abstände

Winkel φ zwischen zwei Geraden

Ist $\vec{u}_g$ ein Richtungsvektor der einen und $\vec{u}_h$ ein Richtungsvektor der anderen Geraden, so gilt:
Falls die Geraden einander schneiden, ergibt sich der Schnittwinkel φ der beiden Geraden aus

$$\cos\varphi = \frac{|\vec{u}_g \circ \vec{u}_h|}{|\vec{u}_g| \cdot |\vec{u}_h|}.$$

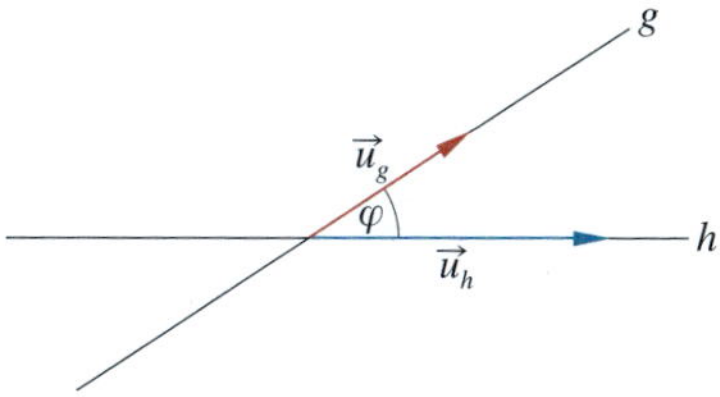

Winkel φ ($0° \leq \alpha \leq 90°$) zwischen Gerade und Ebene

Ist $\vec{u}_g$ ein Richtungsvektor der Geraden $\vec{n}$ und ein Normalenvektor der Ebene, so gilt:

$$\sin\varphi = \frac{|\vec{n} \circ \vec{u}_g|}{|\vec{n}| \cdot |\vec{u}_g|}$$

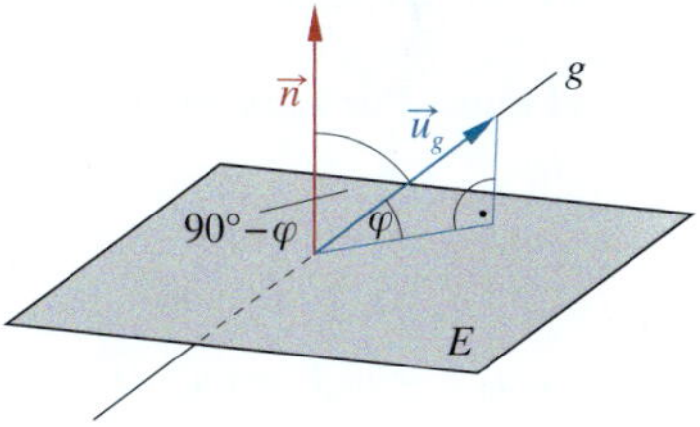

Siehe auch: ⇒ Skalarprodukt (Winkel zwischen Vektoren, S. 123)

Winkel φ ($0° \le \varphi \le 90°$) zwischen zwei Ebenen

Ist $\vec{n}_1$ ein Normalenvektor der einen und $\vec{n}_2$ ein Normalenvektor der anderen Ebene, so gilt:

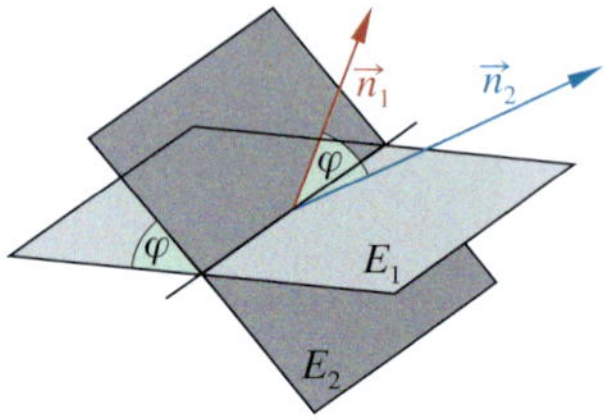

$$\cos\varphi = \frac{|\vec{n}_1 \circ \vec{n}_2|}{|\vec{n}_1| \cdot |\vec{n}_2|}$$

Abstand eines Punktes von einer Ebene

Ist $\vec{n}^{\,0}$ ein **Einheitsnormalenvektor** (d. h., ein Normalenvektor mit $|\vec{n}^{\,0}| = 1$) und A ein Punkt einer Ebene E, so bezeichnet man die zugehörige Normalenform E: $\vec{n}^{\,0} \circ (\vec{X} - \vec{A}) = 0$ der Ebenengleichung als **Hessesche Normalenform**. In der Hesseschen Normalenform ist $|\vec{n}^{\,0} \circ \vec{A}|$ die Länge des vom Ursprung auf die Ebene gefällten Lotes, also der Abstand der Ebene vom Ursprung.

Man erhält den **Abstand $d(P; E)$** eines Punktes $P(p_1|p_2|p_3)$ von der Ebene E, indem man P in die Hessesche Normalenform einsetzt:

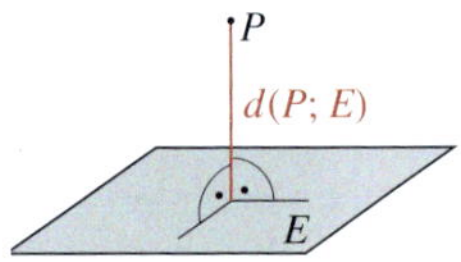

$$d(P; E) = |\vec{n}^{\,0} \circ (\vec{P} - \vec{A})|$$

Ist der Normalenvektor $\vec{n}$ von E nicht notwendig ein Einheitsvektor, gilt

$$d(P; E) = \left|\frac{\vec{n} \circ (\vec{P} - \vec{A})}{|\vec{n}|}\right| = \frac{|n_1 p_1 + n_2 p_2 + n_3 p_3 + c|}{\sqrt{n_1^2 + n_2^2 + n_3^2}} \qquad \text{mit } c = -(\vec{n} \circ \vec{A})$$

Ist $\vec{n} \circ (\vec{P} - \vec{A}) > 0$, so liegt P auf der Seite der Ebene, in die $\vec{n}$ zeigt.

Abstand eines Punktes von einer Geraden

Man stellt zunächst die Gleichung einer Hilfsebene H auf, die senkrecht auf g steht und P enthält. Der Richtungsvektor $\vec{u}$ von g ist Normalenvektor von H:

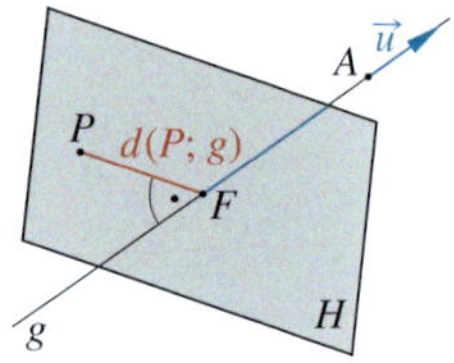

H: $u_1 x_1 + u_2 x_2 + u_3 x_3 - (\vec{u} \circ \vec{P}) = 0$.

Der Schnittpunkt F von g und H ist dann der Fußpunkt des Lotes von P auf g.
Der **Abstand $d(P; g)$** des Punktes $P \notin g$ von der Geraden g ist die Länge der Strecke $[PF]$.

Abstand zweier windschiefer Geraden g und h

Der **Abstand $d(g; h)$** zweier windschiefer Geraden g: $\vec{x} = \vec{A} + \lambda \cdot \vec{u}$ und h: $\vec{x} = \vec{B} + \mu \cdot \vec{v}$ lässt sich mit einer Hilfsebene H bestimmen, die h enthält und parallel zu g ist:
H: $\vec{x} = \vec{B} + \mu \cdot \vec{v} + \lambda \cdot \vec{u}$
In die ⇒ Hessesche Normalenform von H wird dann etwa der Aufpunkt A von g eingesetzt:
$d(g; h) = d(g; H) = d(A; H)$ (⇒ Abstand Punkt-Ebene)

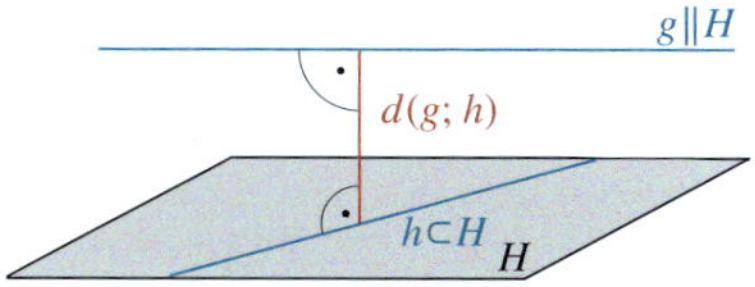

Ist A irgendein Punkt auf g und B irgendein Punkt auf h, und ist $\vec{n}$ ein Normalenvektor sowohl von g als auch von h, so gilt:

$$d(g; h) = \left| \frac{(\vec{A} - \vec{B}) \circ \vec{n}}{|\vec{n}|} \right|$$

Sind $\vec{u}$ bzw. $\vec{v}$ Richtungsvektoren von g bzw. h, so kann $\vec{n} = \vec{u} \times \vec{v}$ gewählt werden.

Abstand paralleler Geraden

Der Abstand zweier paralleler Geraden g: $\vec{x} = \vec{A} + \lambda \cdot \vec{u}$ und h: $\vec{x} = \vec{B} + \mu \cdot \vec{v}$ ist der Abstand $d(A; h)$ des Aufpunkts A von h. (⇒ Abstand Punkt-Gerade)

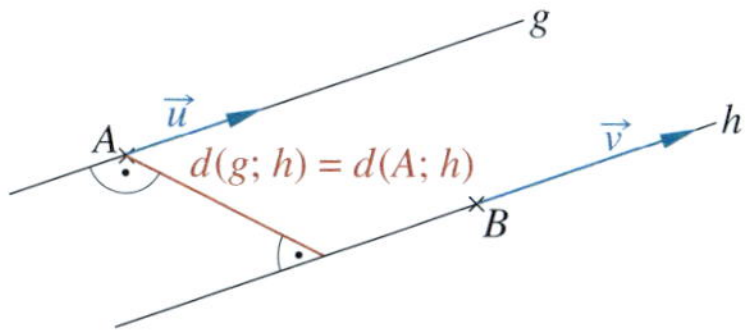

Abstand zwischen Gerade und dazu paralleler Ebene

Der **Abstand $d(g; E)$** einer Geraden mit der Gleichung g: $\vec{x} = \vec{A} + \lambda \cdot \vec{u}$ von einer dazu parallelen Ebene E ist der (z. B. mit der Hesseschen Normalenform von E berechenbare) Abstand des Aufpunktes A von E. (⇒ Abstand Punkt-Ebene)

Abstand paralleler Ebenen

Der **Abstand $d(E; F)$** zweier paralleler Ebenen E (mit Aufpunkt A) und F ist der (z. B. mit der ⇒ Hesseschen Normalenform von F berechenbare) Abstand des Aufpunktes A von F.
(⇒ Abstand Punkt-Ebene)

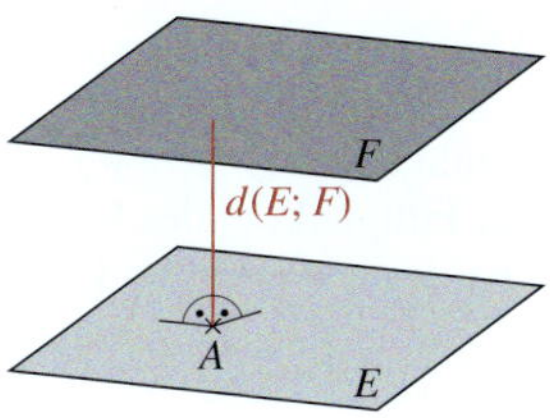

Beispiel

Untersucht werden die Lagebeziehungen der Ebenen E und F mit den Gleichungen

$$E\colon 3x_1 + 2x_2 + 6x_3 - 12 = 0 \text{ und } F\colon \vec{x} = \begin{pmatrix}0\\3\\0\end{pmatrix} + \gamma \cdot \begin{pmatrix}1\\0\\0\end{pmatrix} + \eta \cdot \begin{pmatrix}0\\0\\1\end{pmatrix}$$

sowie der Geraden g und h mit den Gleichungen

$$g\colon \vec{x} = \begin{pmatrix}2\\3\\1\end{pmatrix} + \lambda \cdot \begin{pmatrix}1\\0\\2\end{pmatrix} \text{ und } h\colon \vec{x} = \begin{pmatrix}-1\\3\\0\end{pmatrix} + \mu \cdot \begin{pmatrix}1\\0\\1\end{pmatrix}:$$

(1) **Schnittpunkt und Schnittwinkel von *g* und *h***
g* und *h sind nicht parallel (Richtungsvektoren nicht kollinear!) und auch nicht windschief (z.B. Sarrusregel!), sondern **schneiden einander in *S*(4|3|5)**, wie sich bei Gleichsetzen mit $\lambda = 2$ bzw. $\mu = 5$ ergibt.
Für den **Schnittwinkel** α ergibt sich aus $\cos\alpha = \dfrac{\begin{pmatrix}1\\0\\2\end{pmatrix} \circ \begin{pmatrix}1\\0\\1\end{pmatrix}}{\sqrt{5} \cdot \sqrt{2}} = \dfrac{3}{\sqrt{10}} \approx 0{,}949$ der Wert $\alpha \approx 18{,}4°$.

(2) **Ermittlung der Schnittgeraden *s* der Ebenen *E* und *F***
Einsetzen von $\vec{x} \in F$ in die Gleichung von E liefert $3\gamma + 6 + 6\eta - 12 = 0$, also $\gamma = 2 - 2\eta$. Die Punkte $(2 - 2\eta|3|\eta)$ mit $\eta \in \mathbb{R}$ liegen also alle in E.

Eine Gleichung der Schnittgeraden ist $s\colon \vec{x} = \begin{pmatrix}2\\3\\0\end{pmatrix} + \eta \cdot \begin{pmatrix}-2\\0\\1\end{pmatrix}$

(3) **Berechnung des Schnittwinkels φ der Ebenen *E* und *F***
Aus den Ebenengleichungen erhält man Normalenvektoren von E und F:

$$\vec{n}_E = \begin{pmatrix}3\\2\\6\end{pmatrix},\ \vec{n}_F = \begin{pmatrix}0\\0\\1\end{pmatrix} \times \begin{pmatrix}1\\0\\0\end{pmatrix} = \begin{pmatrix}0\\1\\0\end{pmatrix}. \text{ Aus } \cos\varphi = \frac{\begin{pmatrix}3\\2\\6\end{pmatrix} \circ \begin{pmatrix}0\\1\\0\end{pmatrix}}{\sqrt{49} \cdot \sqrt{1}} = \frac{2}{7} \text{ folgt } \varphi \approx 73{,}4°.$$

(4) **Abstand des Punktes *S* von der Schnittgeraden *s***
Eine Gleichung der zu s senkrechten Hilfsebene H, die den Punkt S enthält, ist $H\colon -2x_1 + x_3 + 3 = 0$. Der Schnittpunkt von H und s ist der Fußpunkt Q des Lotes von S auf s. Man ermittelt $Q(1{,}6|3|0{,}2)$.
Der gesuchte Abstand ist also

$$d(S; s) = d(Q; S) = \sqrt{(1{,}6 - 4)^2 + (3 - 3)^2 + (0{,}2 - 5)^2} = \sqrt{28{,}8} \approx 5{,}37$$

***Beispiel* (Fortsetzung)**

(5) **Berechnung des Abstandes $d(S; E)$ des Punktes S von der Ebene E**
Als Abstand des Geradenschnittpunktes S von der Ebene E ergibt sich mit der Hesseschen Normalenform $\frac{1}{7} \cdot (3x_1 + 2x_2 + 6x_3 - 12) = 0$ von E:
$d(S; E) = \frac{1}{7} \cdot (3 \cdot 4 + 2 \cdot 3 + 6 \cdot 5 - 12) = \frac{36}{7} = 5\frac{1}{7}$

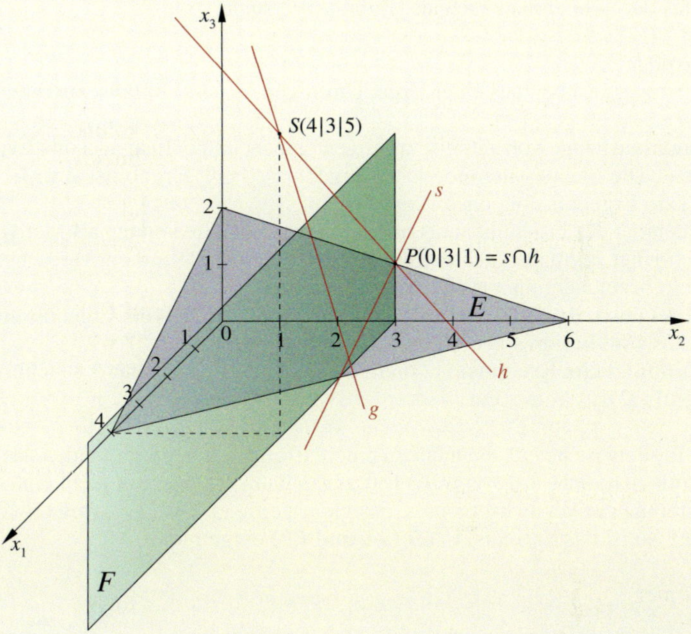

Grundbegriffe der Stochastik

Ergebnisse und Ereignisse

Vorgänge, die unter gleichen Bedingungen beliebig oft wiederholbar sind und deren mögliche Ausgänge zwar bekannt, aber nicht eindeutig vorhersagbar sind, heißen **Zufallsexperimente**. Die einmalige Durchführung eines Zufallsexperimentes bezeichnet man auch als (Zufalls-)Versuch.

Beispiele
Münzwurf, Ziehen aus einer Urne, Umfragen, … sind Zufallsexperimente.

Versuchsausgänge von Zufallsexperimenten bezeichnet man auch als **Ergebnisse** ω. Die Menge aller möglichen Ergebnisse heißt **Ergebnisraum** $\boldsymbol{\Omega}$. Darin darf kein Ergebnis doppelt vorkommen.
Teilmengen des Ergebnisraums heißen **Ereignisse**. Sie können als Menge oder in sprachlicher Form angegeben werden. Ein Ereignis, das nur ein Versuchsergebnis enthält, bezeichnet man als **Elementarereignis**.
Ein Ereignis **tritt ein**, wenn bei einem Zufallsexperiment ein Ergebnis auftritt, welches zum Ereignis gehört.
Das **unmögliche Ereignis** $\{\ \}$ (auch: $\emptyset$) enthält kein Element, das **sichere Ereignis** $\boldsymbol{\Omega}$ tritt immer ein.

Alle Ergebnisse aus Ω, die nicht zu einem Ereignis A gehören, bilden das **Gegenereignis** $\overline{A}$ („nicht A“) von A. Es tritt genau dann ein, wenn A nicht eintritt.
Erhält man ein Versuchsergebnis, das gleichzeitig zu zwei Ereignissen A und B gehört, so ist das Ereignis $\boldsymbol{A \cap B}$ (**„A und B“**) eingetreten.

Beispiel

Das Glücksrad wird zweimal gedreht. Man beobachtet, wo der Zeiger stehen bleibt.
Ergebnisräume sind z. B. $\Omega_1 = \{bb, br, bg, gg, gr, rr\}$

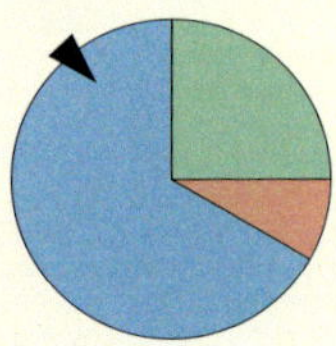

$\Omega_2 = \{$zweimal gleiche Farbe, unterschiedliche Farben$\}$
$\Omega_3 = \{$keinmal rot, einmal rot, zweimal rot$\}$

Das Gegenereignis zum Elementarereignis A: „zweimal grün“ ($A = \{gg\}$) ist in Ω_1 das Ereignis $\overline{A}$: „höchstens einmal grün“ ($\overline{A} = \{bb, br, bg, gr, rr\}$).

Siehe auch: ⇒ Ereignisalgebra, S. 149

Absolute und relative Häufigkeit

Die Anzahl, mit der bei n-facher Durchführung eines Zufallsexperiments ein Ereignis A eintritt, heißt **absolute Häufigkeit $H_n(A)$** dieses Ereignisses. Dividiert man die absolute Häufigkeit k eines Ereignisses A durch die Anzahl n der Versuche, erhält man dessen **relative Häufigkeit $h_n(A)$**.

$$h_n(A) = \frac{k}{n}$$

Relative Häufigkeiten werden als Bruch, Dezimalzahl oder Prozentsatz angegeben. Die Summe der absoluten Häufigkeiten aller Elementarereignisse (= Ergebnisse) ist n, die Summe der relativen Häufigkeiten aller Ergebnisse ergibt 1 bzw. 100 %. (⇒ Eigenschaften der relativen Häufigkeit, S. 150)

Vierfeldertafel

Sollen zwei in einer Datenmenge auftretende Eigenschaften A und B untersucht werden, so kann man eine **Vierfeldertafel** verwenden. Sie ist so aufgebaut, dass die Summe der Häufigkeiten in einer Zeile bzw. in einer Spalte mit der Häufigkeit der dort notierten Eigenschaft übereinstimmt. In die vier Felder im Innern werden die Häufigkeiten eingetragen, mit denen die in der betreffenden Zeile bzw. Spalte notierten Ereignisse zugleich eingetreten sind.

Beispiel

Bei einer Befragung von 80 Jugendlichen interessierten die Ereignisse A: *„Die befragte Person ist ein Mädchen"* und B: *„Die befragte Person besitzt ein Haustier"*.
Die beiden Vierfeldertafeln zeigen deren möglichen prinzipiellen Aufbau (links, hier mit absoluten Häufigkeiten) bzw. das konkrete Ergebnis (rechts, mit relativen Häufigkeiten) dieser Befragung.

	B	$\overline{B}$	
A	$H_n(A \cap B)$	$H_n(A \cap \overline{B})$	$H_n(A)$
$\overline{A}$	$H_n(\overline{A} \cap B)$	$H_n(\overline{A} \cap \overline{B})$	$H_n(\overline{A})$
	$H_n(B)$	$H_n(\overline{B})$	n

	B	$\overline{B}$	
A	20/80	25/80	45/80
$\overline{A}$	10/80	25/80	35/80
	30/80	50/80	1

Man kann aus der rechten Vierfeldertafel z. B. ablesen, dass 25 aller befragten Jugendlichen Mädchen waren und kein Haustier besaßen.

Siehe auch: ⇒ Bedingte Wahrscheinlichkeit, S. 146 f.

Arithmetisches Mittel

Das arithmetische Mittel ist ein Durchschnittswert von Ergebnissen oder Daten. Man erhält das **arithmetische Mittel $\overline{x}$** der Werte $x_1, x_2, \ldots, x_n$, indem man die Summe aller Einzelwerte durch die Anzahl der Werte dividiert.

Das arithmetische Mittel von Daten kann, muss aber nicht in der Datenreihe enthalten sein, wie das Beispiel des Notendurchschnitts zeigt.

Beispiel

Note	1	2	3	4	5	6
Häufigkeit	3	8	9	6	3	1

Notendurchschnitt: $\overline{x} = \frac{1 \cdot 3 + 2 \cdot 8 + 3 \cdot 9 + 4 \cdot 6 + 5 \cdot 3 + 6 \cdot 1}{30} \approx 3{,}03$

Siehe auch: ⇒ Erwartungswert, S. 153;
Ergänzungen: ⇒ Maßzahlen einer Datenreihe, S. 204 f.

Empirisches Gesetz der großen Zahlen

Führt man sehr viele Versuche durch, so scheint sich die relative Häufigkeit eines Ereignisses um einen bestimmten Wert zu stabilisieren, den man auch **statistische Wahrscheinlichkeit** des Ereignisses nennt. Diese Erfahrungstatsache bezeichnet man als **empirisches Gesetz der großen Zahlen**. Man kann damit eine Vorhersage über die Wahrscheinlichkeit für das zukünftige Eintreten von Versuchsergebnissen wagen.

Beispiel

Beim 100-maligen Werfen des verbeulten Kronkorkens lag dieser 30-mal mit der bedruckten Seite nach oben. Man kann daher die statistische Wahrscheinlichkeit 30 % für dieses Ereignis annehmen.

Daher erwartet man zum Beispiel bei 500 Würfen mit demselben Objekt, dass das genannte Ereignis etwa 150-mal eintritt.

Siehe auch: Ergänzungen: ⇒ Bernoullisches Gesetz der großen Zahlen, S. 214

Zufallsexperimente

Laplace-Experimente

Zufallsexperimente, bei denen – z. B. aus Symmetriegründen – alle ⇒ Elementarereignisse (S. 140) gleichwahrscheinlich sind, heißen **Laplace-Experimente**. Ist diese Voraussetzung erfüllt, kann man die **Wahrscheinlichkeit** eines Ereignisses A mit der von Pierre Simon Laplace angegebenen Formel berechnen:

$$P(A) = \frac{\text{Anzahl der Elemente von } A}{\text{Anzahl der Elemente von } \Omega}$$ **(Formel von Laplace)**

Um die Anzahl der Ergebnisse zu bestimmen, die zum Ergebnisraum oder dem Ereignis gehören, verwendet man häufig das ⇒ Zählprinzip (S. 154), ⇒ Urnenmodelle (S. 155) oder ⇒ Baumdiagramme (S. 144).
Nicht immer sind die Ergebnisse eines Zufallsexperiments gleich wahrscheinlich. Manchmal ist dies aber durch Verfeinern des Ergebnisraums zu erreichen.

Beispiele

(1) Beim Würfeln mit 6 Würfeln gibt es $6^6 = 46\,656$ mögliche gleich wahrscheinliche Ergebnisse. Von diesen sind bei $6 \cdot 5 \cdot 4 \cdot 3 \cdot 2 \cdot 1$ Ergebnissen alle Augenzahlen verschieden.

$P(\text{„6 verschiedene Augenzahlen bei 6 Würfeln“}) = \frac{720}{46\,656} \approx 1{,}54\,\%$

(2) Das Werfen eines Reißnagels mit den beiden möglichen Ergebnissen „Rücken“ und „Seite“ ist kein Laplace-Experiment.

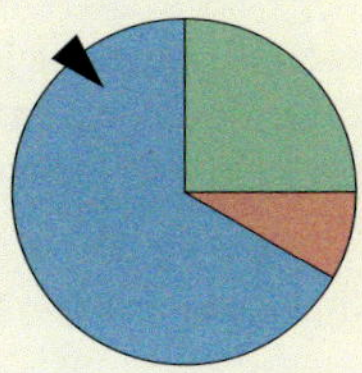

(3) Wird das Glücksrad mit den Sektoren 240°, 90° bzw. 30° einmal gedreht, so sind die Elementarereignisse $\{r\}$, $\{g\}$, $\{b\}$ nicht gleichwahrscheinlich. Der Ergebnisraum kann jedoch zu

$\Omega = \{r, g1, g2, g3, b1, b2, b3, b4, b5, b6, b7, b8\}$

verfeinert werden, indem man den grünen bzw. blauen Bereich jeweils in 30°-Sektoren unterteilt und diese nummeriert. Damit ist zum Beispiel

$P(\text{„blau“}) = \frac{8}{12}$.

Siehe auch: ⇒ Systematisches Zählen, S. 154;
⇒ Mehrstufige Zufallsexperimente, S. 144; ⇒ Wahrscheinlichkeitsbegriff, S. 149

Stochastik

Mehrstufige Zufallsexperimente

Zufallsexperimente, bei denen mehrere Teilexperimente nacheinander oder nebeneinander ablaufen, bezeichnet man als **mehrstufige (zusammengesetzte) Zufallsexperimente**.

Baumdiagramme und Pfadregeln

Zur Darstellung von mehrstufigen Zufallsexperimenten, zur Bestimmung eines Ergebnisraums bzw. zur Ermittlung der Anzahl aller Ergebnisse (Elementarereignisse) eignen sich **Baumdiagramme** (⇒ Zählprinzip, S. 154). Jedes Ergebnis entspricht darin genau einem **Pfad**.
An den Pfaden eines Baumdiagramms kann man die zugehörigen Wahrscheinlichkeiten antragen. Dabei gelten folgende **Pfadregeln**:

- Die Summe der Wahrscheinlichkeiten an den Ästen, die von einem Knoten ausgehen, ist gleich eins. **(Knotenregel)**
- Die Wahrscheinlichkeit eines Ergebnisses ist gleich dem Produkt der Wahrscheinlichkeiten entlang des Pfades, der zu dem Ergebnis führt. **(1. Pfadregel)**
- Die Wahrscheinlichkeit eines Ereignisses ist gleich der Summe der Wahrscheinlichkeiten der Ergebnisse, die zu diesem Ereignis gehören. **(2. Pfadregel)**

Treten sehr viele Elementarereignisse auf, so ist es günstig, mehrere Pfade zusammenzufassen.

Beispiel

Eine Urne enthält 10 weiße, 5 schwarze, 3 rote, 4 blaue und 5 gelbe Kugeln.
Es werden nacheinander 2 Kugeln ohne Zurücklegen gezogen.
Mit welcher Wahrscheinlichkeit erhält man mindestens eine rote Kugel?

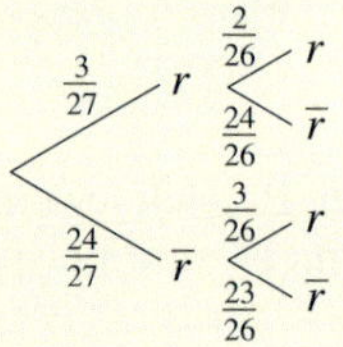

$$P(r, r) = \frac{3}{27} \cdot \frac{2}{26}$$

$$P(r, \bar{r}) = \frac{3}{27} \cdot \frac{24}{26}$$

$$P(\bar{r}, r) = \frac{24}{27} \cdot \frac{3}{26}$$

$$P(\bar{r}, \bar{r}) = \frac{24}{27} \cdot \frac{23}{26}$$

(Wahrscheinlichkeiten nach der 1. Pfadregel)

Die 2. Pfadregel liefert
$P(\text{mindestens eine rote Kugel}) = \frac{3}{27} \cdot \frac{2}{26} + \frac{3}{27} \cdot \frac{24}{26} + \frac{24}{27} \cdot \frac{3}{26} = \frac{25}{117} \approx 21{,}4\,\%$.

Simulation von Zufallsexperimenten

In manchen Fällen lässt sich die Wahrscheinlichkeit von Ereignissen nicht berechnen oder es erscheinen durch Rechnung ermittelte Ergebnisse unglaubwürdig. Dann kann man experimentell vorgehen und das Zufallsexperiment so oft durchführen, bis sich nach dem ⇒ empirischen Gesetz der großen Zahlen (S. 142) die relative Häufigkeit stabilisiert. Dies ist jedoch meist zu aufwändig oder manchmal sogar unmöglich (z. B. bei Wahlergebnissen).
Stattdessen bietet es sich an, das Experiment unter vereinfachten Bedingungen nachzuspielen. Dieses Vorgehen bezeichnet man als Simulation. Hilfsmittel dafür sind z. B. Urnen, Münzen, Würfel, Karten, das Hütchenspiel oder die Verwendung von **Zufallszahlen**, die man in Tabellen findet, oder mit einem Taschenrechner oder Computer erzeugen kann. Die von Taschenrechnern und Computern algorithmisch (also gerade *nicht* zufällig) erzeugten Zufallszahlen nennt man auch **Pseudozufallszahlen**.

Eine Simulation besteht aus drei Phasen:

1. **Modellierung:** Man sucht ein leicht durchführbares Zufallsexperiment, das dem ursprünglichen Problem entspricht.
2. **Nachspielen des Problems:**
   Man wiederholt dieses Zufallsexperiment genügend oft.
3. **Auswertung:** Man überträgt die Ergebnisse der Simulation auf die ursprüngliche Fragestellung.

Beispiel

Auf einer Geburtstagsfeier werden an 10 Kinder 20 Süßigkeiten zufällig verteilt. Dazu wird jede Süßigkeit neu unter allen 10 Kindern verlost. Wie groß ist die Wahrscheinlichkeit, dass ein zufällig ausgewähltes Kind genau 4 Süßigkeiten bekommt?

Zur Simulation können 20 Zufallsziffern von 0 bis 9 gewählt werden. Jede Zufallsziffer steht für eine Süßigkeit. Ihr Wert gibt an, welches Kind (bezeichnet mit 0 bis 9) sie bekommt.

Diese Simulation kann man z. B. insgesamt 50-mal durchführen. Man notiert pro Simulationsvorgang die Anzahl der Kinder, die dabei genau 4 Süßigkeiten bekommen haben. Das arithmetische Mittel dieser Anzahl stabilisiert sich bei etwa 0,9. Von 100 Kindern bekommen bei dieser Art der Verteilung von 200 Süßigkeiten im Mittel also 9 Kinder genau 4 Süßigkeiten. Die Wahrscheinlichkeit, eines dieser Kinder zufällig auszuwählen, ist also etwa 0,09.

Ω

Bedingte Wahrscheinlichkeit

Bedingte Wahrscheinlichkeit am Baumdiagramm

Bei der Betrachtung von zwei Ereignissen A und B eines Zufallsexperiments muss man folgende Sachverhalte sorgfältig unterscheiden:

- Man interessiert sich dafür, mit welcher Wahrscheinlichkeit A und B gleichzeitig (zugleich) eintreten, also dafür, dass das Ereignis **„A und B"** $(A \cap B)$ eintritt.
- Man interessiert sich dafür, mit welcher Wahrscheinlichkeit B eintritt, *wenn man weiß,* dass das Ereignis A bereits eingetreten ist.

Die Wahrscheinlichkeit dafür, dass B eintritt, wenn A bereits eingetreten ist, bezeichnet man als **bedingte Wahrscheinlichkeit von B unter der Bedingung A**. Man schreibt dafür $P_A(B)$.

Bedingte Wahrscheinlichkeiten werden am Baumdiagramm als Wahrscheinlichkeiten an den Pfaden in der zweiten (oder einer höheren) Stufe eingetragen, Wahrscheinlichkeiten für das gleichzeitige Eintreten von Ereignissen stehen an den Enden der Pfade.

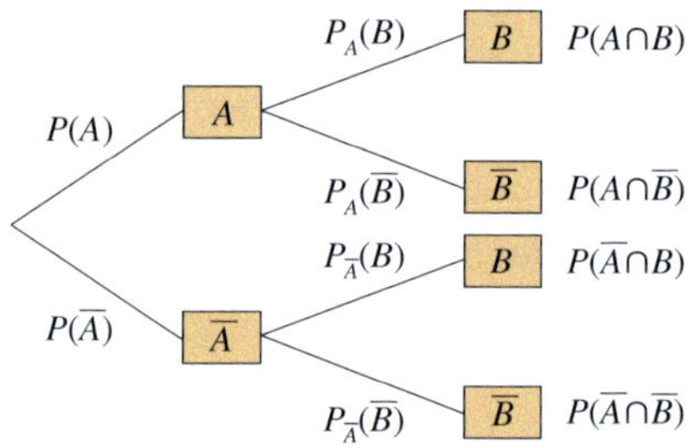

Mithilfe der entsprechenden Pfadregel ergibt sich für $P(A) \neq 0$ die Formel:

$$P_A(B) = \frac{P(A \cap B)}{P(A)}$$

Umgehen mit bedingten Wahrscheinlichkeiten

Beim Rechnen mit bedingten Wahrscheinlichkeiten sind neben der Verwendung der ***Formel*** auch ***Vierfeldertafeln, Baumdiagramme*** oder das ***Übersetzen von Prozentangaben in absolute Häufigkeiten*** nützlich.

Stochastik

Beispiele

(1) 200 deutsche Urlauber werden nach ihren Fremdsprachenkenntnissen befragt. Die ***Vierfeldertafel*** zeigt die absoluten Häufigkeiten zu den Ereignissen E: „Urlauber spricht Englisch“ und S: „Urlauber spricht Spanisch“.

Daraus kann man $P(E \cap S) = \frac{60}{200} = 0{,}3$

und $P_E(S) = \frac{P(E \cap S)}{P(E)} = \frac{0{,}3}{0{,}7} \approx 0{,}43$

entnehmen.

	S	$\overline{S}$	gesamt
E	60	80	140
$\overline{E}$	10	50	60
gesamt	70	130	200

Die Wahrscheinlichkeit dafür, dass eine Person Spanisch spricht, wenn sie die Frage nach Englischkenntnissen bereits bejaht hat, beträgt etwa 43 %.

(2) Angenommen, die Häufigkeit für Brustkrebs unter Frauen einer bestimmten Altersgruppe beträgt 0,1 %. Wenn eine Frau erkrankt ist, zeigt dies ein Test zu 99 % richtig an. Allerdings liefert er auch in 2 % der Fälle ein positives Ergebnis, in denen die untersuchte Frau gesund ist.
Nun hat eine Frau ein positives Testergebnis erhalten. Wie sicher ist es, dass sie tatsächlich erkrankt ist?

Einem ***Baumdiagramm*** zu den Ereignissen
K: „Die Frau hat Brustkrebs.“
T: „Der Test ist positiv.“
entnimmt man:

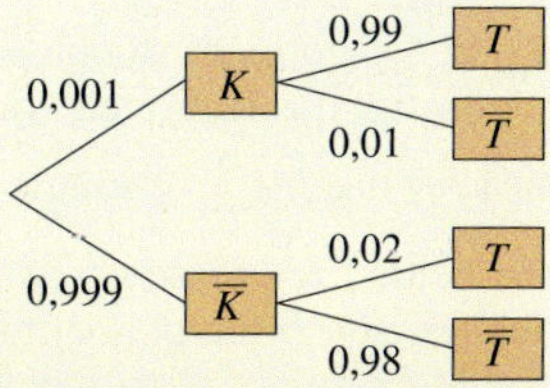

$P(T) = 0{,}001 \cdot 0{,}99 + 0{,}999 \cdot 0{,}02 = 0{,}02097$,

also $P_T(K) = \frac{P(T \cap K)}{P(T)} = \frac{0{,}001 \cdot 0{,}99}{0{,}02097} \approx 4{,}7\,\%$.

Die Wahrscheinlichkeit, dass eine Frau tatsächlich erkrankt ist, wenn ihr Testergebnis positiv war, beträgt also nur etwa 4,7 %.

Dieses Ergebnis kann durch ***Übersetzen in absolute Häufigkeiten*** bestätigt werden:
Von 100 000 Frauen dieser Altersgruppe sind 0,1 %, also 100 Frauen, an Krebs erkrankt. Von diesen erkennt der Test 99 als krank. Allerdings werden auch 2 % der 99 900 gesunden Frauen (das sind 1998 Frauen) als krank beurteilt. Von insgesamt 2097 Frauen mit positivem Testurteil sind also nur 99 tatsächlich krank, was einem Prozentsatz von etwa 4,7 % entspricht.

Siehe auch: Ergänzungen: ⇒ Satz von Bayes, S. 209 f.

Unabhängigkeit von zwei Ereignissen

Zwei Ereignisse A und B heißen **(stochastisch) unabhängig**, wenn gilt:

$$\boldsymbol{P(A \cap B) = P(A) \cdot P(B)}$$

Wegen $P(A \cap B) = P(A) \cdot P_A(B)$ bedeutet die stochastische Unabhängigkeit von A und B auch, dass $\boldsymbol{P(B) = P_A(B)}$ bzw. $\boldsymbol{P(A) = P_B(A)}$ ist. Die Ereignisse A und B beinflussen sich gegenseitig nicht bezüglich ihrer Wahrscheinlichkeiten.

Beispiel
Eine Münze wird zweimal nacheinander geworfen. $\Omega = \{\text{WW; WZ; ZW; ZZ}\}$

A: „Wappen beim 1. Wurf" $\quad A = \{\text{WW; WZ}\}$
B: „Wappen beim 2. Wurf" $\quad B = \{\text{WW; ZW}\}$
C: „Insgesamt mindestens einmal Wappen" $\quad C = \{\text{WW; WZ; ZW}\}$
D: „Insgesamt genau einmal Wappen" $\quad D = \{\text{WZ; ZW}\}$

$P(A \cap B) = \frac{1}{4} = \frac{1}{2} \cdot \frac{1}{2} = P(A) \cdot P(B)$ $\quad A$ und B sind stochastisch unabhängig.

Das Ergebnis des ersten Wurfes hat keinen Einfluss auf den zweiten Wurf.

$P(A \cap C) = \frac{1}{2} \neq \frac{1}{2} \cdot \frac{3}{4} = P(A) \cdot P(C)$

A und C sind nicht stochastisch unabhängig. Das Eintreten von Ereignis A begünstigt das Eintreten von Ereignis C.

$P(A \cap D) = \frac{1}{4} = \frac{1}{2} \cdot \frac{1}{2} = P(A) \cdot P(D)$ $\quad A$ und D sind stochastisch unabhängig.

Für beide Ereignisse ist zwar der 1. Wurf von Bedeutung. Die Wahrscheinlichkeit von D hängt aber nicht davon ab, ob zuerst Wappen oder Zahl auftritt.

Häufig ist die Unabhängigkeit von Ereignissen eine Modellannahme, um Wahrscheinlichkeiten berechnen zu können.

Beispiel
Aufgrund der Statistik eines Basketballwerfers kann man annehmen, dass er einen Freiwurf mit der Wahrscheinlichkeit 0,8 verwandelt. Nimmt man die Unabhängigkeit des 1. und 2. Wurfes an, beträgt die Wahrscheinlichkeit für zwei Treffer bei zwei Würfen $0{,}8 \cdot 0{,}8 = 0{,}64$. Man kann die Unabhängigkeit der Würfe aber auch in Frage stellen, weil ein Treffer beim 1. Wurf möglicherweise dem Werfer Sicherheit gibt oder ihn besonders unter Druck setzt.

Siehe auch: Ergänzungen und Vertiefungen: ⇒ Unabhängigkeit, S. 210

Wahrscheinlichkeitsbegriff

Ereignisalgebra

Da ⇒ Ereignisse (S. 140) Teilmengen des Ergebnisraums Ω sind, können sie mit den Begriffen der Mengenalgebra beschrieben werden. So lassen sich zum Beispiel oftmals Ereignisse als Komplementmenge, Vereinigungsmenge oder Schnittmenge anderer Ereignisse auffassen.

Zur Darstellung der Mengenoperationen eignen sich **Venn-Diagramme**:

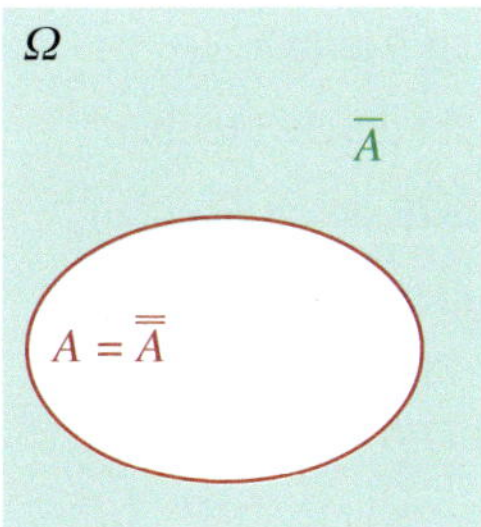

$\overline{A}$: **Gegenereignis zu** A
„Ereignis A tritt nicht ein."

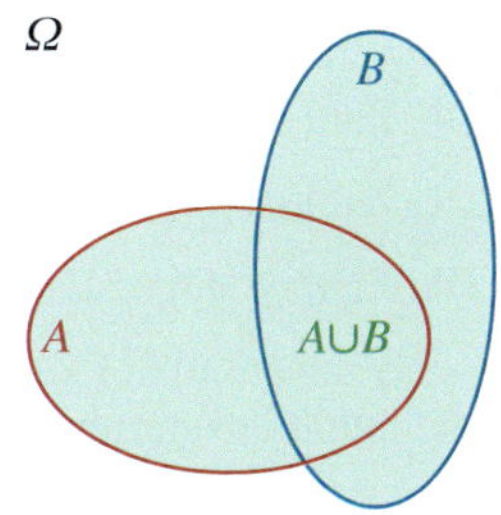

Oder-Ereignis
„Mindestens eines der Ereignisse tritt ein."

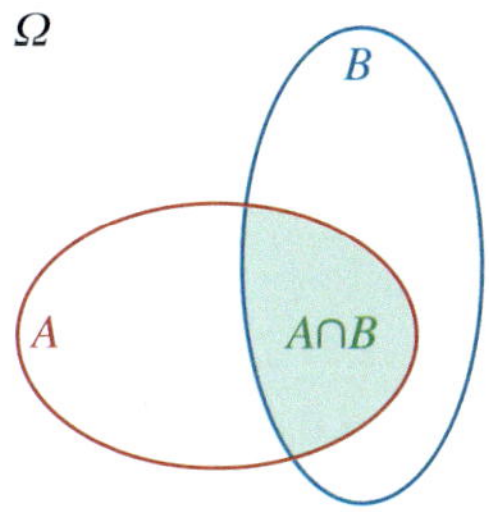

Und-Ereignis
„Die Ereignisse treten zugleich ein."

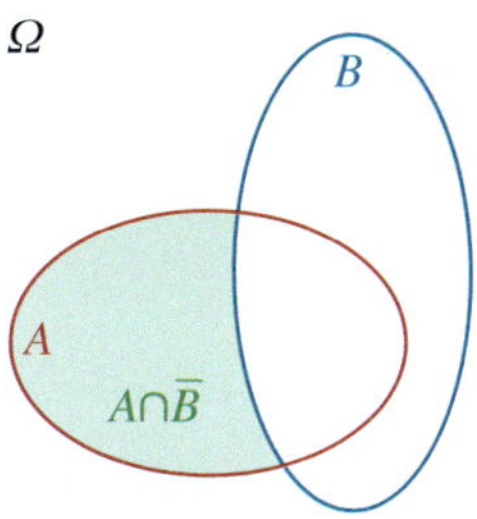

„Nur Ereignis A tritt ein, Ereignis B tritt nicht ein."

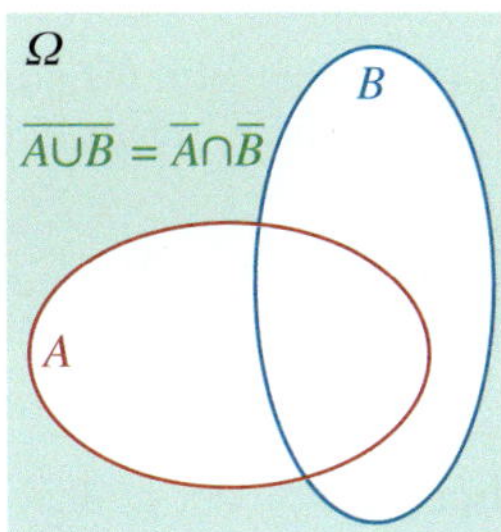

„Keines der Ereignisse tritt ein."

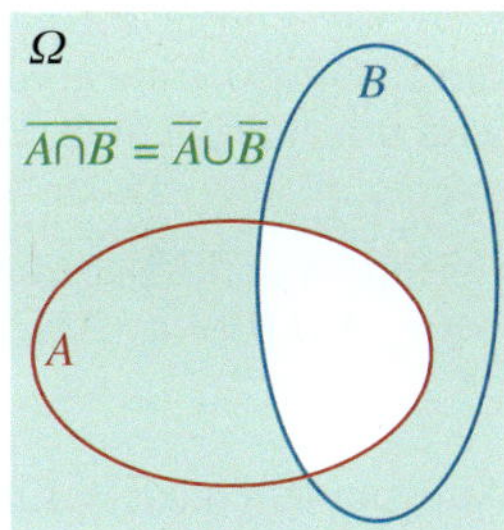

„Höchstens eines der beiden Ereignisse tritt ein."

Die Ereignisse A und B heißen **unvereinbar,** wenn $A \cap B = \emptyset$ gilt.

Beispiel
Die sieben Felder eines Glücksrads sind mit den Zahlen von 1 bis 7 beschriftet. Durch das Drehen des Glücksrads wird eine der Zahlen zufällig ausgewählt.

Ergebnisraum: $\Omega = \{1; 2; 3; 4; 5; 6; 7\}$

$A = \{2; 4; 6\}$	„Die Zahl ist gerade."
$B = \{3; 6\}$	„Die Zahl ist durch 3 teilbar."
$\overline{A} = \{1; 3; 5; 7\}$	„Die Zahl ist ungerade."
$A \cup B = \{2; 3; 4; 6\}$	„Die Zahl ist gerade oder durch 3 teilbar."
$A \cap B = \{6\}$	„Die Zahl ist gerade und durch 3 teilbar."
$A \cap \overline{B} = \{2; 4\}$	„Die Zahl ist gerade, aber nicht durch 3 teilbar."
$\overline{A} \cap \overline{B} = \{1; 5; 7\}$	„Die Zahl ist ungerade und nicht durch 3 teilbar."
$\overline{A} \cup \overline{B} = \{1; 2; 3; 4; 5; 7\}$	„Die Zahl ist ungerade oder nicht durch 3 teilbar."

Die Ereignisse A und $\overline{A}$ sind stets unvereinbar ($A \cap \overline{A} = \emptyset$).
A und B sind in diesem Beispiel nicht unvereinbar, da $A \cap B \neq \emptyset$ ist.

Das Axiomensystem von Kolmogorow

Eigenschaften der relativen Häufigkeit

Ein Zufallsexperiment mit dem Ergebnisraum Ω und den Ereignissen A und B wird n-mal wiederholt. Dann gilt für die ⇒ relativen Häufigkeiten (S. 141):

- $h_n(\Omega) = 1$
- Sind A und B unvereinbar, so gilt $h_n(A \cup B) = h_n(A) + h_n(B)$
- $h_n(A \cup B) = h_n(A) + h_n(B) - h_n(A \cap B)$
- $h_n(\overline{A}) = 1 - h_n(A)$

Auf dem durch das ⇒ Empirische Gesetz der großen Zahlen (S. 142) nahegelegten Zusammenhang zwischen relativen Häufigkeiten und Wahrscheinlichkeiten basiert die Idee, für einen abstrakten, allgemeinen Wahrscheinlichkeitsbegriff die Gültigkeit formaler Eigenschaften zu *fordern*, die den obigen Eigenschaften von relativen Häufigkeiten entsprechen. Dies führt zu einer axiomatischen Definition des Wahrscheinlichkeitsbegriffs, die auf den russischen Mathematiker Kolmogorow zurückgeht.

Eine Funktion P, die jedem Ereignis A eines endlichen Ergebnisraums Ω eine reelle Zahl $P(A)$ zuordnet, heißt **Wahrscheinlichkeitsverteilung** genau dann, wenn die folgenden Eigenschaften (**Kolmogorow-Axiome**) gelten.

(1)	$P(A) \geq 0$	(Nichtnegativität)
(2)	$P(\Omega) = 1$	(Normierung)
(3)	$A \cap B \neq \emptyset \Rightarrow P(A \cup B) = P(A) + P(B)$	(Additivität)

Folgerungen aus den Kolmogorow-Axiomen (Weitere Eigenschaften einer Wahrscheinlichkeitsverteilung)

Für beliebige Ereignisse $A, B \subseteq \Omega$ gilt:

$P(\emptyset) = 0$
$P(A) \leq 1$
$B \subseteq A \Rightarrow P(B) \leq P(A)$
$P(\overline{A}) = 1 - P(A)$
$P(A \cup B) = P(A) + P(B) - P(A \cap B)$
$A = \{(\omega_1, \omega_2, \ldots, \omega_r)\} \Rightarrow P(A) = P(\{\omega_1\}) + P(\{\omega_2\}) + \ldots + P(\{\omega_r\})$

Die Kolmogorow-Axiome geben nur die Eigenschaften einer Wahrscheinlichkeitsverteilung, nicht aber die konkrete Verteilung selbst an. Deren zahlenmäßige Festlegung muss bei einem realen Zufallsexperiment jeweils der Situation angepasst werden. Dies erfolgt sinnvollerweise so, dass die Wahrscheinlichkeiten den Werten der relativen Häufigkeiten bei sehr häufiger Wiederholung des Experiments entsprechen.

Beispiele

(1) Die Funktion, die bei einem Laplace-Experiment jedem Ereignis seine ⇒ Laplace-Wahrscheinlichkeit (S. 143) zuordnet, erfüllt die Kolmogorow-Axiome und ist folglich eine Wahrscheinlichkeitsverteilung.

(2) Zu einem Zufallsexperiment gehöre der Ergebnisraum Ω und die Wahrscheinlichkeitsverteilung P. Dann stellt auch die Funktion P_A, die jedem Ereignis $B \subset \Omega$ die ⇒ bedingte Wahrscheinlichkeit (S. 146) $P_A(B)$ mit $P_A(B) = \frac{P(A \cap B)}{P(A)}$ zuordnet, eine Wahrscheinlichkeitsverteilung dar.

Zufallsgrößen

Definition

Eine Funktion X, die bei einem Zufallsexperiment jedem Ergebnis ω des Ergebnisraums Ω eine reelle Zahl x zuordnet, heißt **Zufallsgröße (Zufallsvariable)**. Die Funktionswerte $x = X(\omega)$ nennt man die **Werte** der Zufallsgröße.

Das Ereignis, dass die Zufallsgröße X den Wert x annimmt, enthält alle Ergebnisse ω mit $X(\omega) = x$. Dadurch werden jeweils mehrere Ergebnisse (nämlich jeweils alle, für die die Zufallsgröße den gleichen Wert hat) zu einem Ereignis zusammengefasst.

Für die Wahrscheinlichkeit, dass die Zufallsgröße X den Wert x annimmt, gilt $\boldsymbol{P(X = x) = P(\{\omega \in \Omega \mid X(\omega) = x\})}$.

Die **Verteilung einer Zufallsgröße** gibt an, mit welchen Wahrscheinlichkeiten die Zufallsgröße ihre möglichen Werte annimmt.

Beispiel

Ein Spieler dreht zweimal das abgebildete Glücksrad.
Der Einsatz beträgt 0,5 €.
Erscheint beide Male „rot", werden dem Spieler 4 € ausgezahlt, erscheint genau einmal „rot", wird ihm 1 € ausgezahlt. Sonst erhält er nichts.
$\Omega = \{\text{rr; rg; rb; gr; gg; gb; br; bg; bb}\}$
r: „rot"   g: „grün"   b: „blau"

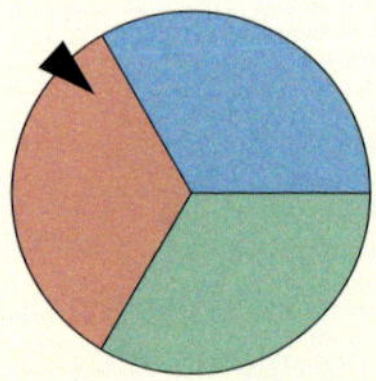

Die Zufallsgröße X ordnet jedem Ergebnis den Gewinn bzw. den Verlust des Spielers in € zu. Für die Funktion X gilt also:

$X(\text{rr}) = 3{,}5 \qquad X(\text{rg}) = X(\text{rb}) = X(\text{gr}) = X(\text{br}) = 0{,}5$
$X(\text{gg}) = X(\text{gb}) = X(\text{bg}) = X(\text{bb}) = -0{,}5$

Verteilung der Zufallsgröße X:

$P(X = 3{,}5) = P(\{\text{rr}\}) = \frac{1}{9} \qquad P(X = 0{,}5) = P(\{\text{rg; rb; gr; br}\}) = \frac{4}{9}$
$P(X = -0{,}5) = P(\{\text{gg; gb; bg; bb}\}) = \frac{4}{9}$

Siehe auch: ⇒ Binomialverteilung, S. 159;
Ergänzungen und Vertiefungen: ⇒ Weitere Wahrscheinlichkeitsverteilungen, S. 212 ff.

Kenngrößen einer Zufallsgröße

Für eine Zufallsgröße X, die die Werte $x_1, x_2, \ldots, x_n$ mit den Wahrscheinlichkeiten $p_1, p_2, \ldots, p_n$ annimmt, für die also $p_i = P(X = x_i)$ gilt, wird definiert:

Erwartungswert: $\mu = E(X) = x_1 \cdot p_1 + x_2 \cdot p_2 + \ldots + x_n \cdot p_n = \sum_{i=1}^{n} x_i \cdot p_i$

Varianz:

$$\mathrm{Var}(X) = (x_1 - \mu)^2 \cdot p_1 + (x_2 - \mu)^2 \cdot p_2 + \ldots + (x_n - \mu)^2 \cdot p_n = \sum_{i=1}^{n} (x_i - \mu)^2 \cdot p_i$$

Standardabweichung: $\sigma = \sqrt{\mathrm{Var}(X)}$

Der **Erwartungswert** gibt an, welchen Wert eine Zufallsgröße im Mittel vermutlich ungefähr annehmen wird, wenn man das Zufallsexperiment sehr häufig durchführt. Er ist im Allgemeinen kein Wert der Zufallsgröße.
Varianz und **Standardabweichung** sind ein Maß dafür, wie stark die zu erwartenden Werte um den Erwartungswert streuen. Die **Varianz** gibt die zu erwartende mittlere quadratische Abweichung der Werte vom Erwartungswert an.

Beispiel

Zu der Zufallsvariablen X aus dem Beispiel zum vorigen Abschnitt gehört die nebenstehende Verteilung. Damit erhält man:

Verteilung von X:

x	$-0{,}5$	$0{,}5$	$3{,}5$
$P(X = x)$	$\frac{4}{9}$	$\frac{4}{9}$	$\frac{1}{9}$

$E(X) = -0{,}5 \cdot \frac{4}{9} + 0{,}5 \cdot \frac{4}{9} + 3{,}5 \cdot \frac{1}{9} \approx 0{,}39$

$$\mathrm{Var}(X) = \left(-0{,}5 - \tfrac{7}{18}\right)^2 \cdot \tfrac{4}{9} + \left(0{,}5 - \tfrac{7}{18}\right)^2 \cdot \tfrac{4}{9} + \left(3{,}5 - \tfrac{7}{18}\right)^2 \cdot \tfrac{1}{9} \approx 1{,}43$$

$\sigma = \sqrt{1{,}43} \approx 1{,}20$

$E(X) = 0{,}39$ bedeutet: Der Spieler kann, wenn er sehr oft spielt, mit einem Gewinn von 0,39 € pro Spiel rechnen.
Für den „Bankhalter" würde sich das Spiel also nicht lohnen. Bei einem Einsatz von $\frac{8}{9}$ € ≈ 89 Cent wäre die Gewinnerwartung $E(X) = 0$. Das Spiel wäre dann **fair**, das heißt, beide Parteien machen auf Dauer weder Gewinn noch Verlust.

Siehe auch: ⇒ Kenngrößen der Binomialverteilung, S. 159;
Ergänzungen und Vertiefungen: ⇒ Weitere Wahrscheinlichkeitsverteilungen, S. 212 ff.

Systematisches Zählen und Urnenmodelle

Zählprinzip

Allgemeines Zählprinzip
Wird ein Vorgang in k Stufen durchgeführt und gibt es in der ersten Stufe n_1, in der zweiten Stufe n_2, ... und in der k-ten Stufe n_k mögliche Ergebnisse, dann gilt für die Anzahl N der möglichen Ergebnisse insgesamt:

$$N = n_1 \cdot n_2 \cdot \ldots \cdot n_k$$

Spezialfall: In jeder der k Stufen gibt es n Möglichkeiten (z. B. wenn alle Stufen gleich sind). Dann ist die Anzahl der möglichen Ergebnisse: n^k

Das Zählprinzip lässt sich an ⇒ Baumdiagrammen (S. 144) veranschaulichen.

Beispiele

(1) Es gibt $2 \cdot 3 \cdot 2 = 12$ Möglichkeiten, aus zwei Vorspeisen (V1 und V2), drei Hauptgerichten (H1, H2, H3) und zwei Nachspeisen (N1 und N2) ein dreigängiges Menü zusammenzustellen.

(2) Es gibt $5 \cdot 6 \cdot 6 = 180$ Möglichkeiten eine dreistellige Zahl aus den Ziffern 0, 1, 2, 3, 4 und 5 zu bilden. Für die erste Ziffer gibt es nur 5 Möglichkeiten, da eine dreistellige Zahl nicht mit 0 beginnt.

zu (1)

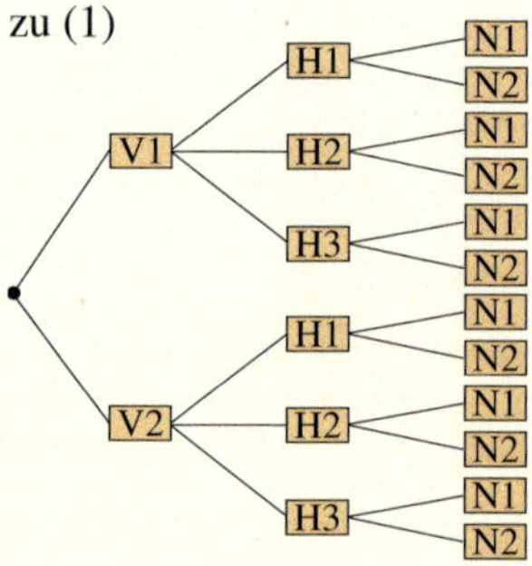

Fakultät
$n!$ (gelesen: n Fakultät) ist das Produkt der natürlichen Zahlen von 1 bis n.

$$n! = 1 \cdot 2 \cdot 3 \cdot \ldots \cdot (n-1) \cdot n \qquad (n \in \mathbb{N}) \qquad 0! = 1$$

Anordnung von Objekten
- Es gibt $n!$ Möglichkeiten, n verschiedene Objekte in einer Reihe anzuordnen. Eine mögliche Anordnung bezeichnet man als **Permutation** der n Objekte.
- Es gibt $n \cdot (n-1) \cdot \ldots \cdot (n-k+1) = \frac{n!}{(n-k)!}$ Möglichkeiten, aus n verschiedenen Objekten k Objekte auszuwählen und in einer Reihe anzuordnen.

Beispiele

(1) Es gibt $10 \cdot 9 \cdot \ldots \cdot 2 \cdot 1 = 10! = 3\,628\,800$ Möglichkeiten, auf einer CD die Reihenfolge von 10 Musiktiteln festzulegen.

(2) Bei einem Wettlauf mit acht Läufern gibt es für den ersten Platz 8 Möglichkeiten, für den zweiten Platz anschließend noch 7 Möglichkeiten (der erste Platz ist bereits vergeben) und für den dritten Platz noch 6 Möglichkeiten.

Es gibt also $8 \cdot 7 \cdot 6 = \frac{8!}{5!} = 336$ Möglichkeiten für die ersten drei Plätze.

Der **Binomialkoeffizient**

$$\binom{n}{k} = \frac{n!}{k! \cdot (n-k)!} = \frac{n \cdot (n-1) \cdot \ldots \cdot (n-k+1)}{k!} \qquad (n, k \in \mathbb{N}_0;\ k \leq n)$$

gibt die Anzahl der k-elementigen **Teilmengen** einer n-elementigen Menge an, also die Anzahl der Möglichkeiten, aus n verschiedenen Objekten k verschiedene Objekte **ohne Berücksichtigung der Reihenfolge auszuwählen**.

Beispiel

Bei der Ziehung der Lottozahlen 6 aus 49 gibt es $\binom{49}{6} = 13\,983\,816$ Möglichkeiten, 6 der 49 Zahlen ohne Berücksichtigung der Reihenfolge auszuwählen.

Siehe auch: ⇒ Urnenmodelle;
Ergänzungen und Vertiefungen: ⇒ Hypergeometrische Verteilung, S. 213

Urnenmodelle

Zufällige Ziehung aus einer Urne mit unterschiedlichen Kugeln

- Aus einer Urne mit N Kugeln, von denen K schwarz sind, werden n Kugeln **ohne Zurücklegen** zufällig gezogen.
  Dann gilt für die gezogenen Kugeln:

$$P(\text{„genau } k \text{ schwarze Kugeln"}) = \frac{\binom{K}{k} \cdot \binom{N-K}{n-k}}{\binom{N}{n}} \qquad k \in \{0, 1, \ldots, n\} \text{ mit } n-(N-K) \leq k \leq K$$

(⇒ Hypergeometrische Verteilung, S. 213)

- Aus einer Urne, in der der Anteil schwarzer Kugeln p ist, werden n Kugeln **mit Zurücklegen** zufällig gezogen. Dann gilt für die gezogenen Kugeln:

$$P(\text{„genau } k \text{ schwarze Kugeln“}) = \binom{n}{k} \cdot p^k \cdot (1-p)^{n-k} \qquad k \in \{0, 1, \dots, n\}$$

(⇒ Wahrscheinlichkeiten bei Bernoulliketten, S. 157 f.;
⇒ Binomialverteilung, S. 159)

Beispiele

(1) Aus einer Urne mit zwei weißen (w) und sieben roten (r) Kugeln werden nacheinander zufällig drei Kugeln **ohne Zurücklegen** gezogen. Es interessiert die Wahrscheinlichkeit des Ereignisses A: „Die beiden weißen Kugeln sind dabei.“ Das mit der obigen Formel erhaltene Resultat

$$P(A) = P(\text{„genau 2 weiße Kugeln“}) = \frac{\binom{2}{2} \cdot \binom{7}{1}}{\binom{9}{3}} = \frac{7}{84} = \frac{1}{12}$$

kann hier am Baumdiagramm mithilfe der Pfadregeln nachgeprüft werden:

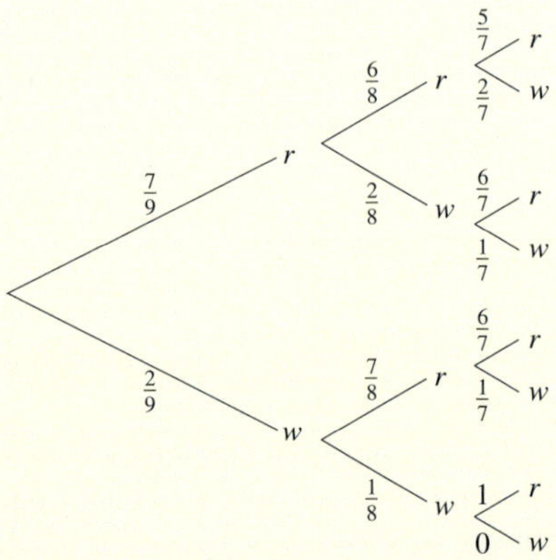

$$P(r, w, w) = \frac{7}{9} \cdot \frac{2}{8} \cdot \frac{1}{7} = \frac{1}{36}$$

$$P(w, r, w) = \frac{2}{9} \cdot \frac{7}{8} \cdot \frac{1}{7} = \frac{1}{36}$$

$$P(w, w, r) = \frac{2}{9} \cdot \frac{1}{8} \cdot 1 = \frac{1}{36}$$

(2) Wenn aus der Urne von Beispiel (1) nacheinander zufällig drei Kugeln **mit Zurücklegen** gezogen werden, so ist die Wahrscheinlichkeit, eine weiße Kugel zu ziehen, bei jeder der drei Ziehungen dieselbe, nämlich $\frac{2}{9}$.
Nach obiger Formel erhält man damit $P(A) = \binom{3}{2} \cdot \left(\frac{2}{9}\right)^2 \cdot \left(\frac{7}{9}\right) = \frac{28}{243}$.

Bernoulliketten und Binomialverteilung

Bernoulliexperimente und Bernoulliketten

Ein Zufallsexperiment, bei dem nur ein Ereignis A und dessen Gegenereignis $\overline{A}$ von Interesse sind, heißt **Bernoulli-Experiment**. Man bezeichnet das Eintreten von A als **Treffer** und das Eintreten von $\overline{A}$ als **Niete**. Für die **Trefferwahrscheinlichkeit** $P(A)$ wählt man oft den Buchstaben p. Es gilt dann:

$P(A) = p$ und $P(\overline{A}) = 1 - p$.

Wird ein Bernoulli-Experiment n-mal nacheinander ausgeführt, spricht man von einer **Bernoullikette der Länge n**. Die Einzelexperimente müssen dabei voneinander unabhängig sein.

Beispiele

(1) Bernoullikette der Länge $n = 11$ mit Trefferwahrscheinlichkeit $p = \frac{1}{6}$:

Ein Spielwürfel wird elfmal nacheinander geworfen. Ein Treffer liegt vor, wenn der Würfel die Augenzahl 6 zeigt.

(2) Bernoullikette der Länge $n = 500$ mit Trefferwahrscheinlichkeit $p = 0{,}03$: Aus einer Urne mit 97 schwarzen und 3 goldenen Kugeln wird 500-mal mit Zurücklegen eine Kugel gezogen. Als Treffer gilt das Ziehen einer goldenen Kugel.

Wahrscheinlichkeiten bei Bernoulliketten

Eine Bernoullikette der Länge n lässt sich durch ein ⇒ Baumdiagramm (S. 144) mit n Stufen und 2^n möglichen Ergebnissen veranschaulichen.

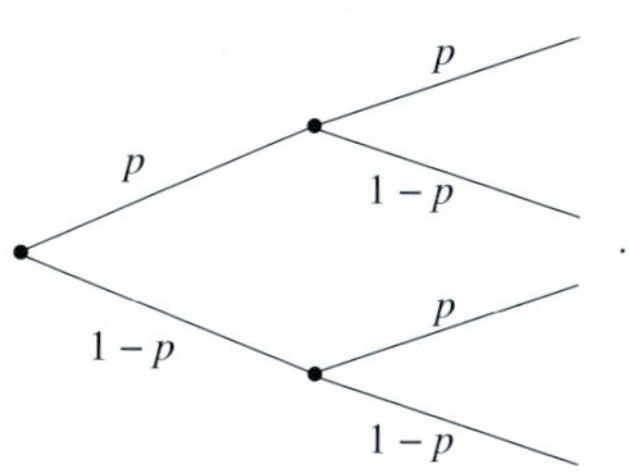

Ein Pfad führt zu einem Ergebnis mit genau k Treffern, wenn bei genau k der n Stufen des Pfades ein Treffer erzielt wird. Es gibt $\binom{n}{k}$ solche Pfade (⇒ Auswahl einer k-elementigen Teilmenge aus einer Menge mit n Elementen, S. 155). Jedes dieser Ergebnisse besitzt die Wahrscheinlichkeit $p^k \cdot (1 - p)^{n-k}$.

Für die Wahrscheinlichkeit, dass es bei einer Bernoulli-Kette der Länge n mit der Trefferwahrscheinlichkeit $p \in]0; 1[$ **genau *k* Treffer** gibt, gilt:

$$B(n; p; k) = \binom{n}{k} \cdot p^k \cdot (1-p)^{n-k} \qquad k \in \{0, 1, \ldots, n\}$$

Für die Wahrscheinlichkeit für **höchstens *k* Treffer** gilt:

$$P(X \leq k) = B(n; p; 0) + B(n; p; 1) + \ldots + B(n; p; k) = \sum_{i=0}^{k} \binom{n}{i} \cdot p^i \cdot (1-p)^{n-i}$$

Die Zufallsgröße X bezeichnet dabei die Anzahl der Treffer in einer Bernoulli-Kette der Länge n mit der Trefferwahrscheinlichkeit p.
Für die Werte von $B(n; p; k)$ und $P(X \leq k)$ gibt es Tabellen, bei manchen Taschenrechnern auch spezielle Tasten.

Beispiel

Ein Spielwürfel wird achtmal nacheinander geworfen. Ein Treffer liegt vor, wenn der Würfel die Augenzahl 6 zeigt.
Es handelt sich um eine Bernoulli-Kette mit $n = 8$ und $p = \frac{1}{6}$.

Nach der obigen Formel gilt:

$P(\text{„genau dreimal eine 6“}) = B\left(8; \frac{1}{6}; 3\right) = \binom{8}{3} \cdot \left(\frac{1}{6}\right)^3 \cdot \left(\frac{5}{6}\right)^5 \approx 10{,}42\,\%$

Zum Vergleich:

$P(\text{„erst dreimal eine 6, danach fünfmal keine 6“}) = \left(\frac{1}{6}\right)^3 \cdot \left(\frac{5}{6}\right)^5 \approx 0{,}19\,\%$

$P(\text{„höchstens zweimal eine 6“}) = B\left(8; \frac{1}{6}; 0\right) + B\left(8; \frac{1}{6}; 1\right) + B\left(8; \frac{1}{6}; 2\right) \approx 86{,}5\,\%$

$P(\text{„mindestens dreimal eine 6“}) = 1 - P(\text{„höchstens zweimal eine 6“}) \approx 13{,}5\,\%$

$P(\text{„höchstens fünfmal keine 6“}) = P(\text{„mindestens dreimal eine 6“}) \approx 13{,}5\,\%$

$P(\text{„mindestens eine 6“}) = 1 - P(\text{„keine 6“}) = 1 - \left(\frac{5}{6}\right)^8 \approx 76{,}7\,\%$

Siehe auch: ⇒ Binomialverteilung, S. 159; ⇒ Urnenmodelle, S. 155 f.

Binomialverteilung

Eine ⇒ Zufallsgröße (S. 152) X mit den Werten 0, 1, …, n heißt **binomialverteilt** mit den Parametern $n \in \mathbb{N}$ und $p \in\,]0; 1[$ oder auch „binomialverteilt nach $B(n; p)$" oder kurz „verteilt wie $B(n; p)$", wenn gilt:

$$P(X = k) = B(n; p; k) = \binom{n}{k} \cdot p^k \cdot (1-p)^{n-k} \quad \text{für alle } k \in \{0, 1, \ldots, n\}$$

Eine Zufallsgröße, die bei einer ⇒ **Bernoullikette** (S. 157) der Länge n mit der Trefferwahrscheinlichkeit $p \in\,]0; 1[$ die Anzahl der Treffer angibt, ist binomialverteilt mit den Parametern n und p.

Die Binomialverteilung ist für $p = 0{,}5$ symmetrisch, d. h. für eine nach $B(n; 0{,}5)$ binomialverteilte Zufallsgröße X gilt $P(X = k) = P(X = n - k)$.

Kenngrößen der Binomialverteilung

Für eine binomialverteilte Zufallsgröße X mit den Parametern n und p gilt:

Erwartungswert: $E(X) = n \cdot p$ **Varianz:** $\mathrm{Var}(X) = n \cdot p \cdot (1-p)$

Standardabweichung: $\sigma = \sqrt{n \cdot p \cdot (1-p)}$

Beispiele

(1) Die Zufallsgröße X, die die Anzahl von „Wappen" beim dreimaligen Münzwurf angibt, ist binomialverteilt mit $n = 3$ und $p = 0{,}5$.

$P(X = 0) = \binom{3}{0} \cdot \left(\frac{1}{2}\right)^0 \cdot \left(\frac{1}{2}\right)^3 = \frac{1}{8}$, analog: $P(X = 1) = P(X = 2) = \frac{3}{8}$,

$P(X = 3) = \frac{1}{8}$

$E(X) = 3 \cdot 0{,}5 = 1{,}5$ $\mathrm{Var}(X) = 3 \cdot 0{,}5^2 = 0{,}75$ $\sigma = \sqrt{0{,}75} \approx 0{,}866$

(2) X ist wie $B(10; 0{,}25)$ verteilt

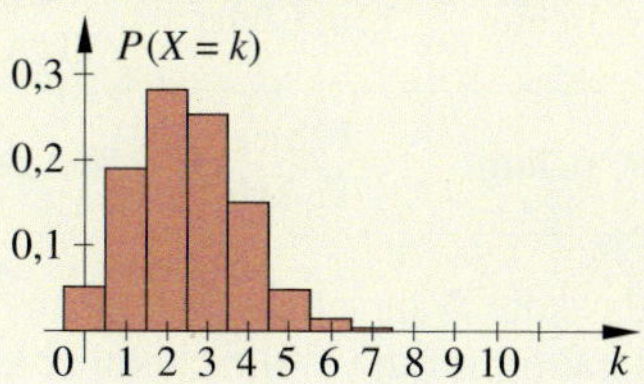

X ist wie $B(10; 0{,}5)$ verteilt

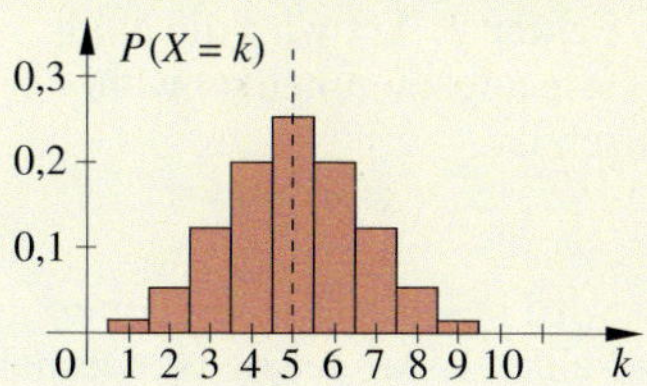

Siehe auch: ⇒ Kenngrößen einer Zufallsgröße, S. 153; ⇒ Formeln von Moivre-Laplace, S. 216

Hypothesentests

Grundbegriffe und Alternativtest

Ein **Hypothesentest** dient dazu, anhand einer beobachteten **Stichprobe** eine begründete Entscheidung zu treffen, ob eine **Hypothese** (Vermutung) über die Grundgesamtheit angenommen oder abgelehnt wird.

Häufig bezieht sich die Hypothese auf eine unbekannte Wahrscheinlichkeit p eines Ereignisses bei einem Zufallsexperiment. Dann ergibt eine Stichprobe mit n Einzelergebnissen eine ⇒ **Bernoullikette** (S. 157) der Länge n. Die Zufallsgröße X, die angibt, wie häufig das Ereignis bei der Stichprobe eintritt, nennt man auch Prüfgröße. Sie ist ⇒ **binomialverteilt** (S. 159) mit den Parametern n und p.

Bei einem **Alternativtest** werden zwei einander ausschließende Hypothesen betrachtet. Die **Nullhypothese** $\boldsymbol{H_0}$ (z. B. $p = p_0$) gibt oft einen bisherigen Kenntnisstand wieder, von dem man nicht leichtfertig abrücken möchte. Die **Gegenhypothese** H_1 (z. B. $p = p_1$) stellt eine neue zu prüfende Vermutung dar.

Die **Entscheidungsregel** gibt für jedes mögliche Stichprobenergebnis an, welche der beiden Hypothesen angenommen wird, indem vor Durchführung des Tests ein **Ablehnungsbereich** für die Nullhypothese festgelegt wird. Fällt die Prüfgröße X mit den Parametern n und p in den **Ablehnungsbereich** $A \subseteq \{0, 1, 2, \ldots, n\}$, wird die Nullhypothese abgelehnt und somit die Gegenhypothese angenommen. Fällt die Prüfgröße in den **Annahmebereich** $\{0, 1, 2, \ldots, n\} \backslash A$, wird die Nullhypothese angenommen (bzw. beibehalten) und die Gegenhypothese abgelehnt.

Da die Entscheidung eines Hypothesentests aufgrund einer Stichprobe erfolgt, kann es zu Fehlentscheidungen kommen:

Beim **Fehler 1. Art** wird die Nullhypothese abgelehnt, obwohl sie richtig ist.
Beim **Fehler 2. Art** wird die Nullhypothese angenommen, obwohl sie falsch ist.

	Entscheidung für H_0	Entscheidung für H_1
H_0 richtig	kein Fehler	**Fehler 1. Art**
H_1 richtig	**Fehler 2. Art**	kein Fehler

Meist wird besonderer Wert darauf gelegt, dass die Wahrscheinlichkeit für einen Fehler 1. Art gering ist. Deshalb wird häufig für die Wahrscheinlichkeit eines Fehlers 1. Art eine obere Grenze vorgegeben. (⇒ Signifikanztest, S. 162)

Stochastik

Beispiel

Eine Fabrik liefert Schrauben in zwei Qualitäten. In den Kisten der 1. Wahl ist jede Schraube mit einer Wahrscheinlichkeit von 0,1 nicht normgerecht, in den Kisten der 2. Wahl beträgt die Wahrscheinlichkeit hierfür 0,3. Ein Händler, der die Kisten weiterverkauft, möchte eine Kiste ohne Beschriftung zuordnen. Dazu entnimmt er eine Stichprobe von 20 Schrauben und überprüft sie.
Die Prüfgröße X gibt die Anzahl der nicht normgerechten Schrauben in der Stichprobe an. Es darf für X eine Binomialverteilung mit den Parametern p und $n = 20$ angenommen werden, weil eine Kiste sehr viele Schrauben enthält und deshalb die Entnahme einer Schraube die Wahrscheinlichkeit, ein fehlerhaftes Exemplar zu erwischen, nicht nennenswert ändert.

Nullhypothese H_0: Die Kiste ist 2. Wahl, d. h. $p = 0{,}3$
Gegenhypothese H_1: Die Kiste ist 1. Wahl, d. h. $p = 0{,}1$

Als Nullhypothese wird $p = 0{,}3$ gewählt, weil dann der Fehler 1. Art darin besteht, eine Kiste minderer Qualität als 1. Wahl einzustufen. Da der Verkauf einer solchen Kiste als 1. Wahl dem Ruf des Händlers schaden würde, sollte die Wahrscheinlichkeit dafür auf jeden Fall gering sein. Der Fehler 2. Art besteht darin, eine Kiste der 1. Wahl als 2. Wahl einzustufen.

Entscheidungsregel:
Entscheidung für H_0, falls $X > 3$ Annahmebereich von H_0: $\{4; 5; \ldots; 20\}$
Entscheidung für H_1, falls $X \leq 3$ Ablehnungsbereich von H_0: $\{0; 1; 2; 3\}$

$P(\text{„Fehler 1. Art“}) = P(\text{„}X \leq 3 \text{ bei } n = 20, p = 0{,}3\text{“}) = P_{0,3}^{20}(X \leq 3) \approx 10{,}7\,\%$

$P(\text{„Fehler 2. Art“}) = P(\text{„}X > 3 \text{ bei } n = 20, p = 0{,}1\text{“}) = 1 - P_{0,1}^{20}(X \leq 3) \approx 13{,}3\,\%$

(Die *Schreibweise* $P_p^n(X \leq k)$ soll verdeutlichen, dass X wie $B(n; p)$ verteilt ist.)

Um die Wahrscheinlichkeit für den Fehler 1. Art zu verringern, wird eine neue Entscheidungsregel getroffen: Entscheidung für H_0, falls $X > 2$, sonst für H_1.

Die Wahrscheinlichkeit für den Fehler 1. Art beträgt in diesem Fall nur noch $P_{0,3}^{20}(X \leq 2) \approx 3{,}5\,\%$, die für den Fehler 2. Art aber $1 - P_{0,1}^{20}(X \leq 2) \approx 32{,}3\,\%$.

Wird durch die Änderung der Entscheidungsregel (z. B. Verkleinerung des Ablehnungsbereichs) beim Alternativtest die Wahrscheinlichkeit für den Fehler 1. Art geringer, so steigt die Wahrscheinlichkeit für den Fehler 2. Art und umgekehrt. Die Verringerung beider Fehlerwahrscheinlichkeiten kann man erreichen, indem man den Umfang n der Stichprobe erhöht.

Signifikanztests

Ein **Signifikanztest** für eine unbekannte Wahrscheinlichkeit p ist ein Hypothesentest, bei dem für die Irrtumswahrscheinlichkeit (Wahrscheinlichkeit des Fehlers 1. Art) eine obere Grenze α (**Signifikanzniveau**) vorgegeben ist. Für α sind die Werte 5 %, 1 % und 0,1 % üblich. Fällt die (mit n und p binomialverteilte) Prüfgröße X der Stichprobe in den Ablehnungsbereich der Nullhypothese H_0 (**kritischer Bereich**), dann ist das Stichprobenergebnis **signifikant** für die Gültigkeit einer Gegenhypothese H_1.
Beim **einseitigen Signifikanztest zum Signifikanzniveau α** soll eine Vermutung, dass p größer bzw. kleiner als ein bestimmter Wert p_0 ist, überprüft werden. In der Regel stellt die Vermutung (welche z. B. auf neuen Erkenntnissen oder Annahmen beruht) die Gegenhypothese dar, die nur angenommen werden soll, wenn dabei die Irrtumswahrscheinlichkeit höchstens α beträgt.

linksseitig

H_0: $p \geq p_0$	H_1: $p < p_0$

Entscheidungsregel:

Ist $X > K$, so wird H_0 angenommen	Ist $X \leq K$, so wird H_1 angenommen

Ablehnungsbereich: $\{0; 1; \ldots; K\}$

Die Irrtumswahrscheinlichkeit $P(X \leq K)$ ist für $p = p_0$ am größten. Die **kritische Zahl K** ist die größte ganze Zahl, für die die Irrtumswahrscheinlichkeit bei $p = p_0$ höchstens α beträgt, d. h.

$$P(X \leq K) = P_{p_0}^{n}(X \leq K) \leq \alpha$$

rechtsseitig

H_0: $p \leq p_0$	H_1: $p > p_0$

Entscheidungsregel:

Ist $X < K$, so wird H_0 angenommen	Ist $X \geq K$, so wird H_1 angenommen

Ablehnungsbereich: $\{K; \ldots; n\}$

Die Irrtumswahrscheinlichkeit $P(X \geq K)$ ist für $p = p_0$ am größten. Die **kritische Zahl K** ist die kleinste ganze Zahl, für die die Irrtumswahrscheinlichkeit bei $p = p_0$ höchstens α beträgt, d. h.

$$P(X \geq K) = 1 - P_{p_0}^{n}(X \leq K - 1) \leq \alpha$$

(Die *Schreibweise* $P_p^n(X \leq k)$ soll verdeutlichen, dass X wie $B(n; p)$ verteilt ist.)

Die Wahrscheinlichkeit für die fälschliche Annahme der Nullhypothese hängt vom tatsächlichen Wert p ab. Sie ist umso geringer, je stärker sich p von p_0 unterscheidet (unter der Bedingung, die Gegenhypothese ist richtig). Die Wahrscheinlichkeit für den Fehler 2. Art kann man unter Beibehaltung des Signifikanzniveaus verringern, indem man den Umfang n der Stichprobe erhöht.

Beispiel

An einer Stichprobe von 100 Patienten soll zu einem Signifikanzniveau von 1% getestet werden, ob ein neues Medikament eine bessere Wirkung erzielt als ein altes, welches mit 60% Wahrscheinlichkeit eine ausreichende Wirkung zeigt.
Die Prüfgröße X gibt die Anzahl der Patienten in der Stichprobe an, bei denen das neue Medikament ausreichend wirkt; sie ist binomialverteilt mit den Parametern p und $n = 100$.

Nullhypothese H_0: $p \leq 0{,}6$ Gegenhypothese H_1: $p > 0{,}6$

Die kritische Zahl beträgt $K = 72$, da für $p = 0{,}6$ gilt:

$P(X \geq 72) = 1 - P_{0,6}^{100}(X \leq 71) \approx 0{,}0084 < 1\,\%$

$P(X \geq 71) = 1 - P_{0,6}^{100}(X \leq 70) \approx 0{,}0148 > 1\,\%$

Entscheidungsregel: Ist $A = \{0; 1; \ldots; 71\}$ eingetreten, so wird H_0 angenommen, andernfalls H_1. Der Ablehnungsbereich von H_0 ist also $\overline{A} = \{72; 73; \ldots; 100\}$.
Jedes Stichprobenergebnis mit $X \geq 72$ ist bei einem Signifikanzniveau von 1% signifikant dafür, dass das neue Medikament besser wirkt als das alte.

Beispiele für Wahrscheinlichkeiten für den Fehler 2. Art:
$p = 0{,}7$: $P(X < 72) = P_{0,7}^{100}(X \leq 71) \approx 62{,}3\,\%$ $p = 0{,}8$: $P(X < 72) \approx 2{,}0\,\%$

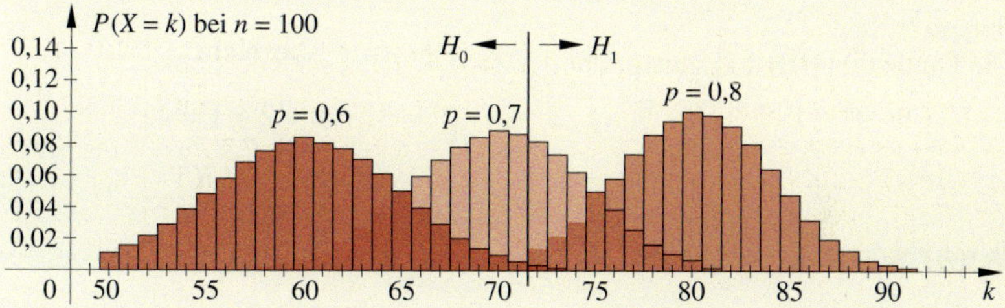

Je besser das neue Medikament wirkt (je größer p ist), desto geringer ist das Risiko, dass man es zu Unrecht als nicht wirksamer als das alte einstuft.

Bei einer Stichprobe von 500 Patienten lautet die Entscheidungsregel zum Signifikanzniveau 1%: Ist $X < 326$ wird H_0 angenommen, sonst H_1.

Die Wahrscheinlichkeit für den Fehler 2. Art beträgt dann z. B. für $p = 0{,}7$ nur noch rund 0,91%, für $p = 0{,}8$ ist sie kleiner als 10^{-14}.

Siehe auch: Ergänzungen und Vertiefungen ⇒ Zweiseitiger Signifikanztest, S. 217

Zahlen- und Ziffernsysteme

Römische Zahlen

Basiszahlzeichen

I: 1 **V**: 5 **X**: 10 **L**: 50 **C**: 100 **D**: 500 **M**: 1000

Steht ein Zahlzeichen mit kleinerem Wert vor einem mit größerem Wert, wird der Wert des vorne stehenden Zahlzeichens vom Wert des nachfolgenden Zahlzeichens subtrahiert. Ansonsten werden die Werte der Zahlzeichen addiert.

Natürliche Zahlen von 1 bis 12:

1 I	2 II	3 III	4 IV
5 V	6 VI	7 VII	8 VIII
9 IX	10 X	11 XI	12 XII

Beispiele

XXVI: $10 + 10 + 5 + 1 = 26$

CMXL: $(1000 - 100) + (50 - 10) = 940$

Dualsystem

Im **Dualsystem** sind die einzelnen Stellen **Potenzen von 2**. Jede Zahl lässt sich in diesem System ausschließlich mit den Ziffern **0** und **1** schreiben.

Beispiel

Die Dualzahl $[101011]_2$ entspricht der Zahl 43 des Zehnersystems:

$$\mathbf{1} \cdot 2^5 + \mathbf{0} \cdot 2^4 + \mathbf{1} \cdot 2^3 + \mathbf{0} \cdot 2^2 + \mathbf{1} \cdot 2^1 + \mathbf{1} \cdot 2^0 = 32 + 8 + 2 + 1 = 43$$

Hexadezimalsystem

Im **Hexadezimalsystem** sind die einzelnen Stellen **Potenzen von 16**.
Es gibt folgende Ziffern: **0, 1, 2, 3, 4, 5, 6, 7, 8, 9, A, B, C, D, E, F**
Die Ziffern A bis F haben die Werte 10, 11, 12, 13, 14, 15.

Beispiel

Die Hexadezimalzahl $[A03F]_{16}$ entspricht der Zahl 41 023 des Zehnersystems:

$$\mathbf{10} \cdot 16^3 + \mathbf{0} \cdot 16^2 + \mathbf{3} \cdot 16^1 + \mathbf{15} \cdot 16^0 = 40\,960 + 48 + 15 = 41\,023$$

Zahlenbereiche $\mathbb{N}$, $\mathbb{Q}$ und $\mathbb{R}$ (Ergänzungen)

Axiomatische Beschreibung der natürlichen Zahlen

Peano-Axiome

(P1) 1 ist eine natürliche Zahl.

(P2) Zu jeder natürlichen Zahl n gibt es genau eine natürliche Zahl, die ihr Nachfolger $(n + 1)$ genannt wird.

(P3) 1 ist kein Nachfolger.

(P4) Sind zwei natürliche Zahlen voneinander verschieden, so sind auch ihre Nachfolger voneinander verschieden.

(P5) Enthält eine Menge M natürlicher Zahlen die Zahl 1 und folgt für jedes $n \in M$, dass auch der Nachfolger von n Element von M ist, so besteht M aus allen natürlichen Zahlen, d. h. $M = \mathbb{N}$.

Aus (P5) ergibt sich das Beweisprinzip der **vollständigen Induktion**:

Eine Aussage gilt für alle natürlichen Zahlen $n \in \mathbb{N}$, wenn folgende Bedingungen erfüllt sind:

Induktionsanfang: Die Aussage gilt für $n = 1$.

Induktionsschritt: Wenn die Aussage für jede natürliche Zahl $m \leq n \in \mathbb{N}$ gilt (*Induktionsannahme*), so gilt sie auch für $n + 1$.

Beispiel

Behauptung: $1 + 2 + \ldots + n = \frac{n \cdot (n+1)}{2}$ gilt für alle $n \in \mathbb{N}$.

Beweis durch vollständige Induktion:

Induktionsanfang: Für $n = 1$ hat sowohl die linke Seite als auch die rechte Seite der Behauptung den Wert 1.

Induktionsscchritt: Mithilfe der *Induktionsannahme* $1 + 2 + \ldots + n = \frac{n \cdot (n+1)}{2}$

für $n \in \mathbb{N}$ ergibt sich $1 + 2 + \ldots + n + (n + 1) = \frac{n \cdot (n+1)}{2} + (n + 1)$.

Der Term auf der rechten Seite lässt sich zu $\frac{(n+1) \cdot (n+2)}{2}$ umformen.

q.e.d.

(„q.e.d.“ steht für „quod erat demonstrandum“ = „was zu beweisen war“.)

Weitere Eigenschaften der rationalen Zahlen

- $(\mathbb{Q}, +, \cdot)$ ist ein ⇒ Körper (S. 171).
- $\mathbb{Q}$ ist **abzählbar**, d. h. es gibt eine eineindeutige (= umkehrbar eindeutige) Zuordnung $\mathbb{Q} \to \mathbb{N}$.
  Mit dem **Cantor'schen Diagonalverfahren** können die positiven rationalen Zahlen nummeriert werden. Dabei werden Zahlen, die bereits nummeriert sind, übergangen $\left(\text{z. B. } \frac{1}{1} = \frac{2}{2} = \frac{3}{3} = \ldots\right)$.

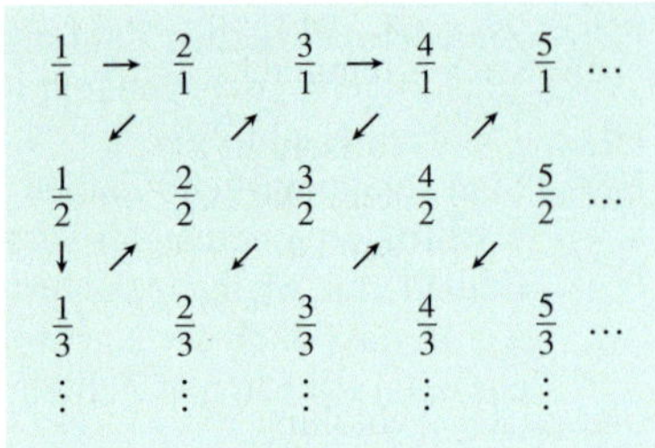

  Die rationalen Zahlen lassen sich wie folgt abzählen:

$$0 \to \frac{1}{1} \to -\frac{1}{1} \to \frac{2}{1} \to -\frac{2}{1} \to \frac{1}{2} \to -\frac{1}{2} \to \ldots$$

1 2 3 4 5 6 7 …

- Die rationalen Zahlen liegen **dicht**, d. h. zwischen zwei beliebigen rationalen Zahlen a und b mit $a < b$ liegt stets eine weitere rationale Zahl c mit $a < c < b$.
  $\left(\text{Für } c \text{ kann beispielsweise das arithmetische Mittel } \frac{a+b}{2} \text{ gewählt werden.}\right)$
- $\mathbb{Q}$ liegt **dicht in $\mathbb{R}$**, d. h. zu jeder Zahl $r \in \mathbb{R}$ gibt es rationale Zahlen, die beliebig nahe bei r liegen. (Zu $r \in \mathbb{R}$ und jedem $\varepsilon > 0$ existiert $q \in \mathbb{Q}$ mit $|q - r| < \varepsilon$.)
- $\mathbb{Q}$ ist **nicht vollständig**, d. h. es gibt ⇒ konvergente Folgen (S. 174) rationaler Zahlen, deren ⇒ Grenzwerte (S. 174) *nicht* rational sind.

Weitere Eigenschaften der reellen Zahlen

- $(\mathbb{R}, +, \cdot)$ ist ein ⇒ Körper (S. 171).
- $\mathbb{R}$ ist **nicht abzählbar**.
- $\mathbb{R}$ ist **vollständig**, d. h. die ⇒ Grenzwerte (S. 174) ⇒ konvergenter Folgen (S. 174) reeller Zahlen sind stets selbst reelle Zahlen.
- Da $\mathbb{Q}$ dicht in $\mathbb{R}$ liegt, gibt es zu jeder reellen Zahl r eine Folge mit rationalen Folgengliedern, deren ⇒ Grenzwert (S. 174) r ist.

Bestimmung von Näherungswerten für reelle Zahlen

Intervallschachtelung

Eine Folge abgeschlossener Intervalle $[a_n; b_n]$ mit $a_n, b_n \in \mathbb{R}$ und $a_n \leq b_n$ für alle $n \in \mathbb{N}$ bildet eine **Intervallschachtelung**, wenn gilt:

1. Die Folge (a_n) ist monoton steigend, die Folge (b_n) ist monoton fallend.
2. Die Intervalllängen $|b_n - a_n|$ streben mit wachsendem n gegen null.

Bei einer Intervallschachtelung ist jedes Intervall in dem vorhergehenden Intervall enthalten. Die Intervalllänge strebt gegen Null. Eine Zahl, die in jedem Intervall enthalten ist, heißt **innere Zahl** der Intervallschachtelung.

Beispiel

Intervallschachtelung $I_n = \left[1 - \frac{1}{n}; 1 + \frac{1}{n}\right]$ mit der inneren Zahl 1:

$I_1 = [0; 2]$ $I_2 = [0{,}5; 1{,}5]$ $I_3 = [0{,}\overline{6}; 1{,}\overline{3}]$ $I_4 = [0{,}75; 1{,}25]$ ...

Heronverfahren

Die näherungsweise Berechnung von Quadratwurzeln $\sqrt{a}$ für $a > 0$ ist mit dem **Heronverfahren** möglich:
Man wählt eine beliebige Zahl $x_1 > 0$, möglichst „in der Nähe" der geschätzten Quadratwurzel von a. Diese Zahl wählt man als Startwert für die rekursiv definierte Zahlenfolge (x_n) mit

$$\boldsymbol{x_{n+1} = \frac{1}{2}\left(x_n + \frac{a}{x_n}\right)} \qquad (n \in \mathbb{N})$$

Die Glieder der Folge (x_n) nähern sich der Zahl $\sqrt{a}$ mit wachsendem n immer genauer an. In der Regel liefert das Verfahren bereits nach wenigen Schritten sehr gute, auf mehrere Stellen nach dem Komma genaue Näherungswerte.

Beispiel
Heronverfahren für $\sqrt{2}$ und $x_1 = 1$:

$x_2 = 1{,}5$ $x_3 \approx 1{,}4167$ $x_4 \approx 1{,}414216$ $x_5 \approx 1{,}414213562$

Das Heronverfahren ist ein Spezialfall des ⇒ **Newtonverfahrens** (S. 71).

Siehe auch: ⇒ Folgen, Reihen und, Grenzwerte (S. 173 f.)

Komplexe Zahlen

Definition und Darstellung

Mithilfe der komplexen Zahlen lassen sich Gleichungen wie $x^2 = -1$ lösen, die keine reellen Lösungen haben. Dazu wird die „neue" Zahl $\mathrm{i} = \sqrt{-1}$ eingeführt. Diese Zahl wird als **imaginäre Einheit i** bezeichnet. Es gilt: $\mathbf{i^2 = -1}$.

Menge der komplexen Zahlen: $\mathbb{C} = \{a + b\,\mathrm{i} \mid a, b \in \mathbb{R}\}$

a heißt **Realteil**, b heißt **Imaginärteil** der komplexen Zahl $z = a + b\,\mathrm{i}$.
Eine komplexe Zahl $a + b\,\mathrm{i}$ ist für $b = 0$ reell. Deshalb ist $\mathbb{R} \subset \mathbb{C}$.
Eine komplexe Zahl $a + b\,\mathrm{i}$ mit $a = 0$ und $b \neq 0$ heißt **imaginäre Zahl**.

Für eine komplexe Zahl $z = a + b\,\mathrm{i}$ werden definiert:

Betrag: $|z| = \sqrt{a^2 + b^2}$ **konjugiert komplexe Zahl:** $\bar{z} = a - b\,\mathrm{i}$

Darstellung in der **Gauß'schen Zahlenebene**:
Eine komplexe Zahl $a + b\,\mathrm{i}$ lässt sich auch als geordnetes Zahlenpaar $(a; b)$ schreiben und somit im kartesischen Koordinatensystem darstellen. Dann gilt:

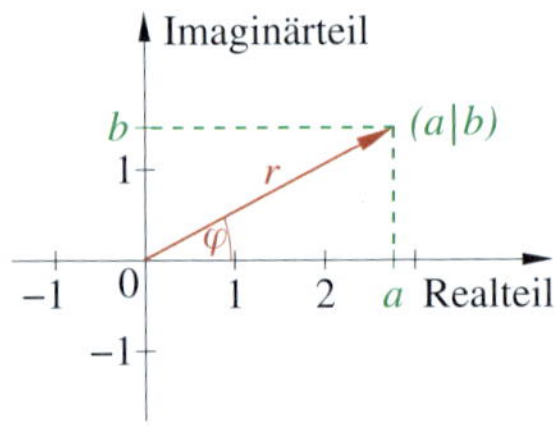

$a = r \cdot \cos\varphi$ $b = r \cdot \sin\varphi$

$r = \sqrt{a^2 + b^2}$ $\tan\varphi = \dfrac{b}{a}$

Darstellung der komplexen Zahl $z = a + b\,\mathrm{i}$ in ⇒ **Polarkoordinaten** (S. 196)
$z = (r \cdot \cos\varphi) + (r \cdot \sin\varphi)\mathrm{i} = r \cdot (\cos\varphi + \mathrm{i}\sin\varphi)$; $r = |z|$

Eulersche Formel: $\mathrm{e}^{\mathrm{i}\varphi} = \cos\varphi + \mathrm{i}\sin\varphi$ (insbesondere: $\mathrm{e}^{2\pi\mathrm{i}} = 1$ und $\mathrm{e}^{\pi\mathrm{i}} = -1$)

Mit der Eulerschen Formel erhält man die Darstellung der komplexen Zahl $z = a + b\,\mathrm{i}$ in **Exponentialform**: $z = r \cdot \mathrm{e}^{\mathrm{i}\varphi}$.

Rechenregeln

Mit komplexen Zahlen der Form $a + b\,\mathrm{i}$ lässt sich unter Beachtung von $\mathrm{i}^2 = -1$ wie mit reellen Zahlen rechnen, wenn man fordert, dass die in $\mathbb{R}$ gültigen Rechengesetze auch in $\mathbb{C}$ gelten **(Permanenzprinzip)**. $(\mathbb{C}, +, \cdot)$ ist ein ⇒ Körper (S. 171).

Für zwei komplexe Zahlen $z_1 = a_1 + b_1\mathrm{i}$ und $z_2 = a_2 + b_2\mathrm{i}$ gilt:

- z_1 und z_2 sind genau dann gleich, wenn $a_1 = a_2$ und $b_1 = b_2$.
- $z_1 + z_2 = (a_1 + a_2) + (b_1 + b_2)\mathrm{i}$
- $z_1 - z_2 = (a_1 - a_2) + (b_1 - b_2)\mathrm{i}$
- $z_1 \cdot z_2 = (a_1 a_2 - b_1 b_2) + (a_1 b_2 + b_1 a_2)\mathrm{i}$
- $z_1 : z_2 = \frac{z_1 \cdot \overline{z}_2}{|z_2|^2} = \frac{a_1 a_2 + b_1 b_2}{a_2^2 + b_2^2} + \frac{b_1 a_2 - a_1 b_2}{a_2^2 + b_2^2}\mathrm{i}$ für $z_2 \neq 0 + 0\mathrm{i}$

Entsprechend gilt für $z_1 = r_1 \cdot (\cos\varphi_1 + \mathrm{i}\sin\varphi_1)$ und $z_2 = r_2 \cdot (\cos\varphi_2 + \mathrm{i}\sin\varphi_2)$:

- z_1 und z_2 sind genau dann gleich, wenn $r_1 = r_2$ und $\varphi_1 = \varphi_2$.
- $z_1 + z_2 = (r_1 \cdot \cos\varphi_1 + r_2 \cdot \cos\varphi_2) + (r_1 \cdot \sin\varphi_1 + r_2 \cdot \sin\varphi_2)\mathrm{i}$
- $z_1 - z_2 = (r_1 \cdot \cos\varphi_1 - r_2 \cdot \cos\varphi_2) + (r_1 \cdot \sin\varphi_1 - r_2 \cdot \sin\varphi_2)\mathrm{i}$
- $z_1 \cdot z_2 = r_1 r_2[\cos(\varphi_1 + \varphi_2) + \sin(\varphi_1 + \varphi_2)\mathrm{i}]$
- $z_1 : z_2 = \frac{r_1}{r_2}[\cos(\varphi_1 - \varphi_2) + \sin(\varphi_1 - \varphi_2)\mathrm{i}]$ für $z_2 \neq 0 + 0\mathrm{i}$

In der Gauß'schen Ebene werden komplexe Zahlen wie Vektoren im $\mathbb{R}^2$ addiert.

Fundamentalsatz der Algebra

Fundamentalsatz der Algebra
Jede nichtkonstante Polynomfunktion $f(x) = a_n x^n + \ldots + a_2 x^2 + a_1 x + a_0$ mit $a_i, x \in \mathbb{C}$, $n \in \mathbb{N}$ und $a_n \neq 0$ hat mindestens eine Nullstelle.

Als Folgerung ergibt sich: Jedes nichtkonstante Polynom zerfällt im Komplexen in Linearfaktoren: $a_n x^n + \ldots + a_1 x + a_0 = a_n \cdot (x - x_1) \cdot \ldots \cdot (x - x_n)$; $x_i \in \mathbb{C}$
Eine Polynomfunktion vom Grad n hat (mit Vielfachheiten gezählt) genau n Nullstellen. Im Falle einer Polynomfunktion mit *reellen* Koeffizienten gilt: Ist z eine Nullstelle, dann ist auch $\overline{z}$ eine Nullstelle der Funktion.

Beispiel

$x^3 - x^2 + 4x - 4 = (x - 1) \cdot (x^2 + 4) = (x - 1) \cdot (x - 2\mathrm{i}) \cdot (x + 2\mathrm{i})$

$f(x) = x^3 - x^2 + 4x - 4$ hat drei Nullstellen: $x_1 = 1$; $x_2 = 2\mathrm{i}$; $x_3 = -2\mathrm{i}$

Algebraische Strukturen

Gruppen und Ringe

Eine Menge G mit einer Verknüpfung $*$ (kurz $(G, *)$) heißt **Halbgruppe** genau dann, wenn gilt:

(G1) $a * b \in G$ für alle $a, b \in G$ (Abgeschlossenheit)

(G2) $(a * b) * c = a * (b * c)$ für alle $a, b, c \in G$ (Assoziativgesetz)

Eine Halbgruppe $(G, *)$ heißt **Gruppe** genau dann, wenn gilt:

(G3) Es gibt ein **neutrales Element** $e \in G$ mit $e * a = a$ für alle $a \in G$.

(G4) Zu jedem $a \in G$ gibt es ein **inverses Element** $a^{-1} \in G$ mit $a^{-1} * a = e$.

Eine Gruppe $(G, *)$ heißt **abelsch** oder **kommutativ** genau dann, wenn gilt:

(G5) $a * b = b * a$ für alle $a, b \in G$ (Kommutativgesetz)

Die Bedingungen (G1) bis (G4) werden als **Gruppenaxiome** bezeichnet.

Ein **Ring** $(R, +, \cdot)$ ist eine Menge R mit zwei Verknüpfungen „+" (genannt „Addition") und „·" (genannt „Multiplikation"), sodass gilt:

(R1) $(R, +)$ ist eine abelsche Gruppe.

(R2) $(R, \cdot)$ ist eine Halbgruppe (nicht notwendig abelsch).

(R3) Die Multiplikation ist bzgl. der Addition distributiv:
$(a + b) \cdot c = a \cdot c + b \cdot c$ und $c \cdot (a + b) = c \cdot a + c \cdot b$ für alle $a, b, c \in R$

Beispiele

(1) Die natürlichen Zahlen bilden mit der Addition als Verknüpfung eine kommutative Halbgruppe $(\mathbb{N}, +)$.

(2) Die Halbgruppe $(\mathbb{N}, +)$ lässt sich durch Einführung der negativen Zahlen zur abelschen Gruppe $(\mathbb{Z}, +)$ mit dem neutralen Element 0 erweitern. Das inverse Element zu $a \in \mathbb{Z}$ ist die Zahl $-a \in \mathbb{Z}$.

(3) Die kommutative Halbgruppe $(\mathbb{N}, \cdot)$ lässt sich durch Einführung der Bruchzahlen zur Gruppe $(\mathbb{Q}^+, \cdot)$ erweitern. $(\mathbb{Q}^+, \cdot)$ ist eine abelsche Gruppe mit dem neutralen Element 1.
Das inverse Element zu $a \in \mathbb{Q}^+$ ist $\frac{1}{a}$ (Beachte: $0 \notin \mathbb{Q}^+$).

(4) $(\mathbb{Z}, +, \cdot)$ ist ein Ring.

Für weitere Beispiele siehe auch: ⇒ Körper

Körper

Eine Menge K mit einer Addition + und Multiplikation · (kurz $(K,+,\cdot)$) heißt **Körper** genau dann, wenn folgende **Körperaxiome** (K1) bis (K4) erfüllt sind:

(K1) $a + b \in K$ und $a \cdot b \in K$ für alle $a, b \in K$ (Abgeschlossenheit)

(K2) $(K,+)$ ist abelsche Gruppe.
Das neutrale Element wird mit 0 bezeichnet.

(K3) $(K \setminus \{0\}, \cdot)$ ist abelsche Gruppe.
Das neutrale Element wird mit 1 bezeichnet.

(K4) $(a + b) \cdot c = a \cdot c + b \cdot c$ für alle $a, b, c \in K$ (Distributivgesetz)

Beispiele

$(\mathbb{Q},+,\cdot)$, $(\mathbb{R},+,\cdot)$ und $(\mathbb{C},+,\cdot)$ (⇒ Komplexe Zahlen, S. 168) sind Körper.

	Addition	Multiplikation
neutrales Element in $\mathbb{Q}$, $\mathbb{R}$ und $\mathbb{C}$	0	1
inverses Element zu a in $\mathbb{Q}$ und $\mathbb{R}$	$-a$	$\frac{1}{a}$ $(a \neq 0)$
inverses Element zu $a + b\mathrm{i}$ in $\mathbb{C}$	$-a + (-b)\mathrm{i}$	$\frac{a}{a^2 + b^2} + \frac{-b}{a^2 + b^2}\mathrm{i}$ $(a + b\mathrm{i} \neq 0)$

Vektorräume

Eine Menge V mit einer Addition + und einer **Skalar-Multiplikation** · (kurz $(V,+,\cdot)$) heißt **Vektorraum** über den reellen Zahlen genau dann, wenn die folgenden Bedingungen (V1) bis (V10) erfüllt sind:

Bedingungen für die Addition:

(V1) $\vec{a} + \vec{b} \in V$ für alle $\vec{a}, \vec{b} \in V$ (Abgeschlossenheit)

(V2) $(\vec{a} + \vec{b}) + \vec{c} = \vec{a} + (\vec{b} + \vec{c})$ für alle $\vec{a}, \vec{b}, \vec{c} \in V$ (Assoziativgesetz)

(V3) Es gibt ein **neutrales Element** $\vec{0} \in V$ mit $\vec{0} + \vec{a} = \vec{a}$ für alle $\vec{a} \in V$.

(V4) Zu jedem $\vec{a} \in V$ gibt es ein **inverses Element** $-\vec{a} \in V$ mit $-\vec{a} + \vec{a} = \vec{0}$.

(V5) $\vec{a} + \vec{b} = \vec{b} + \vec{a}$ für alle $\vec{a}, \vec{b} \in V$ (Kommutativgesetz)

Bedingungen für die Skalar-Multiplikation:

(V6) $r \cdot \vec{a} \in V$ für alle $r \in \mathbb{R}$ und $\vec{a} \in V$ (Abgeschlossenheit)

(V7) $(r \cdot s) \cdot \vec{a} = r \cdot (s \cdot \vec{a})$ für alle $r, s \in \mathbb{R}$ und $\vec{a} \in V$ (Assoziativgesetz)

(V8) $(r + s) \cdot \vec{a} = r \cdot \vec{a} + s \cdot \vec{a}$ für alle $r, s \in \mathbb{R}$ und $\vec{a} \in V$ (1. Distributivgesetz)

(V9) $r \cdot (\vec{a} + \vec{b}) = r \cdot \vec{a} + r \cdot \vec{b}$ für alle $r \in \mathbb{R}$ und $\vec{a}, \vec{b} \in V$ (2. Distributivgesetz)

(V10) $1 \cdot \vec{a} = \vec{a}$ für alle $\vec{a} \in V$ (Multiplikation mit 1)

Die Bedingungen (V1) bis (V10) nennt man **Vektorraumaxiome**.
Die Bedingungen (V1) bis (V5) besagen, dass $(V, +)$ eine *abelsche Gruppe* ist.
(⇒ Gruppen, S. 170)

Die Elemente von V heißen **Vektoren**, die reellen Zahlen werden als **Skalare** bezeichnet.

Beispiele

(1) Die Menge $\mathbb{R}^n$ der n-Tupel $(a_1, a_2, \ldots, a_n)$ mit $a_1, \ldots, a_n \in \mathbb{R}$ und $n \in \mathbb{N}$ bildet mit der elementweisen Addition und Skalar-Multiplikation einen Vektorraum. Die Elemente dieses Vektorraums werden üblicherweise nicht als n-Tupel sondern als Spaltenvektoren $\begin{pmatrix} a_1 \\ \vdots \\ a_n \end{pmatrix}$ geschrieben.

Vektoraddition und die Skalarmultiplikation sehen dann so aus:

$$\begin{pmatrix} a_1 \\ \vdots \\ a_n \end{pmatrix} + \begin{pmatrix} b_1 \\ \vdots \\ b_n \end{pmatrix} = \begin{pmatrix} a_1 + b_1 \\ \vdots \\ a_n + b_n \end{pmatrix} \qquad r \cdot \begin{pmatrix} a_1 \\ \vdots \\ a_n \end{pmatrix} = \begin{pmatrix} r \cdot a_1 \\ \vdots \\ r \cdot a_n \end{pmatrix} \quad (r \in \mathbb{R})$$

(2) Die Menge der $(m \times n)$-Matrizen bildet mit der Matrizenaddition und der Skalar-Multiplikation einen Vektorraum. (⇒ Matrizen, S. 177)

(3) Die Menge der auf einer beliebigen Menge X definierten Funktionen $f\colon X \to \mathbb{R}$ mit Werten in den reellen Zahlen bildet mit folgenden Verknüpfungen einen Vektorraum.

$(f + g)(x) = f(x) + g(x)$; $\quad (r \cdot f)(x) = r \cdot f(x)$ für alle $x \in X$ und $r \in \mathbb{R}$

Folgen, Reihen und Grenzwerte

Zahlenfolgen

Eine reelle **Zahlenfolge** (a_n) besteht aus unendlich vielen reellen Zahlen a_1, a_2, a_3, …, die in einer bestimmten Reihenfolge angeordnet sind.
Eine Zahlenfolge ist eine ⇒ Funktion (S. 42) mit dem Definitionsbereich $D = \mathbb{N}$, die jedem **Index** $\boldsymbol{n}$ das **Folgenglied** $\boldsymbol{a_n}$ zuordnet.

rekursive Darstellung Das erste Folgenglied a_1 und eventuell noch weitere Folgenglieder werden angegeben. Für beliebiges $n \in \mathbb{N}$ wird das $(n + 1)$-te Folgenglied a_{n+1} durch vorangegangene Folgenglieder ausgedrückt.

explizite Darstellung Für das n-te Folgenglied a_n wird für $n \in \mathbb{N}$ ein Term zur Berechnung des Folgengliedes angegeben, der vom Index n abhängt.

Beispiel

Fibonacci-Folge: 1, 1, 2, 3, 5, 8, 13, 21, 34, 55, …

Rekursive Darstellung: $a_1 = a_2 = 1; \quad a_{n+2} = a_{n+1} + a_n$

Jedes Folgenglied ist die Summe der beiden vorhergehenden Folgenglieder.

Explizite Darstellung: $a_n = \dfrac{\left(\frac{1+\sqrt{5}}{2}\right)^n - \left(\frac{1-\sqrt{5}}{2}\right)^n}{\sqrt{5}}$

Häufig lässt sich auch aus der bloßen Aufzählung der ersten Folgenglieder erkennen, wie die weiteren Folgenglieder lauten. So könnte z. B. durch die Aufzählung 2, 3, 5, 7, 11, … die Folge der Primzahlen oder durch die Aufzählung 1, 2, 4, 9, 16, … die Folge der Quadratzahlen angedeutet werden.

Eine Zahlenfolge (a_n) heißt **arithmetische Folge**, wenn die Differenz zweier aufeinander folgender Glieder stets dieselbe reelle Zahl d ergibt:
rekursiv: a_1 gegeben; $a_{n+1} = a_n + d$
explizit: $a_n = a_1 + (n - 1) \cdot d$

Eine Zahlenfolge (a_n) heißt **geometrische Folge**, wenn der Quotient zweier aufeinander folgender Glieder stets dieselbe reelle Zahl $q \neq 0$ ergibt.
rekursiv: $a_1 \neq 0$ gegeben; $a_{n+1} = a_n \cdot q$
explizit: $a_n = a_1 \cdot q^{n-1}$

Beispiele

	arithmetische Folge	*geometrische Folge*
Aufzählung:	3, 5, 7, 9, 11, 13, …	6, 12, 24, 48, 96, 192, …
rekursiv:	$a_1 = 3;\quad a_{n+1} = a_n + 2$	$a_1 = 6;\quad a_{n+1} = a_n \cdot 2$
explizit:	$a_n = 3 + (n-1) \cdot 2 = 2n + 1$	$a_n = 6 \cdot 2^{n-1} = 3 \cdot 2^n$

Eine Zahlenfolge (a_n) heißt
- **monoton zunehmend**, wenn für alle $n \in \mathbb{N}$ gilt: $\boldsymbol{a_{n+1} \geq a_n}$
- **streng monoton zunehmend**, wenn für alle $n \in \mathbb{N}$ gilt: $\boldsymbol{a_{n+1} > a_n}$
- **monoton abnehmend**, wenn für alle $n \in \mathbb{N}$ gilt: $\boldsymbol{a_{n+1} \leq a_n}$
- **streng monoton abnehmend**, wenn für alle $n \in \mathbb{N}$ gilt: $\boldsymbol{a_{n+1} < a_n}$

Eine Zahlenfolge (a_n) heißt **nach oben beschränkt**, wenn es eine reelle Zahl S_o gibt, sodass für alle $n \in \mathbb{N}$ gilt: $\boldsymbol{a_n \leq S_o}$.
Jede Zahl S_o mit dieser Eigenschaft heißt **obere Schranke** der Zahlenfolge.

Eine Zahlenfolge (a_n) heißt **nach unten beschränkt**, wenn es eine reelle Zahl S_u gibt, sodass für alle $n \in \mathbb{N}$ gilt: $\boldsymbol{a_n \geq S_u}$.
Jede Zahl S_u mit dieser Eigenschaft heißt **untere Schranke** der Zahlenfolge.

Konvergenz und Divergenz; Grenzwerte

Eine Zahl g heißt **Grenzwert** einer Zahlenfolge (a_n), wenn es für jede reelle Zahl $\varepsilon > 0$ einen Index $n_0 \in \mathbb{N}$ gibt, sodass für alle $n \geq n_0$ gilt: $\boldsymbol{|a_n - g| < \varepsilon}$.
Man schreibt $\boldsymbol{\lim_{n \to \infty} a_n = g}$. („Limes von a_n für n gegen unendlich ist gleich g.“)

In diesem Fall ist für alle Folgenglieder ab einem Index n_0 der Abstand zu g kleiner als ε.

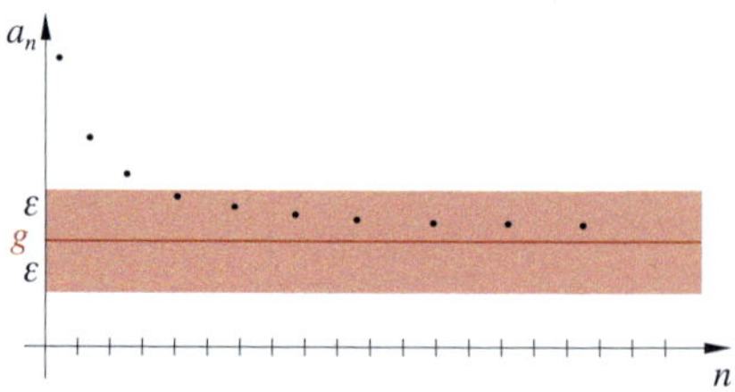

Eine Folge, die einen Grenzwert hat, heißt **konvergent**, andernfalls heißt sie **divergent**.

Eine Folge mit dem Grenzwert 0 heißt **Nullfolge**.

Beispiele
Nachweis von Konvergenz und Divergenz

(1) $\lim\limits_{n \to \infty} \frac{1}{n} = 0$ Beweis: $|a_n - 0| < \varepsilon \Leftrightarrow \frac{1}{n} < \varepsilon \Leftrightarrow \frac{1}{\varepsilon} < n$

Wählt man $n_0 > \frac{1}{\varepsilon}$, gilt für alle $n \geq n_0$: $|a_n - 0| < \varepsilon$.

(2) Die Folge (a_n) mit $a_n = (-1)^n$ ist divergent. Denn ist g irgendeine beliebige Zahl, so gilt entweder $|a_n - g| = |1 - g|$ oder $|a_n - g| = |-1 - g| = |1 + g|$, wie groß n auch immer sein mag. Zu $\varepsilon > 0$ mit $\varepsilon < \max\,(|1 - g|; |1 + g|)$ findet man also kein n_0, so dass für alle $n \geq n_0$ gilt: $|a_n - g| < \varepsilon$.

Einige spezielle Grenzwerte

$\lim\limits_{n \to \infty} \left(1 + \frac{1}{n}\right)^n = \mathrm{e} \approx 2{,}718$ $\lim\limits_{n \to \infty} \frac{a^n}{n!} = 0$ $\lim\limits_{n \to \infty} \sqrt[n]{a} = 1$ für $a > 0$

Kriterien für Konvergenz
- Jede *monotone* und *beschränkte* (nach oben und unten beschränkte) Zahlenfolge ist *konvergent*.
- Jede *unbeschränkte* (nach oben oder nach unten nicht beschränkte) Zahlenfolge ist *divergent*.

Eine ⇒ **arithmetische Folge** $(a_n = a_1 + (n - 1) \cdot d)$ ist für $d \neq 0$ *divergent*.

Eine ⇒ **geometrische Folge** $(a_n = a_1 \cdot q^{n-1})$ ist für $|q| > 1$ *divergent* und für $0 < |q| < 1$ *konvergent*.
Es gilt $\lim\limits_{n \to \infty} a_1 \cdot q^{n-1} = 0$ für $0 < |q| < 1$.

Beispiele

(1) Die ⇒ **Fibonacci-Folge** (a_n) (S. 173) ist unbeschränkt, also *divergent*.

(2) Die aus den Gliedern der Fibonacci-Folge gebildete Folge (b_n) mit $b_n = \frac{a_{n+1}}{a_n}$ ist dagegen konvergent; für sie gilt: $\lim\limits_{n \to \infty} \frac{a_{n+1}}{a_n} = \frac{\sqrt{5} + 1}{2} \approx 1{,}618$
(Dieser Grenzwert wird auch als „Goldene Zahl" bezeichnet, weil er das Teilverhältnis vom längeren zum kürzeren Abschnitt einer nach dem **Goldenen Schnitt** geteilten Strecke angibt. Eine Strecke ist nach dem Goldenen Schnitt geteilt, wenn der längere Abschnitt zum kürzeren im selben Verhältnis steht wie die gesamte Strecke zum längeren Abschnitt.)

Reihen

Die ***n*-te Partialsumme** einer Zahlenfolge $(a_n)_{n \in \mathbb{N}}$ ist die Summe $s_n = a_1 + a_2 + \ldots + a_n$ ihrer ersten n Glieder.
Die Folge (s_n) der Partialsummen heißt (unendliche) **Reihe**.

$$s_n = \sum_{k=1}^{n} a_k$$

Beispiel

Zu der Folge (a_n) mit $a_n = 2n - 1$ gehört die Reihe (s_n) mit $s_n = \sum_{k=1}^{n} 2k - 1$,
also $s_1 = 1$, $s_2 = 1 + 3 = 4$, $s_3 = 1 + 3 + 5 = 9$ usw.

spezielle Partialsummen:

$$\sum_{k=1}^{n} k = \frac{n(n+1)}{2}; \quad \sum_{k=1}^{n} k^2 = \frac{n(n+1)(2n+1)}{6}; \quad \sum_{k=1}^{n} k^3 = \left(\frac{n(n+1)}{2}\right)^2$$

Partialsummenfolgen arithmetischer bzw. geometrischer Folgen:

arithmetische Reihe $\quad s_n = \sum_{k=1}^{n} (a_1 + (k-1) \cdot d) = \frac{n}{2}(a_1 + a_n) = n \cdot a_1 + \frac{n(n-1)}{2} \cdot d$

geometrische Reihe $\quad s_n = \sum_{k=1}^{n} a_1 \cdot q^{k-1} = a_1 \cdot \frac{q^n - 1}{q - 1}$

Eine *geometrische Reihe* ist für $0 < |q| < 1$ *konvergent*:

$$\lim_{n \to \infty} s_n = \lim_{n \to \infty} \sum_{k=1}^{n} a_1 \cdot q^{k-1} = \sum_{k=1}^{\infty} a_1 \cdot q^{k-1} = \frac{a_1}{1-q}$$

Notwendige (aber nicht hinreichende) Bedingung für die **Konvergenz einer Reihe** (s_n) ist, dass die zugehörige Folge (a_n) eine *Nullfolge* ist.

Beispiele

(1) geometrische Reihe für $a_1 = 1$ und $q = \frac{1}{2}$: $\sum_{k=1}^{\infty} \left(\frac{1}{2}\right)^{k-1} = 1 + \frac{1}{2} + \frac{1}{4} + \ldots = 2$

(2) $1 - \frac{1}{3} + \frac{1}{5} - \frac{1}{7} + \frac{1}{9} - \ldots = \frac{\pi}{4}$

(3) $1 + \frac{1}{3^2} + \frac{1}{5^2} + \frac{1}{7^2} + \frac{1}{9^2} + \ldots = \frac{\pi^2}{8}$

(4) Die **harmonische Reihe** (s_n) mit $s_n = \sum_{k=1}^{n} \frac{1}{n} = 1 + \frac{1}{2} + \ldots + \frac{1}{n}$ ist divergent.

Matrizen und lineare Gleichungssysteme

Matrizen

Ein Schema reeller Zahlen mit ***m* Zeilen** und ***n* Spalten** heißt $(m \times n)$-**Matrix**.

$$A = (a_{ij}) = \begin{pmatrix} a_{11} & a_{12} & \dots & a_{1n} \\ a_{21} & a_{22} & \dots & a_{2n} \\ \vdots & \vdots & & \vdots \\ a_{m1} & a_{m2} & \dots & a_{mn} \end{pmatrix}$$

$m, n \in \mathbb{N}$

$a_{ij} \in \mathbb{R}$ heißen **Elemente** der Matrix.

$(i = 1, 2, \dots, m), (j = 1, 2, \dots, n)$

Die Matrix O, deren Elemente alle Null sind, heißt **Nullmatrix**.

Gleichheit

Zwei Matrizen $A = (a_{ij})$ und $B = (b_{ij})$ sind gleich, wenn $a_{ij} = b_{ij}$ für $i = 1, \dots, m$ und $j = 1, \dots, n$ gilt.

Addition/ Subtraktion

Zwei Matrizen $A = (a_{ij})$ und $B = (b_{ij})$ können addiert bzw. subtrahiert werden, wenn sie in Zeilenanzahl m und Spaltenanzahl n übereinstimmen. Dabei werden jeweils die Elemente an gleicher Position addiert bzw. subtrahiert.

$$A \pm B = \begin{pmatrix} a_{11} \pm b_{11} & a_{12} \pm b_{12} & \dots & a_{1n} \pm b_{1n} \\ a_{21} \pm b_{21} & a_{22} \pm b_{22} & \dots & a_{2n} \pm b_{2n} \\ \dots & \dots & & \dots \\ a_{m1} \pm b_{m1} & a_{m2} \pm b_{m2} & \dots & a_{mn} \pm b_{mn} \end{pmatrix}$$

Rechenregeln:
$\boldsymbol{A + B = B + A}$
$\boldsymbol{(A + B) + C = A + (B + C)}$
$\boldsymbol{A + O = A}$
$\boldsymbol{A - A = O}$

Skalar-Multiplikation

Eine reelle Zahl r kann mit einer Matrix $A = (a_{ij})$ multipliziert werden, indem sie mit jedem Element der Matrix multipliziert wird.

$$r \cdot A = \begin{pmatrix} ra_{11} & ra_{12} & ra_{1n} \\ ra_{21} & ra_{22} & ra_{2n} \\ \dots & \dots & \dots \\ ra_{m1} & ra_{m2} & ra_{mn} \end{pmatrix}$$

Rechenregeln:
$(r + s)\boldsymbol{A} = r\boldsymbol{A} + s\boldsymbol{A}$
$r(\boldsymbol{A} + \boldsymbol{B}) = r\boldsymbol{A} + r\boldsymbol{B}$
$r(s\boldsymbol{A}) = (rs)\boldsymbol{A}$
$1 \cdot \boldsymbol{A} = \boldsymbol{A}$
$0 \cdot \boldsymbol{A} = O$

Beispiele

$$\begin{pmatrix} 1 & 2 \\ -4 & 0 \\ -1 & 1{,}5 \end{pmatrix} + \begin{pmatrix} 5 & -1 \\ 0 & -3 \\ 1 & 7 \end{pmatrix} = \begin{pmatrix} 6 & 1 \\ -4 & -3 \\ 0 & 8{,}5 \end{pmatrix} \qquad 3 \cdot \begin{pmatrix} 4 & -6 \\ 0{,}5 & 1 \end{pmatrix} = \begin{pmatrix} 12 & -18 \\ 1{,}5 & 3 \end{pmatrix}$$

Die Menge der $(m \times n)$-Matrizen bildet mit der Addition und Skalar-Multiplikation einen ⇒ **Vektorraum** (S. 171).

Multiplikation

Zwei Matrizen $A = (a_{ij})$ und $B = (b_{ij})$ können multipliziert werden, wenn die Spaltenanzahl von A gleich der Zeilenanzahl von B ist. Ist A eine $(m \times n)$-Matrix und B eine $(n \times r)$-Matrix, so ist das Ergebnis $C = A \cdot B$ eine $(m \times r)$-Matrix. Ihre Elemente c_{ij} ergeben sich aus dem ⇒ Skalarprodukt (S. 123) der i-ten Zeile von A und der j-ten Spalte von B.

$$c_{ij} = \sum_{k=1}^{n} a_{ik} b_{kj} = a_{i1} b_{1j} + a_{i2} b_{2j} + \ldots + a_{in} b_{nj} \qquad (i = 1, \ldots, m;\ j = 1, \ldots, r)$$

Beispiel

$$\begin{pmatrix} 1 & 2 & -4 \\ 0 & 1 & 9 \\ -3 & -2 & 1 \end{pmatrix} \cdot \begin{pmatrix} 2 & 12 & 3 \\ -1 & 10 & 0 \\ 0 & -1 & 2 \end{pmatrix} = \begin{pmatrix} 0 & 36 & -5 \\ -1 & 1 & 18 \\ -4 & -57 & -7 \end{pmatrix}$$

Berechnung des Elementes c_{22} der Ergebnismatrix C:

$0 \cdot 12 + 1 \cdot 10 + 9 \cdot (-1) = 10 - 9 = 1$

Rechenregeln: $(A \cdot B) \cdot C = A \cdot (B \cdot C)$

$(A + B) \cdot C = A \cdot C + B \cdot C \qquad A \cdot (B + C) = A \cdot B + A \cdot C$

$(r \cdot A) \cdot (s \cdot B) = (r \cdot s) \cdot (A \cdot B) \qquad (r, s \in \mathbb{R})$

Im Allgemeinen gilt: $A \cdot B \neq B \cdot A$

(Die Multiplikation von Matrizen ist nicht kommutativ.)

Da man ⇒ Vektoren (S. 118 ff.) als Matrizen mit einer Spalte bzw. einer Zeile auffassen kann, lassen sich Matrizen (bei geeigneter Spalten- bzw. Zeilenanzahl) mit Vektoren multiplizieren.

Siehe auch: ⇒ Matrizendarstellung linearer Abbildungen, S. 202

Determinanten

Die **Determinante** (kurz **det**) ist eine Funktion, die einer quadratischen $(n \times n)$-Matrix A eine reelle Zahl $\det A$ (oder $|A|$) zuordnet.

Berechnung der Determinante einer (2×2)-Matrix:

$$\begin{vmatrix} a_{11} & a_{12} \\ a_{21} & a_{22} \end{vmatrix} = a_{11}a_{22} - a_{12}a_{21}$$

Schreibweisen:

$$\det A = \begin{vmatrix} a_{11} & a_{12} & \dots & a_{1n} \\ a_{21} & a_{22} & \dots & a_{2n} \\ \dots & \dots & \dots & \dots \\ a_{n1} & a_{n2} & \dots & a_{nn} \end{vmatrix}$$

$$= |\vec{a}_1 \quad \vec{a}_2 \quad \dots \quad \vec{a}_n|$$

Berechnung der Determinante einer (3×3)-Matrix:

$$\begin{vmatrix} a_{11} & a_{12} & a_{13} \\ a_{21} & a_{22} & a_{23} \\ a_{31} & a_{32} & a_{33} \end{vmatrix} = a_{11}a_{22}a_{33} + a_{12}a_{23}a_{31} + a_{13}a_{21}a_{32} - a_{13}a_{22}a_{31} - a_{11}a_{23}a_{32} - a_{12}a_{21}a_{33}$$

Schreibt man die beiden ersten Spalten noch einmal rechts neben die Matrix, zeigt die **Regel von Sarrus** (siehe rechts), welche Produkte addiert und welche subtrahiert werden.

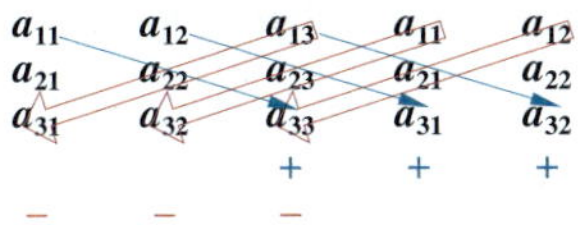

Beispiele

(1) $\begin{vmatrix} 5 & 12 \\ -3 & -7 \end{vmatrix} = -35 - (-36) = 1$

(2) $\begin{vmatrix} 1 & 2 & 4 \\ 0 & 1 & 9 \\ 3 & -2 & 1 \end{vmatrix} = 1 \cdot 1 \cdot 1 + 2 \cdot 9 \cdot 3 + 4 \cdot 0 \cdot (-2) - 4 \cdot 1 \cdot 3 - 1 \cdot 9 \cdot (-2) - 2 \cdot 0 \cdot 1 = 61$

Rechenregeln

- $\det(A \cdot B) = \det A \cdot \det B$
- Im Allgemeinen gilt: $\det(A + B) \neq \det A + \det B$
- $\det(r \cdot A) = r^n \cdot \det A$ $\quad$ ($r \in \mathbb{R}$, A ist $(n \times n)$-Matrix.)
- $\det B = -\det A$, wenn die Matrix B aus der Matrix A durch Vertauschen zweier Zeilen bzw. zweier Spalten entsteht.

Siehe auch: ⇒ Cramer'sche Regel, S. 180

Lineare Gleichungssysteme

Lineares Gleichungssystem mit **m Gleichungen** und **n Unbekannten** $x_1, x_2, \ldots, x_n$ $\quad (a_{ij}, b_i \in \mathbb{R})$:

$$\begin{matrix} a_{11}x_1 + a_{12}x_2 + \ldots + a_{1n}x_n = b_1 \\ a_{21}x_1 + a_{22}x_2 + \ldots + a_{2n}x_n = b_2 \\ \vdots \qquad\qquad\qquad \vdots \\ a_{m1}x_1 + a_{m2}x_2 + \ldots + a_{mn}x_n = b_m \end{matrix}$$

Mit der **Koeffizientenmatrix**

$A = \begin{pmatrix} a_{11} & a_{12} & \ldots & a_{1n} \\ a_{21} & a_{22} & \ldots & a_{2n} \\ \vdots & \vdots & & \vdots \\ a_{m1} & a_{m2} & \ldots & a_{mn} \end{pmatrix}$ und den Vektoren $\vec{x} = \begin{pmatrix} x_1 \\ \vdots \\ x_n \end{pmatrix}$ und $\vec{b} = \begin{pmatrix} b_1 \\ \vdots \\ b_m \end{pmatrix}$ kann das

lineare Gleichungssystem in Matrixschreibweise geschrieben werden: $A \cdot \vec{x} = \vec{b}$

Cramer'sche Regel

Ist ein lineares Gleichungssystem $A \cdot \vec{x} = \vec{b}$ mit **n Gleichungen** und **n Unbekannten eindeutig lösbar**, so gilt für die i-te Komponente der Lösung $x_i = \frac{\det A_i}{\det A}$, wobei A_i diejenige Matrix ist, die entsteht, wenn bei der Matrix A die i-te Spalte durch die Spalte $(b_1; b_2; \ldots; b_n)$ ersetzt wird.

Beispiel

(I) $\quad 4x + y - 2z = 10$
(II) $\quad x - 2y + 6z = -8$
(III) $\quad 24x + 8y + 12z = -20$

Mit $\det A = -268$, $\det A_1 = -536$, $\det A_2 = 1072$ und $\det A_3 = 804$ liefert die Cramer'sche Regel $x = 2$, $y = -4$ und $z = -3$.

$L = \{(2; -4; -3)\}$

Zum LGS gehörige Matrizen für die Anwendung der Cramer'schen Regel:

$A = \begin{pmatrix} 4 & 1 & -2 \\ 1 & -2 & 6 \\ 24 & 8 & 12 \end{pmatrix}$; $\quad A_1 = \begin{pmatrix} 10 & 1 & -2 \\ -8 & -2 & 6 \\ -20 & 8 & 12 \end{pmatrix}$;

$A_2 = \begin{pmatrix} 4 & 10 & -2 \\ 1 & -8 & 6 \\ 24 & -20 & 12 \end{pmatrix}$; $\quad A_3 = \begin{pmatrix} 4 & 1 & 10 \\ 1 & -2 & -8 \\ 24 & 8 & -20 \end{pmatrix}$

Gauß'sches Eliminationsverfahren

Das **Gauß'sche Eliminationsverfahren** ist ein algorithmisches Lösungsverfahren für lineare Gleichungssysteme. Bei dem Verfahren überführt man die **erweiterte Koeffizientenmatrix** eines linearen Gleichungssystems (siehe rechts)

$$\left(\begin{array}{cccc|c} a_{11} & a_{12} & \ldots & a_{1n} & b_1 \\ a_{21} & a_{22} & \ldots & a_{2n} & b_2 \\ \ldots & \ldots & \ldots & \ldots & \ldots \\ a_{m1} & a_{m2} & \ldots & a_{mn} & b_m \end{array}\right)$$

systematisch durch *elementare Zeilenumformungen* in eine **Stufenform**, aus der sich durch Einsetzen von unten nach oben die Lösungen des Gleichungssystems ermitteln lassen. (Durch elementare Zeilenumformungen der erweiterten Koeffizientenmatrix *ändert sich die Lösungsmenge nicht*.)

Elementare Zeilenumformungen
- Vertauschen zweier Zeilen
- Multiplikation einer Zeile mit einer reellen Zahl $r \neq 0$
- Addition einer Zeile zu einer anderen Zeile

Beispiele

genau eine Lösung

$$\begin{aligned} 2x + 2y + 4z &= -6 \\ 4x - y - z &= 1 \\ -3x + 7y - 5z &= 17 \end{aligned}$$

erweiterte Koeffizientenmatrix:

$$\left(\begin{array}{ccc|c} 2 & 2 & 4 & -6 \\ 4 & -1 & -1 & 1 \\ -3 & 7 & -5 & 17 \end{array}\right) \begin{array}{l} \\ +(-2) \cdot \text{Zeile I} \\ +1{,}5 \cdot \text{Zeile I} \end{array}$$

$$\left(\begin{array}{ccc|c} 2 & 2 & 4 & -6 \\ 0 & -5 & -9 & 13 \\ 0 & 10 & 1 & 8 \end{array}\right) \begin{array}{l} \\ \\ +2 \cdot \text{Zeile II} \end{array}$$

$$\left(\begin{array}{ccc|c} 2 & 2 & 4 & -6 \\ 0 & -5 & -9 & 13 \\ 0 & 0 & -17 & 34 \end{array}\right) \quad \text{Stufenform}$$

Zeile III: $-17z = 34 \Rightarrow z = -2$

Einsetzen in Zeile II:
$-5y - 9 \cdot (-2) = 13 \Rightarrow y = 1$

Einsetzen in Zeile I:
$2x + 2 \cdot 1 + 4 \cdot (-2) = -6 \Rightarrow x = 0$

Lösungsmenge: $L = \{(0;\ 1;\ -2)\}$

unendlich viele Lösungen

$$\begin{aligned} -2x - y + 2z &= 3 \\ 2y - 2z &= 6 \\ 4x + 2y - 4z &= -6 \end{aligned}$$

erweiterte Koeffizientenmatrix:

$$\left(\begin{array}{ccc|c} -2 & -1 & 2 & 3 \\ 0 & 2 & -2 & 6 \\ 4 & 2 & -4 & -6 \end{array}\right) \begin{array}{l} \\ \\ +2 \cdot \text{Zeile I} \end{array}$$

$$\left(\begin{array}{ccc|c} -2 & -1 & 2 & 3 \\ 0 & 2 & -2 & 6 \\ 0 & 0 & 0 & 0 \end{array}\right) \quad \text{Stufenform}$$

Zeile II: $2y - 2z = 6$
Wegen Zeile III kann z. B. z frei gewählt werden: $z = r \in \mathbb{R}$

Einsetzen in Zeile II:
$2y - 2r = 6 \Rightarrow y = r + 3$

Einsetzen in Zeile I ergibt:

$x = \frac{1}{2}r - 3$

Lösungsmenge:
$L = \left\{\left(\frac{1}{2}r - 3;\ r + 3;\ r\right) \middle|\ r \in \mathbb{R}\right\}$

Funktionen und Grenzwerte

Grenzwerte von Funktionen

Grenzwert einer Funktion an einer Stelle x_0

Eine reelle Zahl g heißt **Grenzwert** von f für $x \to x_0$, wenn für jede Folge (x_n) mit $x_n \in D_f$ und $x_n \neq x_0$, welche gegen x_0 konvergiert, die Folge der zugehörigen Funktionswerte $(f(x_n))$ gegen g konvergiert. (Die Stelle x_0 braucht nicht zum Definitionsbereich von f zu gehören.)
Man schreibt: $\boldsymbol{\lim\limits_{x \to x_0} f(x) = g}$ (gelesen: Limes von $f(x)$ für x gegen x_0 gleich g).

Grenzwertsätze für Funktionen

Ist $\lim\limits_{x \to x_0} f(x) = a$ und $\lim\limits_{x \to x_0} g(x) = b$ mit $a, b \in \mathbb{R}$, so gilt:

$\lim\limits_{x \to x_0} [f(x) + g(x)] = a + b$ $\qquad$ $\lim\limits_{x \to x_0} [f(x) - g(x)] = a - b$

$\lim\limits_{x \to x_0} [f(x) \cdot g(x)] = a \cdot b$ $\qquad$ $\lim\limits_{x \to x_0} \frac{f(x)}{g(x)} = \frac{a}{b}$ für $b \neq 0$

Regel von l'Hospital

Haben in einer Quotientenfunktion $q(x) = \frac{f(x)}{g(x)}$ sowohl die Zählerfunktion als auch die Nennerfunktion an der Stelle x_0 eine Nullstelle, und sind f und g beide in einer Umgebung der Stelle x_0 differenzierbar, so gilt:
Falls der Grenzwert $\lim\limits_{x \to x_0} \frac{f'(x)}{g'(x)}$ existiert, so existiert auch der Grenzwert $\lim\limits_{x \to x_0} \frac{f(x)}{g(x)}$, und es gilt $\lim\limits_{x \to x_0} \frac{f(x)}{g(x)} = \lim\limits_{x \to x_0} \frac{f'(x)}{g'(x)}$.

Die Regel gilt auch für $x \to \infty$ bzw. für $x \to -\infty$, falls Zähler und Nenner beide für $x \to \infty$ bzw. für $x \to -\infty$ gegen 0 streben.

Beispiel
Berechnung von $\lim\limits_{x \to 0} \frac{\sin x}{x}$ nach der Regel von l'Hospital:
Mit $f(x) = \sin x$ und $g(x) = x$ gilt $f'(x) = \cos x$ und $g'(x) = 1$.
Also gilt $\lim\limits_{x \to 0} \frac{f'(x)}{g'(x)} = \lim\limits_{x \to 0} \frac{\cos x}{1} = 1$ und somit $\lim\limits_{x \to 0} \frac{\sin x}{x} = 1$.

Stetigkeit von Funktionen

Eine Funktion f heißt **stetig** an der Stelle $x_0 \in D_f$ genau dann, wenn gilt

(1) $\lim\limits_{x \to x_0} f(x)$ existiert und

(2) $\lim\limits_{x \to x_0} f(x) = f(x_0)$.

Geometrische Interpretation:
Eine Funktion ist stetig, wenn man ihren Graphen in jedem zusammenhängenden Teil ihres Definitionsbereiches „ohne Abzusetzen in einem Zug zeichnen kann".

Beispiele

(1) Die Funktion f mit $f(x) = \begin{cases} \frac{1}{x} & (x \neq 0) \\ 0 & (x = 0) \end{cases}$

ist an der Stelle $x_0 = 0$ **nicht** stetig.

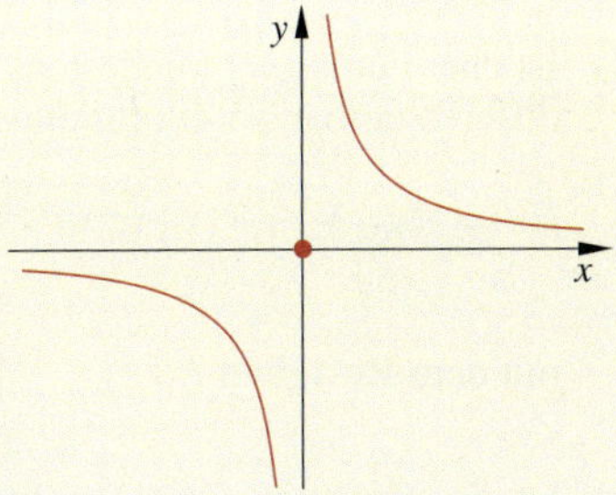

(2) Die Funktion f mit $f(x) = \begin{cases} \frac{\sin x}{x} & (x \neq 0) \\ 1 & (x = 0) \end{cases}$

ist stetig an der Stelle $x_0 = 0$.

Eine an einer Stelle x_0 differenzierbare Funktion f heißt **stetig differenzierbar** an der Stelle x_0, wenn ihre Ableitungsfunktion f' an der Stelle x_0 stetig ist.

Beispiel

Die Funktion f mit $f(x) = \begin{cases} x^2 \cdot \sin\left(\frac{1}{x}\right) & (x \neq 0) \\ 0 & (x = 0) \end{cases}$ ist an der Stelle $x_0 = 0$

differenzierbar, denn der Differentialquotient an der Stelle $x_0 = 0$ existiert:

$$\lim_{x \to 0} \frac{f(x) - f(0)}{x - 0} = \lim_{x \to 0} \frac{f(x)}{x} = \lim_{x \to 0} \left(x \sin\left(\frac{1}{x}\right)\right) = 0$$

Sie ist aber nicht stetig differenzierbar, denn die Ableitungsfunktion

$f'(x) = \begin{cases} 2x \cdot \sin\left(\frac{1}{x}\right) - \cos\left(\frac{1}{x}\right) & (x \neq 0) \\ 0 & (x = 0) \end{cases}$ ist an der Stelle $x_0 = 0$ nicht stetig,

weil $\lim\limits_{x \to 0} \left(2x \cdot \sin\left(\frac{1}{x}\right) - \cos\left(\frac{1}{x}\right)\right)$ nicht existiert.

Potenzreihen

Unter einer **Potenzreihe** versteht man eine unendliche Reihe der Form

$$\sum_{k=0}^{\infty} a_k (x - x_0)^k \text{ mit } a_k \in \mathbb{R},\, x,\, x_0 \in \mathbb{R}.$$

Zu jeder Potenzreihe gibt es eine Zahl $r \geq 0$, sodass die Reihe für alle x mit $|x - x_0| < r$ konvergiert und für alle x mit $|x - x_0| > r$ divergiert. Diese Zahl r heißt **Konvergenzradius** der Reihe.

Satz von Taylor

(1) Ist eine Funktion f mindestens $(n + 1)$-mal in einem Intervall I stetig differenzierbar, so gilt für alle $x, x_0 \in I$:

$$f(x) = f(x_0) + \frac{f'(x_0)}{1!}(x - x_0) + \frac{f''(x_0)}{2!}(x - x_0)^2 + \ldots + \frac{f^{(n)}(x_0)}{n!}(x - x_0)^n + R_n(x)$$

mit dem **Restglied** $R_n(x) = \frac{1}{n!}\int_{x_0}^{x} f^{(n+1)}(t) \cdot (x - t)^n \,\mathrm{d}t$

(2) Ist eine Funktion f in einem Intervall I beliebig oft differenzierbar und gilt für das Restglied $\lim_{n \to \infty} R_n(x) = 0$, so gilt für alle $x, x_0 \in I$:

$$f(x) = \sum_{k=0}^{\infty} \frac{f^{(k)}(x_0)}{k!}(x - x_0)^k.$$

Diese Reihe nennt man die **Taylor-Reihe** der Funktion f an der Stelle x_0. Ist speziell $x_0 = 0$, so spricht man auch von einer **MacLaurin-Reihe**.

Die Entwicklung von Funktionen in eine Taylor-Reihe ist für numerische Berechnungen häufig von Vorteil.
Die Exponentialfunktion $f(x) = \mathrm{e}^x$ und die Funktionen sin und cos sind in MacLaurin-Reihen entwickelbar, die auf ganz $\mathbb{R}$ konvergent sind. Es gilt:

$$\mathrm{e}^x = 1 + x + \frac{x^2}{2!} + \frac{x^3}{3!} + \frac{x^4}{4!} + \frac{x^5}{5!} + \ldots = \sum_{k=0}^{\infty} \frac{x^k}{k!}$$

$$\sin x = x - \frac{x^3}{3!} + \frac{x^5}{5!} - \frac{x^7}{7!} + \frac{x^9}{9!} \mp \ldots = \sum_{k=0}^{\infty} (-1)^k \frac{x^{2k+1}}{(2k+1)!}$$

$$\cos x = 1 - \frac{x^2}{2!} + \frac{x^4}{4!} - \frac{x^6}{6!} + \frac{x^8}{8!} \mp \ldots = \sum_{k=0}^{\infty} (-1)^k \frac{x^{2k}}{(2k)!}$$

Differential- und Integralrechnung (Ergänzungen)

Sätze der Differentialrechnung

Mittelwertsatz der Differentialrechnung
Wenn eine Funktion f im Intervall $[a, b]$ stetig und in $]a, b[$ differenzierbar ist, so gibt es eine Zahl ξ mit $a < \xi < b$ und

$$\frac{f(b) - f(a)}{b - a} = f'(\xi).$$

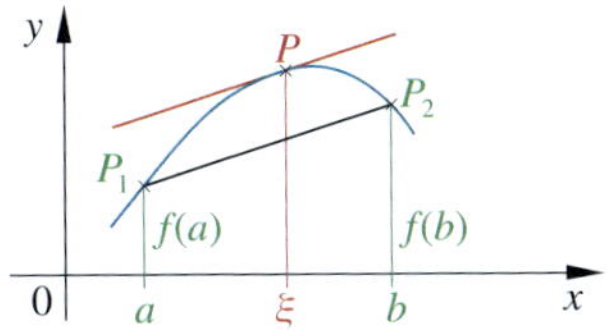

Geometrische Interpretation des Mittelwertsatzes:
Im Intervall $]a; b[$ gibt es eine Stelle ξ mit der Eigenschaft: Die Tangente an f im Punkt $P(\xi; f(\xi))$ hat die gleiche Steigung wie die Sekante durch P_1 und P_2.

Lokaler Trennungssatz
Es sei f eine im Punkt x_0 differenzierbare Funktion.
- Gilt $f'(x_0) > 0$, so gibt es eine Umgebung $U(x_0)$, so dass für alle $x \in U(x_0)$ gilt: $x < x_0 \Rightarrow f(x) < f(x_0)$ und $x > x_0 \Rightarrow f(x) > f(x_0)$
- Gilt $f'(x_0) < 0$, so gibt es eine Umgebung $U(x_0)$, so dass für alle $x \in U(x_0)$ gilt: $x < x_0 \Rightarrow f(x) > f(x_0)$ und $x > x_0 \Rightarrow f(x) < f(x_0)$

Achtung: Der lokale Trennungssatz liefert für die Umgebung $U(x_0)$ keine Monotonieaussage für die Funktion f.

Beispiel
Die Funktion $f(x) = \begin{cases} x^2 \sin\left(\frac{1}{x}\right) + \frac{1}{2}x & \text{für } x \neq 0 \\ 0 & \text{für } x = 0 \end{cases}$ ist überall differenzierbar,

und es gilt $f'(0) = 0{,}5 > 0$. Nach dem lokalen Trennungssatz gilt in einer kleinen Umgebung der Null: $x > 0 \Rightarrow f(x) > 0$ und $x < 0 \Rightarrow f(x) < 0$. Die Funktion ist aber in keiner noch so kleinen Umgebung der 0 monoton. Zum Beweis dieser Aussage genügt es, zu zeigen, dass die Ableitungsfunktion von f in jeder Umgebung der 0 sowohl positive als auch negative Werte annimmt. Hat man das gezeigt, so folgt die Behauptung aus den notwendigen und hinreichenden Bedingungen für Monotonie. (⇒ Anwendungen der Ableitungsfunktion, S. 68 ff.)

Definition des Integrals mit Ober- und Untersummen

Es sei f eine auf $[a, b]$ definierte beschränkte Funktion. Das Intervall $[a, b]$ werde durch reelle Zahlen x_i, $i = 0, 1, \ldots, n$ mit $a = x_0 < x_1 < x_2 < \ldots < x_{n-1} < x_n = b$ in n Teilintervalle zerlegt. Es sei M_i die kleinste obere Schranke und m_i die größte untere Schranke der Funktionswerte von f im Teilintervall $[x_{i-1}, x_i]$.

$S_n = \sum_{i=1}^{n} M_i \cdot (x_i - x_{i-1})$ heißt **Obersumme**, $s_n = \sum_{i=1}^{n} m_i \cdot (x_i - x_{i-1})$ heißt **Untersumme** der Funktion f für die vorgenommene Zerlegung.

Die **Funktion f heißt integrierbar auf $[a, b]$** genau dann, wenn gilt:
(i) Für jede Folge von Zerlegungen des Intervalls $[a, b]$ mit der Eigenschaft, dass die Längen der längsten Teilintervalle von Zerlegung zu Zerlegung eine Nullfolge bilden, konvergieren die Folgen (S_n) und (s_n) der Ober- und der Untersummen der Funktion f zur n-ten Zerlegung gegen denselben Grenzwert.
(ii) Der gemeinsame Grenzwert der Folgen (S_n) und (s_n) hängt nicht von der speziellen Zerlegungsfolge ab, solange diese die Eigenschaft (i) hat.

Definition des bestimmten Integrals

Ist eine Funktion f auf dem Intervall $[a, b]$ integrierbar, so heißt der gemeinsame Grenzwert der Folgen (S_n) und (s_n) der Ober- und Untersummen das **bestimmte Integral** der Funktion f auf dem Intervall $[a, b]$.

Man schreibt dann:

$$\int_a^b f(x)\,\mathrm{d}x = \lim_{n \to \infty} S_n = \lim_{n \to \infty} s_n$$

Für $a = b$ und $a > b$ setzt man fest:

$$\int_a^a f(x)\,\mathrm{d}x = 0 \quad \text{und} \quad \int_a^b f(x)\,\mathrm{d}x = -\int_b^a f(x)\,\mathrm{d}x, \text{ falls } a > b \text{ ist.}$$

Bemerkung: Im Abschnitt ⇒ Integralrechnung (S. 74 ff.) wurde das bestimmte Integral von vornherein als Flächenbilanz definiert. Dabei ist strenggenommen nicht geklärt, ob und auf welche Weise einer teilweise von einem Funktionsgraphen begrenzten Fläche stets ein wohldefinierter Flächeninhalt zugeordnet werden kann. Die Definition mit Ober- und Untersummen liefert gerade darauf die Antwort: Der fragliche Flächeninhalt kann definiert werden als der Wert des bestimmten Integrals (falls dieses existiert).

Regeln und Sätze zur Integralrechnung

Mittelwertsatz der Integralrechnung
Zu jeder in einem Intervall $[a, b]$ stetigen Funktion f existiert mindestens eine Zahl $\xi \in [a, b]$, so dass gilt:

$$\int_a^b f(x)\,\mathrm{d}x = f(\xi) \cdot (b - a)$$

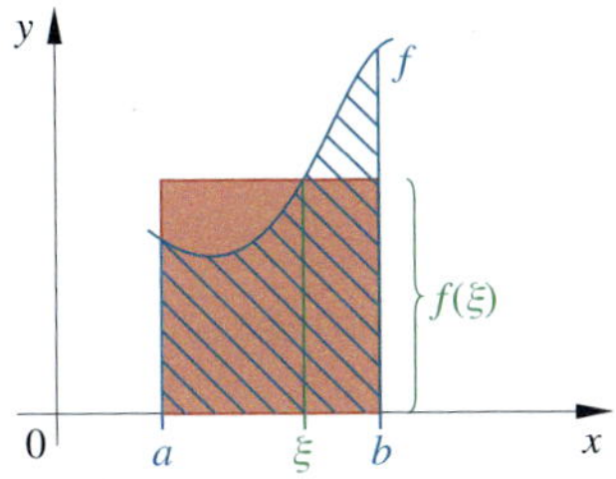

Geometrische Interpretation des Mittelwertsatzes:
Im Intervall $[a, b]$ gibt es eine Stelle ξ, so dass das Rechteck mit den Seitenlängen $f(\xi)$ und $(b - a)$ den gleichen Flächeninhalt hat wie die Fläche unter dem Graphen von f in den Grenzen a und b.

Integration durch Substitution (Substitutionsregel)
Ist f eine auf dem Intervall $I =]a, b[$ stetige und g eine auf dem Intervall $I =]a, b[$ stetig differenzierbare Funktion, so gilt:

$$\int_a^b f(x)\,\mathrm{d}x = \int_{g^{-1}(a)}^{g^{-1}(b)} f(g(t)) \cdot g'(t)\,\mathrm{d}t \quad \text{mit} \quad x = g(t)$$

Beispiel
Um das bestimmte Integral $\int_1^2 \frac{\mathrm{d}x}{\sqrt{5x - 3}}$ zu berechnen, substituiert man $x = g(t) = \frac{t + 3}{5}$. Der Integrand bekommt dann die Form $f(g(t)) = \frac{1}{\sqrt{t}}$, und die Integrationsgrenzen verändern sich mit $g^{-1}(x) = 5x - 3$ zu $g^{-1}(1) = 2$ und $g^{-1}(2) = 7$. Mit $g'(t) = \frac{1}{5}$ erhält man:

$$\int_1^2 \frac{\mathrm{d}x}{\sqrt{5x - 3}} = \int_2^7 \frac{1}{\sqrt{t}} \cdot \frac{1}{5}\,\mathrm{d}t = \frac{1}{5}\left[2t^{\frac{1}{2}}\right]_2^7 = \frac{2}{5}(\sqrt{7} - \sqrt{2})$$

(Eine Stammfunktion von f ist nach dieser Rechnung $F(x) = \frac{2}{5}\sqrt{5x - 3}$.)

Funktionen

Partielle Integration (Produktintegration)

Es seien u und v auf $I =]a, b[$ stetig differenzierbare Funktionen. Dann gilt:

$$\int_a^b u(x) \cdot v'(x)\,\mathrm{d}x = [u(x) \cdot v(x)]_a^b - \int_a^b u'(x) \cdot v(x)\,\mathrm{d}x$$

Beispiel

Gesucht ist eine Stammfunktion F von $f(x) = x \cdot \cos x$.

Setzt man $v'(x) = \cos x$ und $u(x) = x$, so ist $v(x) = \sin x$ und $u'(x) = 1$, und damit

$$F(x) = \int x \cdot \cos x\,\mathrm{d}x = x \cdot \sin x - \int \sin x\,\mathrm{d}x = x \cdot \sin x + \cos x + c \quad \text{mit } c \in \mathbb{R}.$$

Bemerkung: Der Ansatz $v'(x) = x$ und $u(x) = \cos x$ führt nicht zum Erfolg.

Volumenberechnung durch Integration

Lässt man den Graphen einer Funktion f zum Beispiel um die x-Achse bzw. um die y-Achse rotieren, so entsteht ein Rotationskörper.
Für sein Volumen gilt
bei **Rotation um die x-Achse:**

$$V_x = \pi \int_{x_1}^{x_2} [f(x)]^2\,\mathrm{d}x \quad (x_1 < x_2);$$

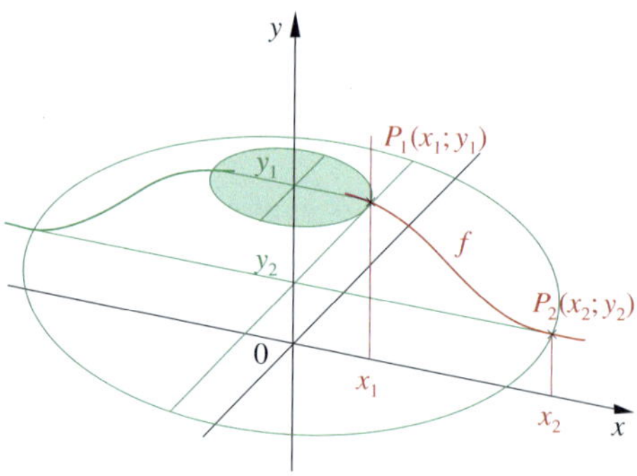

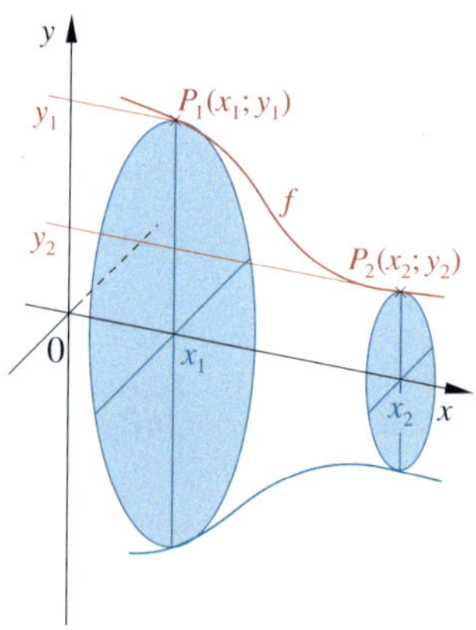

bei **Rotation um die y-Achse:**

$$V_y = \pi \int_{y_1}^{y_2} [g(y)]^2\,\mathrm{d}y, \quad (y_1 < y_2;$$

g ist die Umkehrfunktion von f)

Näherungsverfahren zur Integration

Trapezverfahren

Das Integrationsintervall $[a, b]$ wird durch eine Folge von Teilungspunkten $a = x_0 < x_1 < x_2 < \ldots < x_{n-1} < x_n = b$ in $n\,(n \in \mathbb{N})$ gleich breite Teilintervalle zerlegt.

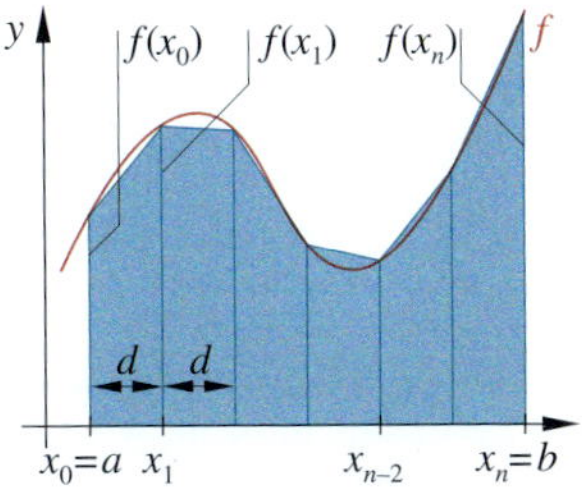

Mit $d = \frac{b-a}{n} = \frac{x_n - x_0}{n}$ erhält man für den Flächeninhalt A folgende Näherung:

$$A \approx \sum_{k=1}^{n} \frac{1}{2}(f(x_{k-1}) + f(x_k)) \cdot d \quad \text{bzw.}$$

$$A = \int_a^b f(x)\,\mathrm{d}x \approx \left(\frac{f(x_0) + f(x_n)}{2} + \sum_{k=1}^{n-1} f(x_k)\right) \cdot d$$

Simpson'sche Regel

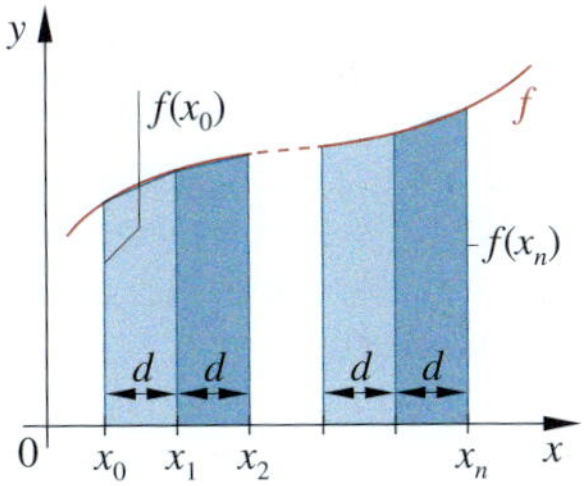

Das Integrationsintervall $[x_0, x_n]$ wird durch $x_0 < x_1 < x_2 < \ldots < x_{n-1} < x_n$ ($n \in \mathbb{N}$, n gerade) in n gleich breite Teilintervalle zerlegt.
Über jedem Intervall $[x_{2k}, x_{2k+2}]$ – bestehend aus zwei benachbarten Teilintervallen – wird die Fläche unter dem Graphen von f durch die Fläche unter dem *Parabelbogen* durch die Punkte $(x_{2k}|f(x_{2k}))$, $(x_{2k+1}|f(x_{2k+1}))$ und $(x_{2k+2}|f(x_{2k+2}))$ angenähert.
Die Genauigkeit ist bei gleich vielen Stützpunkten i. A. größer als beim Trapezverfahren.

Mit $d = \frac{x_n - x_0}{n}$, n gerade, gilt:

$$A = \int_{x_0}^{x_n} f(x)\,\mathrm{d}x \approx \frac{d}{3} \cdot [f(x_0) + f(x_n) + 2 \cdot (f(x_2) + f(x_4) + \ldots + f(x_{n-2})) + 4 \cdot (f(x_1) + f(x_3) + \ldots + f(x_{n-1}))]$$

Kepler'sche (Fass-)Regel

Die Kepler'sche Fassregel ist der Spezialfall der Simpson'schen Regel für $n = 2$.

Mit $d = \frac{x_2 - x_0}{2}$ gilt: $\quad A = \int_{x_0}^{x_2} f(x)\,\mathrm{d}x \approx \frac{d}{3} \cdot [f(x_0) + 4 \cdot f(x_1) + f(x_2)]$

Uneigentliche Integrale

(1) Der Integrationsbereich ist nach mindestens einer Seite nicht beschränkt:
Ist f eine auf jedem Teilintervall von $[a, \infty[$ bzw. von $]-\infty, b]$ bzw. von $\mathbb{R}$ integrierbare Funktion, so definiert man:

$$\int_a^{\infty} f(x)\,\mathrm{d}x = \lim_{b \to \infty} \int_a^b f(x)\,\mathrm{d}x \quad \text{und} \quad \int_{-\infty}^{b} f(x)\,\mathrm{d}x = \lim_{a \to -\infty} \int_a^b f(x)\,\mathrm{d}x$$

$$\int_{-\infty}^{\infty} f(x)\,\mathrm{d}x = \int_{-\infty}^{a} f(x)\,\mathrm{d}x + \int_a^{\infty} f(x)\,\mathrm{d}x \qquad (a \in \mathbb{R} \text{ beliebig; z.B. } a = 0)$$

(2) Der Integrand ist an der unteren oder oberen Grenze nicht beschränkt:
Ist f eine auf $]a, b]$ bzw. auf $[a, b[$ integrierbare Funktion, und gilt $f(x) \to \pm\infty$ für $x \to a$, $x > a$ bzw. $f(x) \to \pm\infty$ für $x \to b$, $x < b$, so definiert man:

$$\int_a^b f(x)\,\mathrm{d}x = \lim_{\substack{t \to a \\ t > a}} \int_t^b f(x)\,\mathrm{d}x \quad \text{bzw.} \quad \int_a^b f(x)\,\mathrm{d}x = \lim_{\substack{t \to b \\ t < b}} \int_a^t f(x)\,\mathrm{d}x$$

Die in (1) und (2) definierten Integrale heißen **uneigentliche Integrale**. Die auftretenden Grenzwerte können existieren oder nicht existieren. Falls ein solcher Grenzwert existiert, so sagt man, dass das betreffende uneigentliche Integral existiert.

Beispiel

Ist $a \in \mathbb{R}^+$, so gilt für

$$k > 1: \quad \int_a^{\infty} \frac{1}{x^k}\,\mathrm{d}x = -\frac{a^{1-k}}{1-k},$$

$$0 < k < 1: \quad \int_0^{a} \frac{1}{x^k}\,\mathrm{d}x = \frac{a^{1-k}}{1-k}.$$

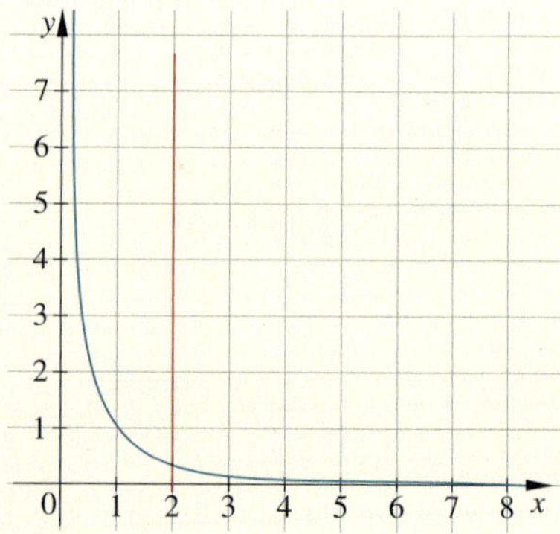

Insbesondere hat also z. B. die unbegrenzte Fläche zwischen der senkrechten Geraden $x = 2$, der x-Achse und dem Graphen der Funktion $f(x) = \frac{1}{x^{1,5}}$ den endlichen Flächeninhalt $\int_2^{\infty} \frac{1}{x^{1,5}}\,\mathrm{d}x = -\frac{2^{1-1,5}}{1-1,5} = \sqrt{2}$.

Wachstumsprozesse und Differentialgleichungen

Exponentielles Wachstum

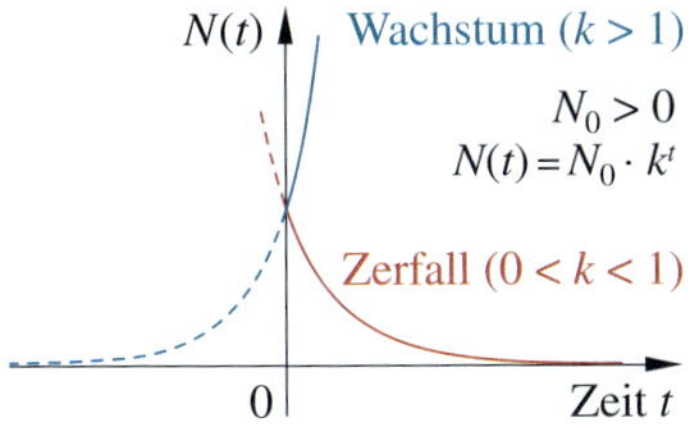

Die wachsende Größe erhöht (vermindert) sich in gleichen Zeitspannen jeweils mit dem gleichen Wachstumsfaktor k. Die Veränderung ist zu jedem Zeitpunkt proportional zum vorhandenen Bestand. Der Proportionalitätsfaktor ist der Wachstumsfaktor k. Absoluter Zuwachs bzw. absolute Abnahme hängen von der vorhandenen Menge N_t ab. Der *Rekursionsformel* $N_{t+1} = N_t \cdot k$ entspricht die Beschreibung mit Differentialgleichungen:
Die **Änderungsrate** $f'(x)$ der Wachstumsfunktion f ist zu $f(x)$ proportional (unabhängig von x): $f'(x) = \lambda \cdot f(x)$ mit $\lambda \neq 0$.
Die Lösung dieser Differentialgleichung zur Anfangsbedingung $f(0) = a$ ist $f(x) = a \cdot e^{\lambda x}$. Für $\lambda > 0$ liegt exponentielles Wachstum vor, für $\lambda < 0$ exponentieller Zerfall.

Logistisches Wachstum

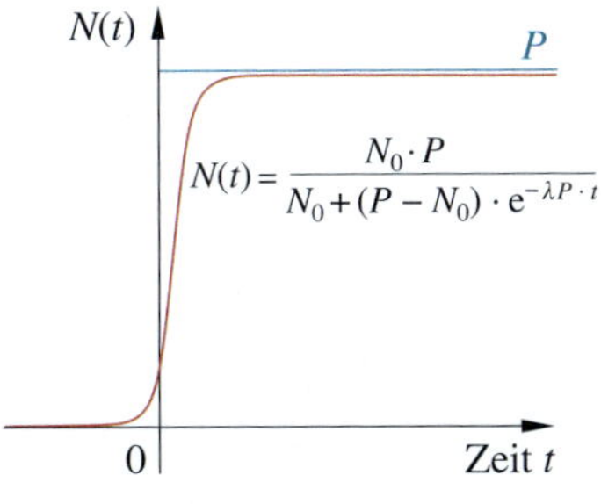

Bei zahlreichen Wachstumsprozessen ist unbegrenztesWachstum nicht möglich, z. B. bei Populationsentwicklungen. Es gibt dann eine obere Schranke P für die Wachstumsfolge $N_0; N_1; N_2 \ldots$.
Wenn die Differenz $(P - N_t)$ klein wird, so wird auch der absolute Zuwachs klein. Er ist zu der vorhandenen Menge N_t und zu $(P - N_t)$ proportional.
Rekursionsformel:
$N_{t+1} = N_t + \lambda \cdot N_t \cdot (P - N_t)$.

Beschreibung mit Differentialgleichungen:
Die Änderungsrate $f'(x)$ ist sowohl zu $f(x)$ als auch zur Differenz $P - f(x)$ proportional: $f'(x) = \lambda \cdot f(x) \cdot (P - f(x))$; $\lambda > 0$
Die Lösung dieser Differentialgleichung zur Anfangsbedingung $f(0) = a < P$ ist

$$f(x) = \frac{a \cdot P}{a + (P - a) \cdot e^{-\lambda P x}}$$

Weitere spezielle Funktionen und Klassen von Funktionen

Trigonometrische Funktionen (Ergänzung)

Tangensfunktion: $f(x) = \tan x = \frac{\sin x}{\cos x}$; $D_f = \mathbb{R} \setminus \left\{ \frac{\pi}{2} + k \cdot \pi \,\middle|\, k \in \mathbb{Z} \right\}$, $W_f = \mathbb{R}$

f hat unendlich viele **Nullstellen**: $x_k = k \cdot \pi$ mit $k \in \mathbb{Z}$

Die Tangensfunktion ist **periodisch** mit der (kleinsten) Periode π.

Der Graph ist **punktsymmetrisch** zum Ursprung und zu den Schnittpunkten mit der x-Achse.

Bei den Definitionslücken $x = \frac{\pi}{2} + k \cdot \pi$ mit $k \in \mathbb{Z}$ befinden sich **Polstellen**. Der Graph nähert sich dort von beiden Seiten **asymptotisch** der Parallelen zur y-Achse. Zwischen zwei benachbarten Definitionslücken ist der Graph jeweils **streng monoton steigend**.

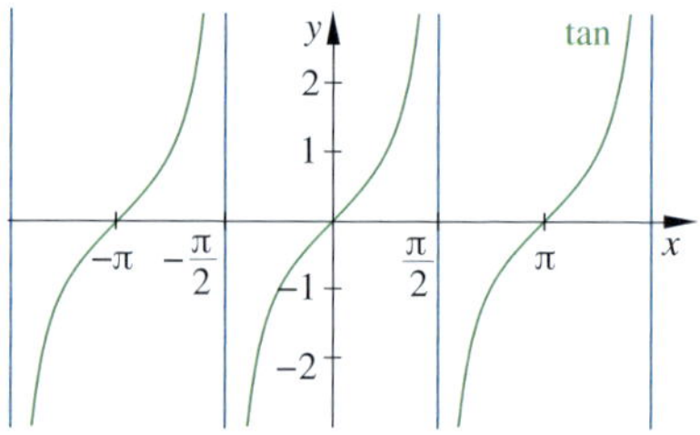

Funktionen und ihre Umkehrfunktionen

Funktion $f(x)$		**Umkehrfunktion $f^{-1}(x)$**	
$\sin x$	$D_f = \left[-\frac{\pi}{2}; \frac{\pi}{2}\right]$	$\arcsin x$ (Arkussinus)	$D_{f^{-1}} = [-1; 1]$
$\cos x$	$D_f = [0; \pi]$	$\arccos x$ (Arkuskosinus)	$D_{f^{-1}} = [-1; 1]$
$\tan x$	$D_f = \left]-\frac{\pi}{2}; \frac{\pi}{2}\right[$	$\arctan x$ (Arkustangens)	$D_{f^{-1}} = \mathbb{R}$
a^x mit $a \in \mathbb{R}^+ \setminus \{1\}$	$D_f = \mathbb{R}$	$\log_a x$	$D_{f^{-1}} = \mathbb{R}^+$
x^n mit $n \in \mathbb{N} \setminus \{0\}$	$D_f = \mathbb{R}_0^+$	$x^{\frac{1}{n}} = \sqrt[n]{x}$	$D_{f^{-1}} = \mathbb{R}_0^+$
x^{-n} mit $n \in \mathbb{N} \setminus \{0\}$	$D_f = \mathbb{R}^+$	$x^{-\frac{1}{n}} = \frac{1}{\sqrt[n]{x}}$	$D_{f^{-1}} = \mathbb{R}^+$
$x^{\frac{m}{n}}$ mit $m, n \in \mathbb{Z} \setminus \{0\}$	$D_f = \mathbb{R}^+$	$x^{\frac{n}{m}}$	$D_{f^{-1}} = \mathbb{R}^+$

Funktionen von mehreren Veränderlichen

In vielen realen Anwendungen treten Funktionen auf, die von mehreren Variablen abhängen. Auch solche Funktionen können prinzipiell mit den Methoden der Analysis untersucht werden. Hier soll ein einziges Beispiel genügen.

Beispiel

Die Gleichung $z = f(x, y) = x^2 - y^2$ $(x, y \in \mathbb{R})$ beschreibt eine von zwei Variablen abhängige Funktion. Ihr Definitionsbereich ist die Menge aller Paare (x, y) reeller Zahlen x und y. Der Wertebereich der Funktion besteht aus reellen Zahlen z.

Der Graph der Funktion f ist die Menge $f = \{((x, y), x^2 - y^2) | x, y \in \mathbb{R}\}$. Diese Menge kann als Punktmenge im Raum verstanden werden. Die dritte Koordinate z eines Punktes (x, y, z) kann als Höhe über dem in der Ebene gelegenen Punkt (x, y) abgetragen werden. Das entstehende geometrische Gebilde ist in diesem Fall eine sattelförmige Fläche im Raum.

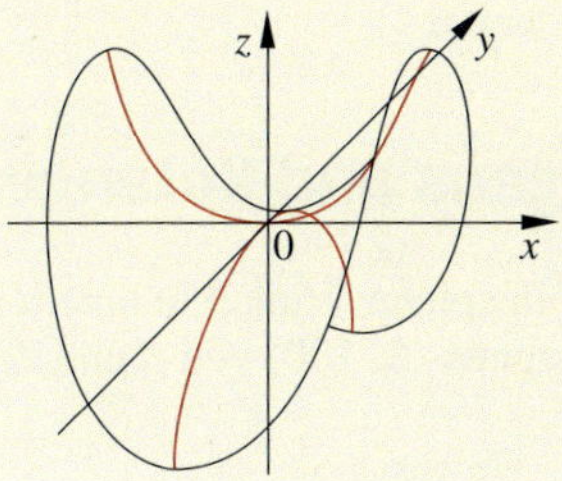

Ebene Kurven

Eine **ebene Kurve** ist eine Abbildung $\varphi\colon I \to \mathbb{R}^2, t \mapsto (x(t)|y(t))$ eines Intervalls $I \subset \mathbb{R}$ in die Ebene $\mathbb{R}^2$ mit Funktionen $x\colon\ I \to \mathbb{R}$ und $y\colon I \to \mathbb{R}$.

Man kann sich den Parameter t als Zeit vorstellen. Die Kurve wird dann als zeitliche Bewegung eines Punktes in der Ebene beschrieben: Zu jedem Zeitpunkt t gibt $\varphi(t)$ die Koordinaten des Ortes an, an dem sich der Punkt gerade befindet.

Beispiel

Die Kurve $\varphi\colon [0; 2\pi] \to \mathbb{R}^2, t \to (\cos(t)|\sin(t))$ beschreibt eine Kreislinie, und zwar einen Einheitskreis mit dem Koordinatenursprung $(0|0)$ als Mittelpunkt. Wenn t das Intervall $[0; 2\pi]$ von 0 nach 2π durchläuft, dann durchlaufen die Punkte $\varphi(t)$ die Kreislinie vom Punkt $(1|0)$ aus im mathematisch positiven Drehsinn.

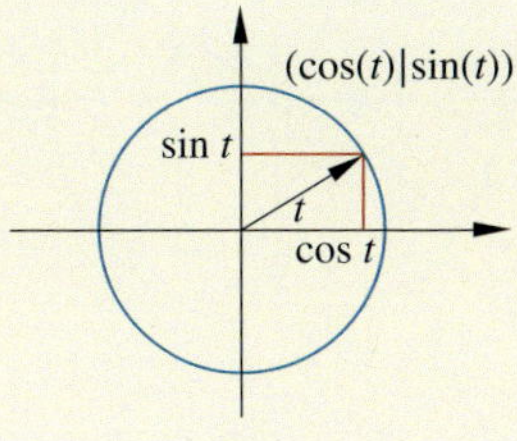

Trigonometrie (Ergänzungen)

Eulersche Gerade

Der ⇒ Schwerpunkt, der ⇒ Umkreismittelpunkt und der ⇒ Höhenschnittpunkt (jeweils S. 94) eines Dreiecks liegen stets auf einer Geraden. Diese heißt **Eulersche Gerade** (blau eingezeichnet; Mittelsenkrechten grün, Seitenhalbierende schwarz, Höhen gestrichelt).

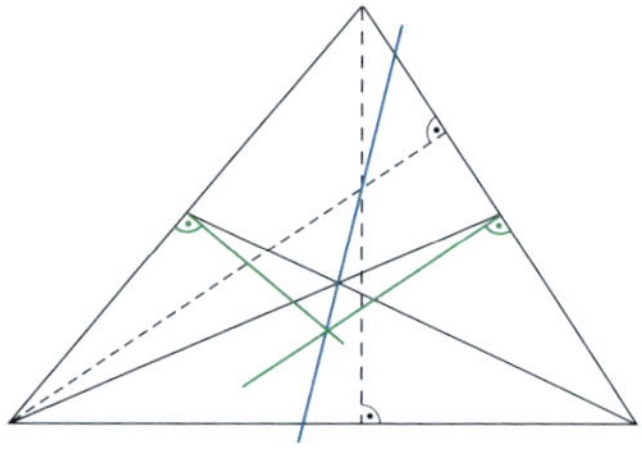

Tangens und Kotangens am Einheitskreis

Ist α ein spitzer Winkel in einem rechtwinkligen Dreieck, so werden der ⇒ **Tangens** (S. 100) von α und der **Kotangens** von α definiert durch:

$$\tan\alpha = \frac{\text{Gegenkathete von } \alpha}{\text{Ankathete von } \alpha} \qquad \cot\alpha = \frac{\text{Ankathete von } \alpha}{\text{Gegenkathete von } \alpha}$$

Es gilt also $\tan\alpha = \frac{\sin\alpha}{\cos\alpha}$ und $\cot\alpha = \frac{1}{\tan\alpha} = \frac{\cos\alpha}{\sin\alpha}$

Ebenso wie der ⇒ Sinus und der ⇒ Kosinus (jeweils S. 100) eines Winkels können auch die trigonometrischen Beziehungen Tangens und Kotangens am ⇒ Einheitskreis (S. 102) veranschaulicht werden:

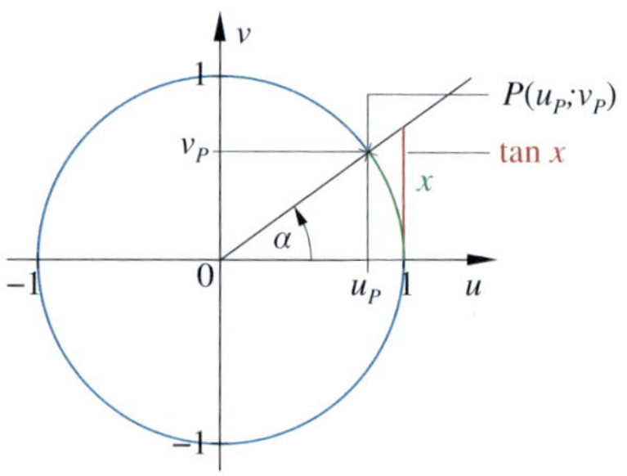

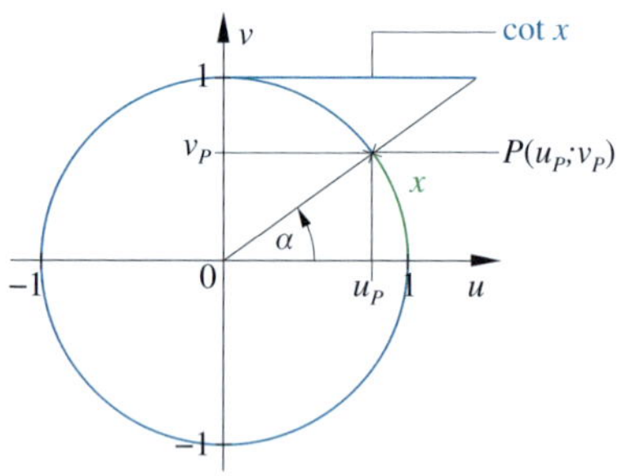

Siehe auch: ⇒ Trigonometrische Funktionen, S. 49 f.

Additionstheoreme

Additionstheoreme

$$\sin(\alpha+\beta) = \sin\alpha \cdot \cos\beta + \cos\alpha \cdot \sin\beta$$
$$\cos(\alpha+\beta) = \cos\alpha \cdot \cos\beta - \sin\alpha \cdot \sin\beta$$
$$\tan(\alpha+\beta) = \frac{\tan\alpha + \tan\beta}{1 - \tan\alpha \cdot \tan\beta}$$

$$\sin(\alpha-\beta) = \sin\alpha \cdot \cos\beta - \cos\alpha \cdot \sin\beta$$
$$\cos(\alpha-\beta) = \cos\alpha \cdot \cos\beta + \sin\alpha \cdot \sin\beta$$
$$\tan(\alpha-\beta) = \frac{\tan\alpha - \tan\beta}{1 + \tan\alpha \cdot \tan\beta}$$

Summen und Differenzen von Sinus, Kosinus, Tangens

$$\sin\alpha + \sin\beta = 2 \cdot \sin\frac{\alpha+\beta}{2}\cos\frac{\alpha-\beta}{2}$$
$$\cos\alpha + \cos\beta = 2 \cdot \cos\frac{\alpha+\beta}{2}\cos\frac{\alpha-\beta}{2}$$
$$\tan\alpha + \tan\beta = \frac{\sin(\alpha+\beta)}{\cos\alpha \cdot \cos\beta}$$

$$\sin\alpha - \sin\beta = 2 \cdot \cos\frac{\alpha+\beta}{2}\sin\frac{\alpha-\beta}{2}$$
$$\cos\alpha - \cos\beta = -2 \cdot \sin\frac{\alpha+\beta}{2}\sin\frac{\alpha-\beta}{2}$$
$$\tan\alpha - \tan\beta = \frac{\sin(\alpha-\beta)}{\cos\alpha \cdot \cos\beta}$$

Formeln für den doppelten und den halben Winkel

$$\sin 2\alpha = 2 \cdot \sin\alpha\cos\alpha = \frac{2 \cdot \tan\alpha}{1 + \tan^2\alpha}$$

$$\cos 2\alpha = \cos^2\alpha - \sin^2\alpha = 1 - 2 \cdot \sin^2\alpha = 2 \cdot \cos^2\alpha - 1$$

$$\tan 2\alpha = \frac{2 \cdot \tan\alpha}{1 - \tan^2\alpha} \quad (\tan^2\alpha \neq 1)$$

$$\sin 3\alpha = 3 \cdot \sin\alpha - 4 \cdot \sin^3\alpha$$

$$\sin\frac{\alpha}{2} = \sqrt{\frac{1 - \cos\alpha}{2}}$$

$$\cos\frac{\alpha}{2} = \sqrt{\frac{1 + \cos\alpha}{2}}$$

$$\tan\frac{\alpha}{2} = \sqrt{\frac{1 - \cos\alpha}{1 + \cos\alpha}} = \frac{\sin\alpha}{1 + \cos\alpha}$$

$$\cos 3\alpha = 4 \cdot \cos^3\alpha - 3 \cdot \cos\alpha$$

Geometrie

Polarkoordinaten

Polarkoordinaten der Ebene

Das ebene Polarkoordinatensystem „besteht“ aus einem Punkt ***O*** (**Pol**) und einer von O ausgehenden Halbgerade (**Polarachse**).

Die **Lage eines Punktes *P*** in der Ebene ist festgelegt durch ein **Paar (*r*, *φ*)**, wobei r der Abstand des Punktes P vom Pol O ($r \geq 0$) und φ der orientierte Winkel zwischen der Polarachse und der Strecke $[OP]$ ist ($0 \leq \varphi < 360°$).

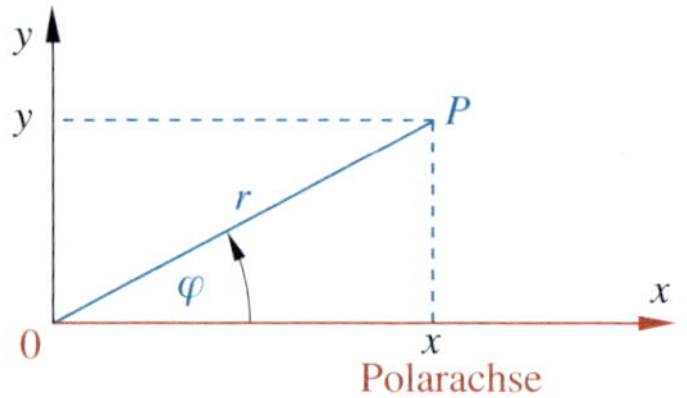

Zusammenhang zwischen Polarkoordinaten und kartesischen Koordinaten:

$x = r \cos \varphi$

$y = r \sin \varphi$

$r = \sqrt{x^2 + y^2}$

$\tan \varphi = \frac{y}{x}$ (für $x \neq 0$)

Polarkoordinaten im Raum

Das dreidimensionale Polarkoordinatensystem „besteht“ aus einem Punkt ***O*** (**Pol**) und zwei von O ausgehenden zueinander senkrechten Halbgeraden, der vertikalen und der horizontalen Achse. Die zur vertikalen Achse senkrechte Ebene, die den Pol enthält, heißt **Äquatorialebene**.
Die **Lage eines Punktes *P*** im Raum ist festgelegt durch ein **Tripel (*r*, *θ*, *φ*)**, wobei r der Abstand des Punktes P vom Pol O ($r \geq 0$), θ der orientierte Winkel zwischen der Äquatorialebene und der Strecke $[OP]$ ($-90° \leq \theta \leq 90°$) sowie φ der orientierte Winkel zwischen der horizontalen Achse und der senkrechten Projektion der Strecke $[OP]$ auf die Äquatorialebene ($-180° \leq \varphi < 180°$) ist.

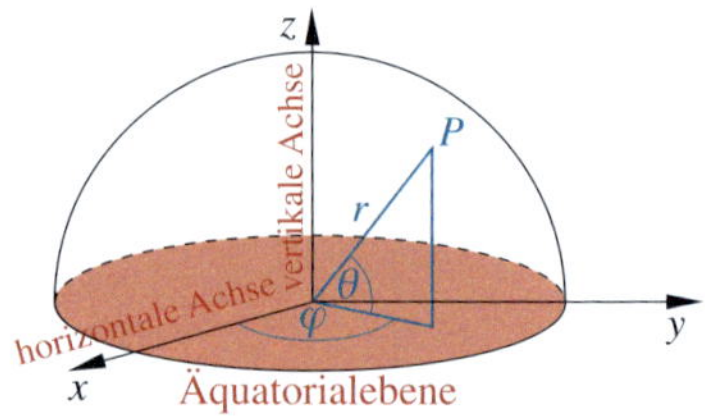

Zusammenhang zwischen Polarkoordinaten und kartesischen Koordinaten:

$x = r \cos \theta \cos \varphi$
$y = r \cos \theta \sin \varphi$
$z = r \sin \theta$

$r = \sqrt{x^2 + y^2 + z^2}$

$\tan \varphi = \frac{y}{x}$ (für $x \neq 0$)

Platonische Körper

Platonische Körper

Ein Körper heißt **regelmäßiges** (oder **reguläres**) **Polyeder** genau dann, wenn alle seine Seitenflächen zueinander kongruente, regelmäßige Vielecke sind, alle seine Eckpunkte auf einer Kugel liegen und an jeder Ecke gleich viele Seitenflächen aneinanderstoßen. Regelmäßige Polyeder werden auch als **Platonische Körper** bezeichnet.

Es gibt fünf Platonische Körper.

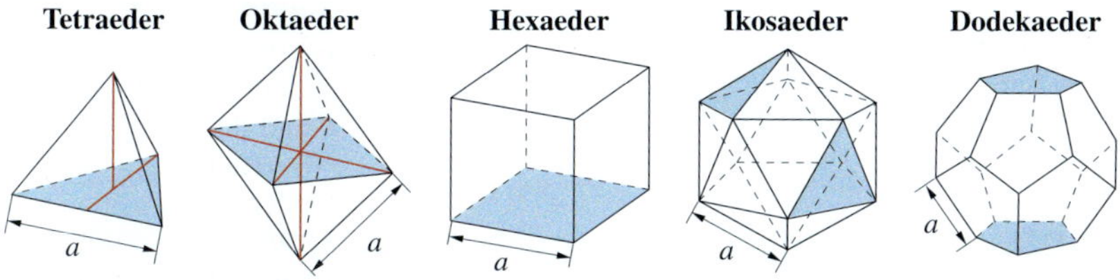

	Seitenflächen	Volumen	Oberfläche
Tetraeder	4 gleichseitige Dreiecke	$V = \frac{\sqrt{2}}{12}a^3 \approx 0{,}1179\,a^3$	$A_O = \sqrt{3} \cdot a^2 \approx 1{,}7321\,a^2$
Oktaeder	8 gleichseitige Dreiecke	$V = \frac{\sqrt{2}}{3}a^3 \approx 0{,}4714\,a^3$	$A_O = 2 \cdot \sqrt{3} \cdot a^2 \approx 3{,}4641\,a^2$
Hexaeder (Würfel)	6 Quadrate	$V = a^3$	$A_O = 6a^2$
Ikosaeder	20 gleichseitige Dreiecke	$V \approx 2{,}1817\,a^3$	$A_O \approx 8{,}6603\,a^2$
Dodekaeder	12 regelmäßige Fünfecke	$V \approx 7{,}6631\,a^3$	$A_O \approx 20{,}6457\,a^2$

Kegelschnitte

Beschreibung als Schnittfiguren

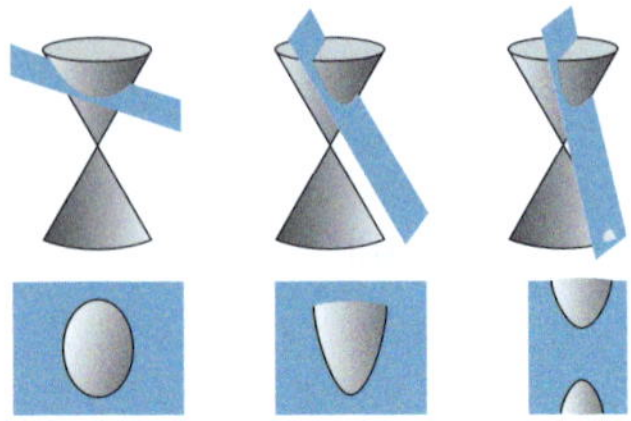

Die Schnittfiguren zwischen einem (unbeschränkten) geraden Doppelkegel und einer Ebene, die nicht durch die Kegelspitze verläuft, werden als reguläre Kegelschnitte bezeichnet.
Als reguläre Kegelschnitte kommen Ellipsen (Sonderfall: Kreise), Parabeln und Hyperbeln vor.
Diese Figuren können auch auf andere Weise, insbesondere als sogenannte Abstandskurven und durch Gleichungen beschrieben werden.

Ellipse

Eine **Ellipse** ist die Menge aller Punkte in der Ebene, deren Abstandssumme von zwei gegebenen Punkten F_1 und F_2 der Ebene, den **Brennpunkten** der Ellipse, konstant ist.
Für eine Ellipse mit der **großen Halbachse *a***, der **kleinen Halbachse *b*** und den Brennpunkten F_1 und F_2 gilt:

P ist ein Punkt der Ellipse genau dann, wenn gilt: $\overline{F_1 P} + \overline{F_2 P} = 2a > \overline{F_1 F_2}$.

Für die **lineare Exzentrizität *e*** der Ellipse gilt $e^2 = a^2 - b^2$.

Mittelpunktslage: $M(0|0)$

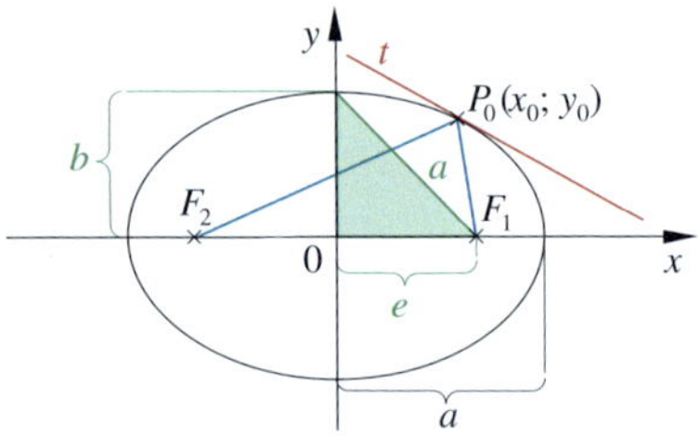

$$\frac{x^2}{a^2} + \frac{y^2}{b^2} = 1$$

Achsenparallele Lage mit $M(c|d)$

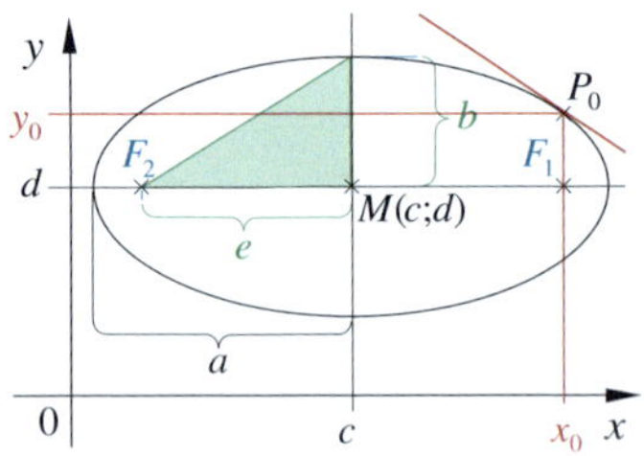

$$\frac{(x-c)^2}{a^2} + \frac{(y-d)^2}{b^2} = 1$$

Hyperbel

Eine **Hyperbel** ist die Menge aller Punkte in der Ebene, deren Abstandsdifferenz von zwei gegebenen Punkten F_1 und F_2 der Ebene, den **Brennpunkten** der Hyperbel, konstant ist.
Der halbe Abstand der Brennpunkte heißt **lineare Exzentrizität *e*** der Hyperbel: $e = \frac{1}{2}\overline{F_1 F_2}$. Der Mittelpunkt M der Strecke $[F_1 F_2]$ wird **Mittelpunkt** der Hyperbel genannt. Die beiden Schnittpunkte S_1 und S_2 der Hyperbel mit der Geraden $F_1 F_2$ heißen **Scheitelpunkte** der Hyperbel.

Setzt man $a = \frac{1}{2}\overline{S_1 S_2}$, so gilt:

P ist ein Punkt der Hyperbel genau dann, wenn gilt: $|\overline{F_1 P} - \overline{F_2 P}| = 2a < \overline{F_1 F_2}$.

Mittelpunktslage: $M(0|0)$

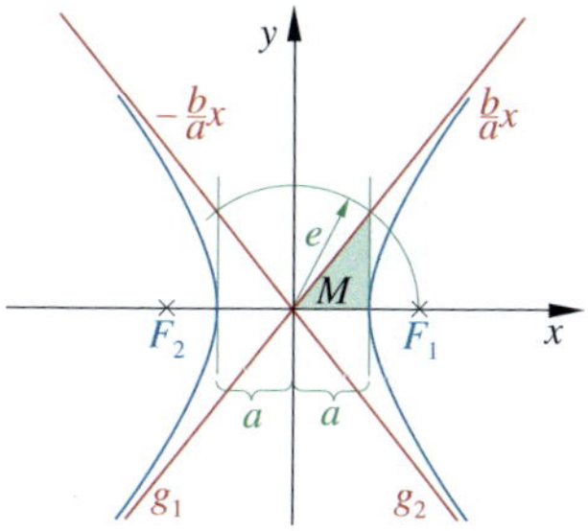

$$\frac{x^2}{a^2} - \frac{y^2}{b^2} = 1$$

Achsenparallele Lage mit $M(c|d)$

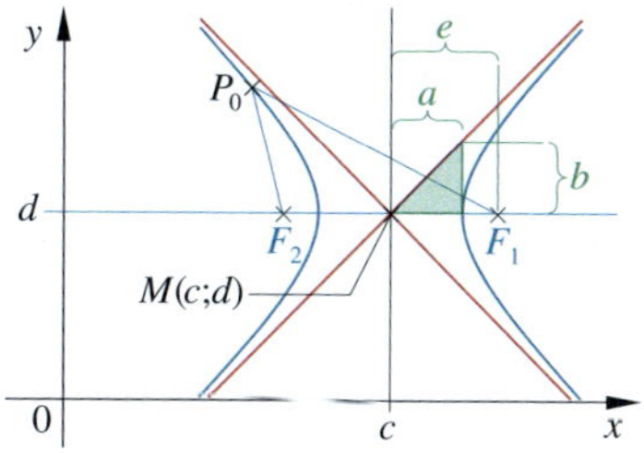

$$\frac{(x-c)^2}{a^2} - \frac{(y-d)^2}{b^2} = 1$$

Die Geraden $g_1 = \frac{b}{a}x$ und $g_2 = -\frac{b}{a}x$ sind die ⇒ Asymptoten (S. 61) der Hyperbel.

Zwischen b, a und der **linearen Exzentrizität *e*** besteht der Zusammenhang $e^2 = a^2 + b^2$.

Parabel

Eine **Parabel** ist die Menge aller Punkte in der Ebene, deren Abstand von einem gegebenen Punkt F der Ebene, dem **Brennpunkt** der Parabel, stets mit ihrem Abstand von einer gegebenen Geraden l der Ebene, der **Leitlinie** der Parabel, übereinstimmt:

P ist ein Punkt der Parabel genau dann, wenn gilt: $\overline{PF} = d(P;\, l)$

Der Abstand $p = d(F;\, l)$ des Brennpunktes von der Leitlinie heißt **Halbparameter** der Parabel.
Die zur Leitlinie senkrechte Gerade durch den Brennpunkt heißt **Parabelachse**, und der Schnittpunkt S der Parabel mit ihrer Achse heißt **Scheitelpunkt** der Parabel.

Scheitelpunktslage: $S(0|0)$

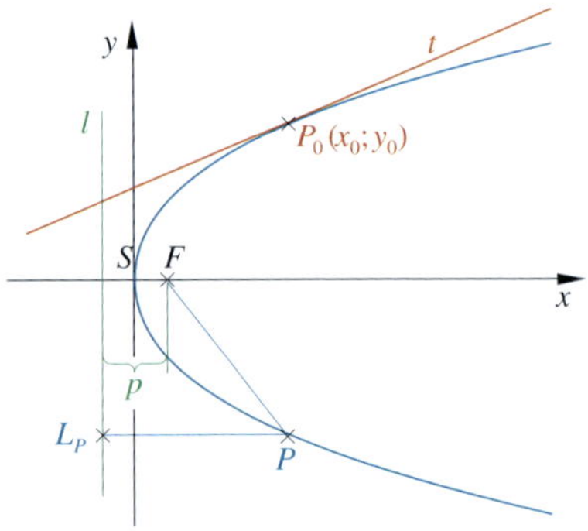

$y^2 = 2px$

Achsenparallele Lage mit $S(c|d)$

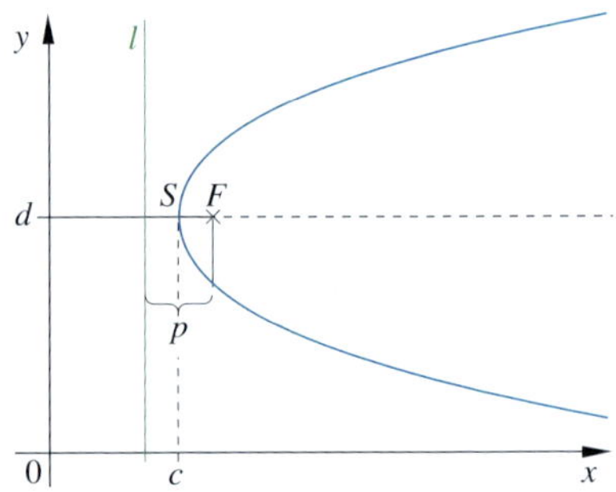

$(y - d)^2 = 2p(x - c)$

Gemeinsame Scheitelgleichung

Kegelschnitte in Scheitelpunktslage (d. h. ein Scheitelpunkt ist $S(0|0)$) können durch eine Gleichung der Form $\boldsymbol{y^2 = 2px - (1 - \varepsilon^2)x^2}$ beschrieben werden. Der Kegelschnitt ist durch die **numerische Exzentrizität** $\boldsymbol{\varepsilon}$ und den **Parameter** $\boldsymbol{2p}$ eindeutig bestimmt.
Für $\varepsilon = 0$ ergibt sich ein Kreis, für $0 < \varepsilon < 1$ eine Ellipse, für $\varepsilon = 1$ eine Parabel und für $\varepsilon > 1$ eine Hyperbel.

Geometrische Abbildungen

Zentrische Streckung

Zentrische Streckung

Eine **zentrische Streckung (Z; *k*)** mit dem **Streckungszentrum Z** und dem **Streckungsfaktor *k*** ist eine Abbildung, die jedem Punkt $A \neq Z$ einen Punkt A' zuordnet, der auf der Geraden ZA liegt, und für den gilt: $\overline{ZA'} = |k| \cdot \overline{ZA}$.

Der Bildpunkt von Z ist Z selbst: $Z' = Z$.

Ist $k < 0$, so liegt Z zwischen A und A'.

Ist $0 < k < 1$, so liegt A' zwischen Z und A.

Ist $k > 1$, so liegt A zwischen Z und A'.

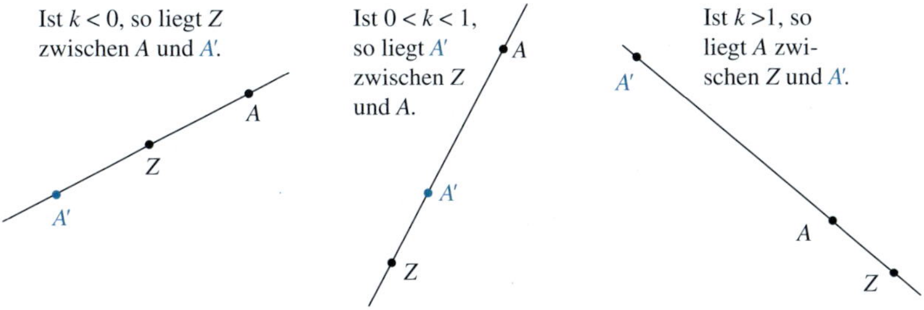

Eigenschaften einer zentrischen Streckung (Z; *k*)

- Jede Gerade, die nicht durch Z verläuft, wird durch $(Z; k)$ auf eine zu ihr parallele Gerade abgebildet.
- Winkelgrößen bleiben erhalten.
- Ist $[A'B']$ das Bild der Strecke $[AB]$, dann gilt $\overline{A'B'} = |k| \cdot \overline{AB}$.
- Ist A_F der Flächeninhalt einer Fläche F, so gilt für den Flächeninhalt $A_{F'}$ des Bildes F' dieser Fläche $A_{F'} = |k|^2 \cdot A_F$.
- Ist V das Volumen eines Körpers K, so gilt für das Volumen V' des Bildes K' dieses Körpers $V' = |k|^3 \cdot V$.

Zwei (ebene oder räumliche) Figuren F_1 und F_2 sind genau dann zueinander ähnlich, wenn es eine zentrische Streckung gibt, bei der F_1 auf eine zu F_2 kongruente Figur abgebildet wird.

Siehe auch: ⇒ Kongruenz und Ähnlichkeit, S. 90

Geometrie

Matrizendarstellung linearer Abbildungen

Eine Abbildung f: $\mathbb{R}^2 \rightarrow \mathbb{R}^2$ heißt genau dann linear, wenn folgende beiden Bedingungen erfüllt sind:

- $f(\vec{a} + \vec{b}) = f(\vec{a}) + f(\vec{b})$ für alle $\vec{a}, \vec{b} \in \mathbb{R}^2$ **(Additivität)**
- $f(r \cdot \vec{a}) = r \cdot f(\vec{a})$ für alle $\vec{a} \in \mathbb{R}^2$ und $r \in \mathbb{R}$ **(Homogenität).**

Jede lineare Abbildung f: $\mathbb{R}^2 \rightarrow \mathbb{R}^2$ lässt sich durch eine **Abbildungsmatrix** beschreiben:

$$f(\vec{x}) = \vec{x}\,' = \begin{pmatrix} a_{11} & a_{12} \\ a_{21} & a_{22} \end{pmatrix} \cdot \vec{x} \qquad \text{bzw.} \qquad f\begin{pmatrix} x_1 \\ x_2 \end{pmatrix} = \begin{pmatrix} x'_1 \\ x'_2 \end{pmatrix} = \begin{pmatrix} a_{11} & a_{12} \\ a_{21} & a_{22} \end{pmatrix} \cdot \begin{pmatrix} x_1 \\ x_2 \end{pmatrix}$$

Für die Koordinaten des Bildpunktes gilt also:
$x'_1 = a_{11} \cdot x_1 + a_{12} \cdot x_2$ und $x'_2 = a_{21} \cdot x_1 + a_{22} \cdot x_2$

Die Spaltenvektoren der Abbildungsmatrix sind die Bilder der Einheitsvektoren in Richtung der Koordinatenachsen:

$$\begin{pmatrix} a_{11} \\ a_{21} \end{pmatrix} = f\begin{pmatrix} 1 \\ 0 \end{pmatrix} \text{ und } \begin{pmatrix} a_{12} \\ a_{22} \end{pmatrix} = f\begin{pmatrix} 0 \\ 1 \end{pmatrix}$$

Für jede lineare Abbildung f: $\mathbb{R}^2 \rightarrow \mathbb{R}^2$ gilt $f(\vec{0}) = \vec{0}$ und $f(-\vec{x}) = -f(\vec{x})$.

Beispiele

(1) Drehung um den Winkel α um den Koordinatenursprung

$$\begin{pmatrix} a' \\ b' \end{pmatrix} = \begin{pmatrix} \cos\alpha & -\sin\alpha \\ \sin\alpha & \cos\alpha \end{pmatrix} \cdot \begin{pmatrix} a \\ b \end{pmatrix} = \begin{pmatrix} a \cdot \cos\alpha - b \cdot \sin\alpha \\ a \cdot \sin\alpha + b \cdot \cos\alpha \end{pmatrix}$$

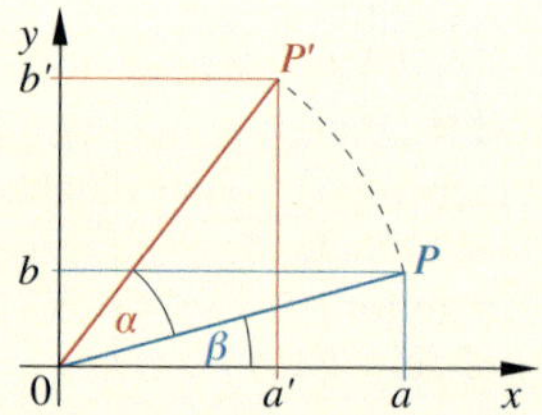

(2) Für eine zentrische Streckung um den Faktor k mit dem Koordinatenursprung als Streckungszentrum gilt:

$$\vec{x}\,' = \begin{pmatrix} k & 0 \\ 0 & k \end{pmatrix} \cdot \vec{x}$$

Affine Abbildungen

Eine **affine Abbildung** setzt sich zusammen aus einer linearen Abbildung und einer Verschiebung.

Jede affine Abbildung $f\colon \mathbb{R}^2 \to \mathbb{R}^2$ lässt sich durch eine Abbildungsmatrix und einen Verschiebungsvektor beschreiben:

$$f(\vec{x}) = \vec{x}\,' = \begin{pmatrix} a_{11} & a_{12} \\ a_{21} & a_{22} \end{pmatrix} \cdot \vec{x} + \vec{c} \qquad \text{bzw.} \qquad f\begin{pmatrix} x_1 \\ x_2 \end{pmatrix} = \begin{pmatrix} x_1' \\ x_2' \end{pmatrix} = \begin{pmatrix} a_{11} & a_{12} \\ a_{21} & a_{22} \end{pmatrix} \cdot \begin{pmatrix} x_1 \\ x_2 \end{pmatrix} + \begin{pmatrix} c_1 \\ c_2 \end{pmatrix}$$

Für die Koordinaten des Bildpunktes gilt also:
$x_1' = a_{11} \cdot x_1 + a_{12} \cdot x_2 + c_1$ und $x_2' = a_{21} \cdot x_1 + a_{22} \cdot x_2 + c_2$

Für jede affine Abbildung $f\colon \mathbb{R}^2 \to \mathbb{R}^2$ gilt:
- Geraden werden auf Geraden abgebildet. Parallelität bleibt erhalten.
- Das Teilverhältnis dreier kollinearer Punkte bleibt erhalten.

Alle Verknüpfungen (Hintereinanderausführungen) von Drehungen, Spiegelungen, Streckungen, Verschiebungen und Projektionen sind affine Abbildungen. Zu den affinen Abbildungen gehören also insbesondere alle Drehungen und Spiegelungen, aber auch z. B. alle Schubspiegelungen, Drehspiegelungen, Drehstreckungen usw.

Die zu einer Abbildungsmatrix F und einem Verschiebungsvektor $\vec{c}$ gehörende affine Abbildung f ist genau dann umkehrbar, wenn die Spaltenvektoren von F linear unabhängig sind.

Beispiel

Die Matrixdarstellung für eine zentrische Streckung mit dem Streckungszentrum Z und dem Streckungsfaktor k ergibt sich aus $\overrightarrow{X}\,' = \overrightarrow{Z} + k \cdot (\overrightarrow{X} - \overrightarrow{Z})$:

$$\begin{pmatrix} x_1' \\ x_2' \end{pmatrix} = \begin{pmatrix} k & 0 \\ 0 & k \end{pmatrix} \cdot \begin{pmatrix} x_1 \\ x_2 \end{pmatrix} + (1-k)\begin{pmatrix} z_1 \\ z_2 \end{pmatrix}$$

Ω

Auswerten von Daten

Grundbegriffe der Datenerhebung

Bei einer **Datenerhebung** wird eine **Grundgesamtheit** auf bestimmte **Merkmale** (Eigenschaften) untersucht.

- **Quantitative Merkmale** werden durch Zahlen oder Größen beschrieben. Zur Erfassung der Daten dient eine **metrische Skala**.
- **Qualitative Merkmale** werden durch Worte beschrieben. Zur Erfassung der Daten dient eine **Nominalskala** bzw. eine **Ordinalskala**, wenn die Daten in eine sinnvolle Rangordnung gebracht werden können.

Oft wird nur eine Teilmenge der Grundgesamtheit, eine **Stichprobe**, untersucht. Unter dem **Umfang der Stichprobe** versteht man die Anzahl ihrer Elemente. Eine Stichprobe nennt man **zufällig**, wenn sie jedes Element der Grundgesamtheit mit der gleichen Wahrscheinlichkeit enthält, und **repräsentativ**, wenn sie die Eigenschaften der Grundgesamtheit gut widerspiegelt.

Beispiele

(1) Untersuchung des quantitativen Merkmals „Masse" (in g) von Orangen in einer Kiste. Erfassung mit einer metrischen Skala: positive reelle Zahlen

(2) Umfrage zum Wahlverhalten anhand einer repräsentativen Stichprobe von 1000 Personen; das qualitative Merkmal „favorisierte Partei" wird mit einer Nominalskala erfasst: Partei A; Partei B; Partei C.

(3) Untersuchung des Interesses für Mathematik in einer Schulklasse; zur Beschreibung ist eine Ordinalskala geeignet, z. B.: groß; mittel; gering.

Stochastik

Maßzahlen einer Datenreihe

Für eine Datenreihe $x_1, x_2, \ldots, x_n$ mit n Ergebnissen wird definiert:

- Die **absolute Häufigkeit** $\boldsymbol{H_n(x)}$ eines Ergebnisses x ist die Anzahl des Auftretens von x in der Datenreihe.
- Die **relative Häufigkeit** $\boldsymbol{h_n(x)}$ eines Ergebnisses x ist der Quotient aus der absoluten Häufigkeit und der Gesamtzahl aller Werte der Datenreihe.

$$h_n(x) = \frac{H_n(x)}{n}$$

Für eine Datenreihe $x_1, x_2, \ldots, x_n$ mit n Werten (Zahlen, Größen) wird zusätzlich definiert:

- Das **arithmetische Mittel (Durchschnitt)** $\overline{x}$ ist der Quotient aus der Summe aller Werte und der Anzahl der Werte.

  $\overline{x} = \frac{x_1 + x_2 + \ldots + x_n}{n} = \frac{1}{n}\sum_{i=1}^{n} x_i$ (⇒ Grundbegriffe der Stochastik, S. 142)

  Das arithmetische Mittel minimiert die quadratischen Abweichungen, d. h.

  $\sum_{i=1}^{n}(x_i - c)^2$ ist für $c = \overline{x}$ minimal.

- Der **Median (Zentralwert)** $\tilde{x}$ ist der Wert, der bei der geordneten Datenreihe in der Mitte liegt. Bei gerader Anzahl von Werten ist er das arithmetische Mittel der beiden in der Mitte liegenden Werte.
  Der Median ist unempfindlich gegenüber Ausreißern (einzelnen stark abweichenden Werten). Der Median minimiert die absoluten Abweichungen, d. h.

  $\sum_{i=1}^{n}|x_i - c|$ ist für $c = \tilde{x}$ minimal.

- Die **Quartile** unterteilen die geordnete Datenreihe in vier gleich große Teile. Das **1. Quartil (unterer Viertelwert)** ist der Median der unteren Hälfte, das **3. Quartil (oberer Viertelwert)** der Median der oberen Hälfte der von klein nach groß geordneten Datenreihe. Bei ungerader Anzahl von Werten wird der Median **(2. Quartil)** der gesamten Datenreihe zu beiden Hälften hinzugenommen. (⇒ Boxplot, S. 208)
- Der **Modalwert** ist der Wert, der in der Datenreihe am häufigsten auftritt. In einer Datenreihe kann es mehrere Modalwerte geben.

Streuungsmaße:

- Die **Spannweite *d*** ist die Differenz des größten und des kleinsten Wertes.

  $d = x_{max} - x_{min}$

- Die **mittlere Abweichung *a*** ist der durchschnittliche Abstand der Werte vom arithmetischen Mittel.

  $a = \frac{|x_1 - \overline{x}| + |x_2 - \overline{x}| + \ldots + |x_n - \overline{x}|}{n} = \frac{1}{n}\sum_{i=1}^{n}|x_i - \overline{x}|$

- Die **(empirische) Varianz** s^2 ist die **mittlere quadratische Abweichung** der Werte vom arithmetischen Mittel.

$$s^2 = \frac{(x_1 - \overline{x})^2 + (x_2 - \overline{x})^2 + \ldots + (x_n - \overline{x})^2}{n} = \frac{1}{n}\sum_{i=1}^{n}(x_i - \overline{x})^2$$

- Die **Standardabweichung** s ist die Wurzel aus der Varianz.

$$s = \sqrt{s^2} = \sqrt{\frac{1}{n}\sum_{i=1}^{n}(x_i - \overline{x})^2}$$

Sind die Werte der Datenreihe Größen, gehört die Standardabweichung (im Gegensatz zur Varianz) zum gleichen Größenbereich wie die Werte.

Klasseneinteilung

Besteht eine Datenreihe aus vielen verschiedenen Werten, können mehrere Werte zu **Klassen** zusammengefasst werden, um die Übersichtlichkeit der Daten, insbesondere bei der Darstellung durch ein ⇒ Histogramm (S. 208), zu erhöhen. Die **Einteilung der Klassen** erfolgt so, dass jeder mögliche Wert zu genau einer Klasse gehört.
Durch eine Klasseneinteilung gehen Informationen verloren. Für die Berechnung von Kenngrößen der Datenreihen (z. B. arithmetisches Mittel) wird für jede Klasse ein **Repräsentant** (in der Regel die Klassenmitte) verwendet.

Stochastik

Beispiel

Beim Weitsprung wurden 16 Weiten gemessen.
Urliste: 3,94 m; 3,88 m; 3,62 m; 3,87 m; 4,09 m; 3,88 m; 3,75 m; 3,80 m; 3,92 m; 3,75 m; 3,99 m; 4,01 m; 3,67 m; 3,87 m; 4,13 m; 3,96 m

Klasseneinteilung (Klassengrenzen in m; darunter die zugehörigen absoluten Häufigkeiten):

[3,60; 3,70[	[3,70; 3,80[	[3,80; 3,90[	[3,90; 4,00[	[4,00; 4,10[	[4,10; 4,20[
2	2	5	4	2	1

Für das arithmetische Mittel erhält man bei Verwendung der Klassenmitten:

$$\overline{x} = \frac{3{,}65\,\text{m} \cdot 2 + 3{,}75\,\text{m} \cdot 2 + 3{,}85\,\text{m} \cdot 5 + 3{,}95\,\text{m} \cdot 4 + 4{,}05\,\text{m} \cdot 2 + 4{,}15\,\text{m}}{16} \approx 3{,}881\,\text{m}$$

(zum Vergleich: bei Verwendung der Einzelwerte $\overline{x} \approx 3{,}883$ m)

Lineare Regression und Korrelation
Bei n gegebenen Wertepaaren $(x_1; y_1), (x_2; y_2), \ldots, (x_n; y_n)$ gilt für die Funktionsgleichung der **Regressionsgeraden**:

$$y = \frac{s_{xy}}{s_x^2}(x - \overline{x}) + \overline{y}$$

mit $s_{xy} = \frac{(x_1 - \overline{x}) \cdot (y_1 - \overline{y}) + \ldots + (x_n - \overline{x}) \cdot (y_n - \overline{y})}{n}$ (**Kovarianz** der x- und y-Werte)

$s_x^2 = \frac{(x_1 - \overline{x})^2 + \ldots + (x_n - \overline{x})^2}{n}$ (**Varianz** der x-Werte)

Wenn man die Wertepaare in einem **Streudiagramm** darstellt (d.h. die Wertepaare als Punkte in einem xy-Koordinatensystem einträgt), bildet die Regressionsgerade eine Ausgleichsgerade. Die Steigung m und der y-Achsenabschnitt t der Regressionsgeraden werden so bestimmt, dass $\sum_{i=1}^{n}(y_i - (mx_i + t))^2$ minimal ist.
Mithilfe von Regressionsgeraden untersucht man, ob exakt oder tendenziell ein linearer Zusammenhang zwischen den beiden Größen bestehen könnte.

Der Wert des **Korrelationskoeffizienten**

$$r_{xy} = \frac{s_{xy}}{s_x s_y} = \frac{(x_1 - \overline{x}) \cdot (y_1 - \overline{y}) + \ldots + (x_n - \overline{x}) \cdot (y_n - \overline{y})}{\sqrt{(x_1 - \overline{x})^2 + \ldots + (x_n - \overline{x})^2} \cdot \sqrt{(y_1 - \overline{y})^2 + \ldots + (y_n - \overline{y})^2}}$$

liegt im Bereich von -1 bis 1. Ist $\boldsymbol{r_{xy}}$ positiv (negativ), so ist auch die Steigung der Regressionsgeraden positiv (negativ) und mit größer werdendem x-Wert wird tendenziell der zugehörige y-Wert größer (kleiner). Je näher $\boldsymbol{r_{xy}}$ bei 1 bzw. -1 liegt, desto stärker ist der lineare Zusammenhang **(Korrelation)** zwischen den x- und den y-Werten. Im Falle $\boldsymbol{r_{xy}} = 0$ liegt keine Korrelation zwischen den x- und den y-Werten vor.

Beispiel
Die Abbildung zeigt ein Streudiagramm mit Regressionsgerade zu Körpergröße und Gewicht von 10 Schülerinnen:
Es ist eine deutliche Tendenz zu erkennen, dass bei größerer Körpergröße auch das Gewicht größer ist.
Der Korrelationskoeffizient ist in diesem Beispiel $r_{xy} \approx 0{,}834$.

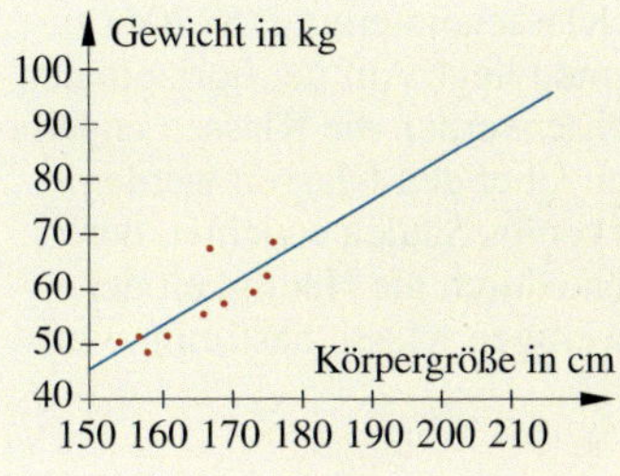

Spezielle Diagramme

Boxplot

Ein Boxplot veranschaulicht die Verteilung der Werte einer Datenreihe. An einer metrischen Skala werden der kleinste Wert, das 1. Quartil, der Median, das 3. Quartil und der größte Wert dargestellt. Im Bereich der „Box", die vom 1. bis zum 3. Quartil reicht, liegen ungefähr 50% der Werte.

Beispiel
Datenreihe mit 7 gemessenen Zeiten:
6 s, 7 s, 7 s, 8 s, 8 s, 11 s, 16 s

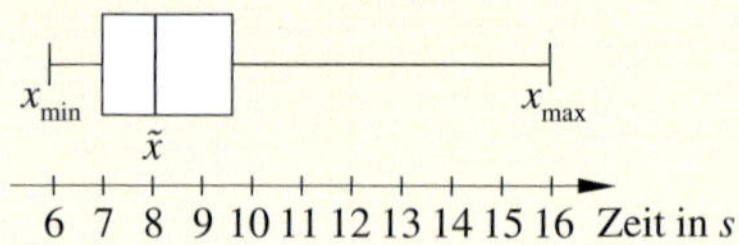

Stängel-Blatt-Diagramm

Sind die Werte einer Datenreihe natürliche Zahlen oder haben sie gleich viele Stellen nach dem Komma, wird jeweils die letzte Stelle abgetrennt. Die vorderen Stellen werden in einem Stängel (meist links) dargestellt. Die letzte Stelle jedes Wertes wird neben dem Stängel eingetragen (dies sind die Blätter).
Ein Stängel-Blatt-Diagramm bietet einen guten Überblick über die Verteilung der Werte. Dennoch lassen sich aus ihm alle Einzelwerte entnehmen.

Bei einem zweiseitigen Stängel-Blatt-Diagramm werden zum Vergleich zweier Datenreihen die Blätter links und rechts vom Stängel eingetragen.

Beispiel
Weiten in m bei einem Weitsprung
(⇒ Beispiel S. 206)

3,6	2 7
3,7	5 5
3,8	8 7 8 0 7
3,9	4 2 9 6
4,0	9 1
4,1	3

Histogramm

Ein Histogramm veranschaulicht eine Häufigkeitsverteilung, der eine ⇒ Klasseneinteilung (S. 206) zugrunde liegt. Auf der horizontalen Achse werden die Klassen angetragen. Über den Klassen werden lückenlos Säulen errichtet, deren Höhe durch die Häufigkeit der jeweiligen Klasse bestimmt wird.

Beispiel
Weiten bei einem Weitsprung
(⇒ Beispiel S. 206)

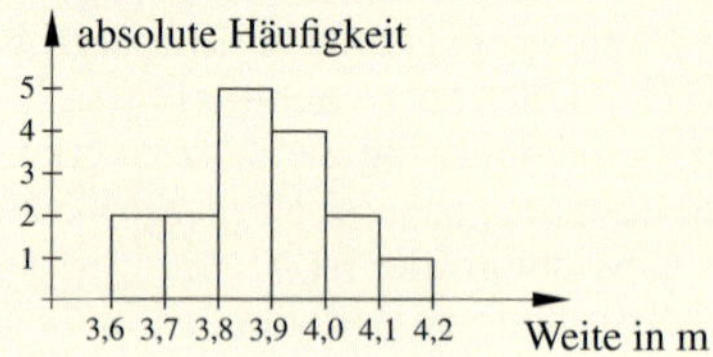

Siehe auch: ⇒ Diagramme, S. 38

Bedingte Wahrscheinlichkeit (Ergänzung)

Satz von Bayes

Die Ereignisse $B_1, B_2, \ldots, B_n$ bilden eine **Zerlegung** eines Ergebnisraums Ω genau dann, wenn gilt:

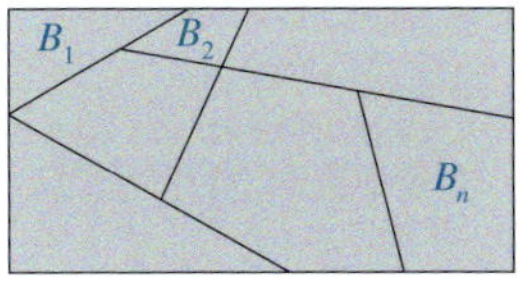

(1) $B_1 \cup B_2 \cup \ldots \cup B_n = \Omega$
(2) $B_1, B_2, \ldots, B_n$ sind paarweise unvereinbar, d.h. $B_i \cap B_j = \emptyset$ für alle $i, j \in \{1; 2; \ldots; n\}$ mit $i \neq j$.

Formel für die totale Wahrscheinlichkeit
Bilden die Ereignisse $B_1, B_2, \ldots, B_n$ eine Zerlegung eines Ergebnisraums Ω mit $P(B_i) > 0$ für alle $i \in \{1; 2; \ldots; n\}$, dann gilt für jedes Ereignis A:

$$P(A) = P(B_1) \cdot P_{B_1}(A) + P(B_2) \cdot P_{B_2}(A) + \ldots + P(B_n) \cdot P_{B_n}(A)$$

Satz von Bayes
Bilden die Ereignisse $B_1, B_2, \ldots, B_n$ eine Zerlegung eines Ergebnisraums Ω mit $P(B_i) > 0$ für alle $i \in \{1; 2; \ldots; n\}$, dann gilt für jedes Ereignis A mit $P(A) > 0$ und jedes $i \in \{1; 2; \ldots; n\}$:

$$P_A(B_i) = \frac{P(B_i) \cdot P_{B_i}(A)}{P(B_1) \cdot P_{B_1}(A) + P(B_2) \cdot P_{B_2}(A) + \ldots + P(B_n) \cdot P_{B_n}(A)}$$

Beispiel
Das Programm jeder einzelnen Sendung einer Radiosendereihe wird von einer der drei Personen P_1, P_2 und P_3 gestaltet. Von 10 Sendungen werden 5 Sendungen von P_1, 3 Sendungen von P_2 und 2 Sendungen von P_3 moderiert. Bei P_1 enthält das Programm einen Musikanteil von etwa 40 %, bei P_2 beträgt der Musikanteil etwa 70 % und bei P_3 nur etwa 10 %.
Wir betrachten die folgenden Ereignisse P_1, P_2, P_3 und R:
P_i: „Person i moderiert die Sendung." R: „Es läuft Musik."
Die Ereignisse P_1, P_2 und P_3 bilden eine Zerlegung des Ergebnisraums.

Es läuft gerade Musik. Für die Wahrscheinlichkeit, dass unter dieser Bedingung Person 2 die Sendung moderiert, gilt nach dem Satz von Bayes:

$$P_R(P_2) = \frac{P(P_2) \cdot P_{P_2}(R)}{P(P_1) \cdot P_{P_1}(R) + P(P_2) \cdot P_{P_2}(R) + P(P_3) \cdot P_{P_3}(R)} = \frac{0{,}3 \cdot 0{,}7}{0{,}43} \approx 48{,}8\,\%$$

Satz von Bayes bei einer Zerlegung in zwei Ereignisse
Sind A und B Ereignisse mit $P(A) > 0$ und $P(B) > 0$, dann bilden B und $\overline{B}$ eine Zerlegung in zwei Ereignisse und der Satz von Bayes lautet für $P_A(B)$:

$$P_A(B) = \frac{P(B) \cdot P_B(A)}{P(B) \cdot P_B(A) + P(\overline{B}) \cdot P_{\overline{B}}(A)}$$

Siehe auch:
⇒ Bedingte Wahrscheinlichkeit, S. 146

Unabhängigkeit bei mehr als zwei Ereignissen

Drei Ereignisse A, B und C heißen **(stochastisch) unabhängig** genau dann, wenn folgende **Produktformeln** gelten:

(1) $P(A \cap B \cap C) = P(A) \cdot P(B) \cdot P(C)$
(2) $P(A \cap B) = P(A) \cdot P(B)$; $P(A \cap C) = P(A) \cdot P(C)$;
$P(B \cap C) = P(B) \cdot P(C)$

Allgemein heißen die Ereignisse $A_1, A_2, \ldots, A_n$ **(stochastisch) unabhängig** genau dann, wenn für jede Teilmenge $\{i_1, i_2, \ldots, i_k\} \subseteq \{1; 2; \ldots; n\}$ gilt:

$$P(A_{i_1} \cap A_{i_2} \cap \ldots \cap A_{i_k}) = P(A_{i_1}) \cdot P(A_{i_2}) \cdot \ldots \cdot P(A_{i_k})$$

Insbesondere gilt für n unabhängigen Ereignisse die **Produktformel**:

$$P(A_1 \cap A_2 \cap \ldots \cap A_n) = P(A_1) \cdot P(A_2) \cdot \ldots \cdot P(A_n)$$

Beispiel
Ein System besteht aus drei voneinander unabhängigen Komponenten. Die Ausfallwahrscheinlichkeiten für die Komponenten 1 bzw. 2 bzw. 3 betragen 20 % bzw. 5 % bzw. 10 %. Bei einem Reihensystem führt der Ausfall einer Komponente zum Ausfall des gesamten Systems, ein Parallelsystem fällt nur aus, wenn alle Komponenten ausfallen. Für die Ereignisse K_i: „Komponente i funktioniert" und das Ereignis S: „Das System funktioniert" gilt

im Reihensystem:

$$\begin{aligned} P(S) &= P(K_1 \cap K_2 \cap K_3) \\ &= P(K_1) \cdot P(K_2) \cdot P(K_3) \\ &= 0{,}8 \cdot 0{,}95 \cdot 0{,}9 = 68{,}4\,\% \end{aligned}$$

im Parallelsystem:

$$\begin{aligned} P(S) &= 1 - P(\overline{K_1} \cap \overline{K_2} \cap \overline{K_3}) \\ &= 1 - P(\overline{K_1}) \cdot P(\overline{K_2}) \cdot P(\overline{K_3}) \\ &= 1 - 0{,}2 \cdot 0{,}05 \cdot 0{,}1 = 99{,}9\,\% \end{aligned}$$

Siehe auch: ⇒ Unabhängigkeit von zwei Ereignissen (S. 148)

Systematisches Zählen (Ergänzung)

Grundaufgaben der Kombinatorik

Wie viele Möglichkeiten es gibt, von n verschiedenen Objekten k Objekte auszuwählen, hängt einerseits davon ab, ob ein bereits gewähltes Objekt ein weiteres Mal gewählt werden darf, und andererseits davon, ob verschiedene Anordnungen der ausgewählten Objekte unterschieden werden sollen oder nicht. Das führt auf die vier Grundaufgaben der Kombinatorik, die besonders anschaulich im Urnenmodell formuliert werden können:

Anzahl der möglichen Ergebnisse beim **Ziehen von k Kugeln aus einer Urne mit n Kugeln** (von n verschiedenen Objekten werden k Objekte ausgewählt):

	ohne Zurücklegen ($k \leq n$) (ohne Wiederholung)	**mit Zurücklegen** (mit Wiederholung)
mit Berücksichtung der Reihenfolge (geordnete Stichprobe)	$\frac{n!}{(n-k)!}$ Spezialfall: $n!$ für $k = n$	n^k
ohne Berücksichtigung der Reihenfolge (ungeordnete Stichprobe)	$\binom{n}{k} = \frac{n!}{k!(n-k)!}$	$\binom{n+k-1}{k} = \frac{(n+k-1)!}{k! \cdot (n-1)!}$

Beispiele

(1) In einer Urne befinden sich eine gelbe, eine rote und eine blaue Kugel. Es werden zufällig zwei Kugeln mit Zurücklegen gezogen. Die Reihenfolge wird nicht berücksichtigt.

Anzahl der möglichen Ergebnisse: $\binom{3+2-1}{2} = 6$

(2) Man kann annehmen, dass es für die Geburtstage von 30 Personen (wenn man vom 29. Februar absieht) 365^{30} gleichwahrscheinliche mögliche Ergebnisse gibt (mit Berücksichtigung der Reihenfolge; mit Wiederholung). Die Anzahl der Ergebnisse, bei denen alle 30 Geburtstage verschieden sind, beträgt $\frac{365!}{(365-30)!} = 365 \cdot 364 \cdot \ldots \cdot 336$ (mit Berücksichtigung der Reihenfolge; ohne Wiederholung).

P(„alle 30 Geburtstage verschieden“) $= \frac{365 \cdot 364 \cdot \ldots \cdot 336}{365^{30}} \approx 29{,}4\,\%$

Weitere Wahrscheinlichkeitsverteilungen

Ergänzungen zur Binomialverteilung

Geometrische Verteilung
Eine Zufallsgröße X mit den Werten 1, 2, 3, … heißt **geometrisch verteilt** mit dem Parameter $p \in]0; 1[$ genau dann, wenn gilt:

$$P(X = k) = p \cdot (1 - p)^{k-1} \quad \text{für alle } k \in \mathbb{N}$$

Erwartungswert: $E(X) = \frac{1}{p}$ **Varianz:** $\operatorname{Var}(X) = \frac{1-p}{p}$

Eine Zufallsgröße, die bei einer unendlich langen ⇒ **Bernoulli-Kette** (S. 157) mit Trefferwahrscheinlichkeit p die Anzahl der Versuche bis zum ersten Treffer angibt, ist geometrisch verteilt mit dem Parameter p.

Beispiel
Die Zufallsgröße, die die Anzahl der Würfe eines Spielwürfels angibt, bis zum ersten Mal die Augenzahl 6 gewürfelt wird, ist geometrisch verteilt mit dem Parameter $p = \frac{1}{6}$. Der Erwartungswert beträgt 6, man muss also durchschnittlich sechsmal würfeln, um eine Sechs zu erhalten.

Poissonverteilung
Eine Zufallsgröße X mit den Werten 0, 1, 2, … heißt **poissonverteilt** mit dem Parameter $\mu \in \mathbb{R}^+$ genau dann, wenn gilt:

$$P(X = k) = \frac{\mu^k}{k!} \cdot e^{-\mu} \quad \text{für alle } k \in \mathbb{N}_0$$

Erwartungswert: $E(X) = \mu$ **Varianz:** $\operatorname{Var}(X) = \mu$

Für eine ⇒ **binomialverteilte** Zufallsgröße (S. 159) X, mit den Parametern n und p (also $E(X) = \mu = np$) gilt für sehr großes n und sehr kleines p näherungsweise:

$$P(X = k) \approx \frac{\mu^k}{k!} \cdot e^{-\mu} \quad k \in \{0; 1; 2; \ldots; n\}$$ **(Näherungsformel von Poisson)**

Die Poissonverteilung wird bei einer ⇒ **Bernoulli-Kette** (S. 157) verwendet, bei der die Trefferwahrscheinlichkeit p sehr klein und nicht bekannt oder n sehr groß und nicht bekannt ist.

Beispiel
Pro Tag ereignen sich in einer Region durchschnittlich 20 Autounfälle. Es lässt sich keine sinnvolle Obergrenze n für die Anzahl der möglichen Unfälle angeben, da es sehr viele Situationen gibt, in denen sich ein Unfall ereignen könnte. In jeder einzelnen Situation ist die Wahrscheinlichkeit für einen Unfall sehr gering.

Als Modell für die Anzahl der Unfälle pro Tag eignet sich eine Poissonverteilung mit dem Parameter $\mu = 20$.

Siehe auch: ⇒ Binomialverteilung (S. 159),
⇒ Näherungsformeln von Moivre-Laplace (S. 216)

Hypergeometrische Verteilung

Eine Zufallsgröße X mit den Werten 0, 1, …, n heißt **hypergeometrisch verteilt** mit den Parametern n, N und K mit $n, N, K \in \mathbb{N}_0$ sowie $n \leq N$ und $K \leq N$ genau dann, wenn gilt:

$$P(X = k) = \frac{\binom{K}{k} \cdot \binom{N-K}{n-k}}{\binom{N}{n}} \quad \text{für alle } k \in \{0, 1, \ldots, n\} \text{ mit } n - (N - K) \leq k \leq K$$

Erwartungswert: $E(X) = n \cdot \frac{K}{N}$ **Varianz:** $\mathrm{Var}(X) = n \cdot \frac{K}{N} \cdot \frac{N-K}{N} \cdot \frac{N-n}{N-1}$

Wenn von N Objekten (z. B. Kugeln), von denen K ein bestimmtes Merkmal haben (z. B. schwarz sind), n Objekte zufällig ausgewählt werden (ohne Zurücklegen), ist die Zufallsgröße, die unter den ausgewählten Objekten die Anzahl der Objekte mit diesem Merkmal angibt, hypergeometrisch verteilt mit den Parametern n, N und K.

Beispiel
Bei einem Tipp für die Ziehung der Lottozahlen 6 aus 49 werden von $N = 49$ Zahlen $K = 6$ Zahlen getippt. Anschließend werden bei der Ziehung von den 49 Zahlen $n = 6$ Zahlen zufällig ausgewählt. Die Zufallsgröße, die angibt, wie viele getippte Zahlen gezogen werden, ist hypergeometrisch verteilt mit den Parametern $n = 6$, $N = 49$ und $K = 6$.

Siehe auch: ⇒ Urnenmodelle, S. 155

Ist n wesentlich kleiner als N, ändert sich der Anteil $p = \frac{K}{N}$ der Objekte mit einem bestimmten Merkmal bei der Auswahl von n Objekten kaum, und die Wahrscheinlichkeiten beim Auswählen ohne bzw. mit Zurücklegen unterscheiden sich wenig. In diesem Fall lässt sich die hypergeometrische Verteilung durch die ⇒ **Binomialverteilung** $B(n; p)$ (S. 159) annähern.

Siehe auch: ⇒ Urnenmodelle, S. 156

Tschebyschew'sche Ungleichung

Ist X eine Zufallsgröße mit Erwartungswert $E(X)$ und Varianz $\mathrm{Var}(X)$, dann gelten für jede Zahl $\varepsilon > 0$ die **Tschebyschew'schen Ungleichungen:**

$$P(|X - E(X)| \geq \varepsilon) \leq \frac{\mathrm{Var}(X)}{\varepsilon^2}$$

$$P(|X - E(X)| > \varepsilon) < \frac{\mathrm{Var}(X)}{\varepsilon^2}$$

$$P(|X - E(X)| \leq \varepsilon) > 1 - \frac{\mathrm{Var}(X)}{\varepsilon^2}$$

$$P(|X - E(X)| < \varepsilon) \geq 1 - \frac{\mathrm{Var}(X)}{\varepsilon^2}$$

Mit den Tschebyschew'schen Ungleichungen lässt sich die Wahrscheinlichkeit, dass eine Zufallsgröße um mindestens (höchstens) ε vom Erwartungswert abweicht, grob nach oben (nach unten) abschätzen.

Eine Anwendung der Tschebyschew'schen Ungleichungen auf die Zufallsgröße h_n, die die relative Häufigkeit der Erfolge in einer ⇒ Bernoulli-Kette (S. 157) mit den Parametern n und p angibt, liefert für jede Zahl $\varepsilon > 0$:

$$\lim_{n \to \infty} P(|h_n - p| < \varepsilon) = 1$$

(Bernoullisches Gesetz der großen Zahlen)

Stochastik

Stetige Zufallsgrößen und Normalverteilung

Eine Zufallsgröße X heißt **stetig**, wenn es eine Dichtefunktion f (siehe rechts) gibt, sodass für alle $a, b \in \mathbb{R}$ gilt:

$$P(a \leq X \leq b) = \int_a^b f(x)\,\mathrm{d}x$$

Eine auf $\mathbb{R}$ integrierbare Funktion f heißt **Dichtefunktion**, wenn gilt:

(1) $f(x) \geq 0$ für alle $x \in \mathbb{R}$

(2) $\int_{-\infty}^{\infty} f(x)\,\mathrm{d}x = 1$

Für die **Verteilungsfunktion *F*** von X gilt: $F(x) = P(X \leq x) = \int_{-\infty}^{x} f(t)\,\mathrm{d}t$

Eine stetige Zufallsgröße kann überabzählbar viele Werte annehmen, z. B. alle Zahlen in einem Intervall oder sogar alle reellen Zahlen.
Für eine stetige Zufallsgröße X mit Dichtefunktion f wird definiert, falls die Integrale existieren:

Erwartungswert:

$$\mu = E(X) = \int_{-\infty}^{\infty} x \cdot f(x)\,\mathrm{d}x$$

Varianz:

$$\mathrm{Var}(X) = \int_{-\infty}^{\infty} (x-\mu)^2 \cdot f(x)\,\mathrm{d}x$$

Normalverteilung
Eine stetige Zufallsgröße X heißt **normalverteilt** mit den Parametern $\mu \in \mathbb{R}$ und $\sigma^2 \in \mathbb{R}^+$, wenn für die zugehörige **Dichtefunktion** gilt:

$$f(x) = \frac{1}{\sqrt{2\pi}\,\sigma} e^{-\frac{(x-\mu)^2}{2\sigma^2}}$$

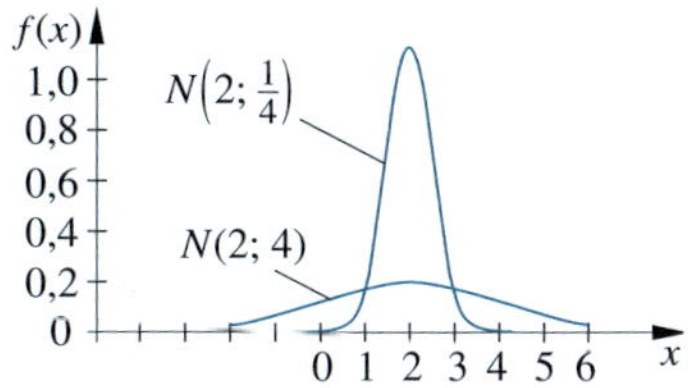

Man schreibt $X \sim N(\mu; \sigma^2)$.

Erwartungswert: $E(X) = \mu$
Varianz: $\mathrm{Var}(X) = \sigma^2$

Eine normalverteile Zufallsgröße $X \sim N(0; 1)$ mit Erwartungswert $\mu = 0$ und Varianz $\sigma^2 = 1$ heißt **standardnormalverteilt**.

Dichtefunktion:

$$\varphi(x) = \frac{1}{\sqrt{2\pi}} e^{-\frac{x^2}{2}}$$

Verteilungsfunktion:

$$\Phi(x) = \frac{1}{\sqrt{2\pi}} \int_{-\infty}^{x} e^{-\frac{t^2}{2}}\,\mathrm{d}t$$

φ wird als **Gauß-Funktion** und **Φ** als **Gauß'sche Integralfunktion** bezeichnet.

Es gilt: $\Phi(-x) = 1 - \Phi(x)$

Die Funktion Φ ist nicht explizit darstellbar. Für die Bestimmung von Funktionswerten und Argumenten gibt es Tabellen. Auch manche Taschenrechner sind dazu in der Lage.

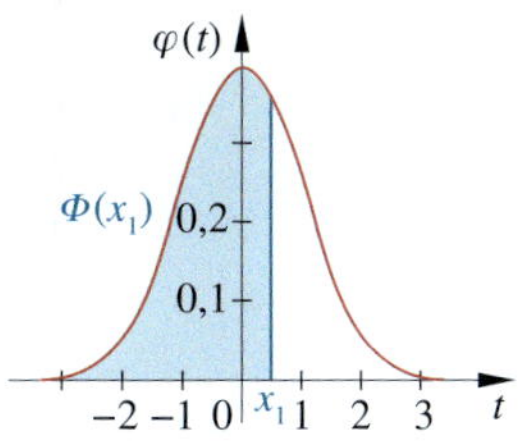

Die **Berechnung von Wahrscheinlichkeiten** kann bei jeder normalverteilten Zufallsgröße $X \sim N(\mu;\ \sigma^2)$ mit der Gauß'schen Integralfunktion Φ erfolgen, da die zugehörige **standardisierte** Zufallsgröße $\frac{X-\mu}{\sigma}$ standardnormalverteilt ist (**„Zentraler Grenzwertsatz“** oder „Grenzwertsatz von Moivre-Laplace“):

$$P(X \le x) = P\left(\frac{X-\mu}{\sigma} \le \frac{x-\mu}{\sigma}\right) = \Phi\left(\frac{x-\mu}{\sigma}\right) \quad \text{für alle } x \in \mathbb{R}$$

$$P(a \le X \le b) = P\left(\frac{a-\mu}{\sigma} \le \frac{X-\mu}{\sigma} \le \frac{b-\mu}{\sigma}\right) = \Phi\left(\frac{b-\mu}{\sigma}\right) - \Phi\left(\frac{a-\mu}{\sigma}\right) \quad \text{für alle } a, b \in \mathbb{R}$$

Für **σ-Umgebungen** von μ gilt z. B.: $P(\mu - 1\,\sigma \le X \le \mu + 1\,\sigma) \approx 68{,}3\,\%$
$P(\mu - 2\,\sigma \le X \le \mu + 2\,\sigma) \approx 95{,}5\,\%$
$P(\mu - 3\,\sigma \le X \le \mu + 3\,\sigma) \approx 99{,}7\,\%$

Beispiel
Die Körpergröße X in cm ist bei einer Gruppe junger Männer normalverteilt mit Erwartungswert 180 und Standardabweichung $\sigma = 8$.

Für die Wahrscheinlichkeit, dass die Körpergröße bei einer zufällig ausgewählten Person der Gruppe im Bereich von 170 cm bis 190 cm liegt, ermittelt man mit obigen Formeln und mithilfe einer *Tabelle zur Normalverteilung*:

$$P(170 \le X \le 190) = \Phi\left(\frac{190-180}{8}\right) - \Phi\left(\frac{170-180}{8}\right) = \Phi(1{,}25) - \Phi(-1{,}25)$$
$$= \Phi(1{,}25) - (1 - \Phi(1{,}25)) = 2 \cdot \Phi(1{,}25) - 1 \approx 78{,}9\,\%$$

Stochastik

Näherungsformeln von Moivre-Laplace
Für eine ⇒ **binomialverteilte** Zufallsgröße (S. 159) X mit den Parametern n und p (also mit $E(X) = \mu = np$ und $\sigma^2 = np(1-p)$), welche die **Laplace-Bedingung** $\sigma^2 > 9$ erfüllt, gilt näherungsweise $X \sim N(\mu,\ \sigma^2)$. Dann gelten die folgenden **Näherungsformeln von Moivre-Laplace**, die häufig verwendet werden, wenn bei großem n die exakte Berechnung der Wahrscheinlichkeiten zu aufwändig ist.

$$P(X = k) \approx \frac{1}{\sigma}\varphi\left(\frac{k-\mu}{\sigma}\right) \qquad P(X \le k) \approx \Phi\left(\frac{k-\mu+0{,}5}{\sigma}\right) \quad \text{für } k \in \{0;\ 1;\ \ldots;\ n\}$$

$$P(a \le X \le b) \approx \Phi\left(\frac{b-\mu+0{,}5}{\sigma}\right) - \Phi\left(\frac{a-\mu-0{,}5}{\sigma}\right) \quad \text{für } a, b \in \mathbb{R}$$

(Der Summand $\pm 0{,}5$ in den Formeln wird als **Stetigkeitskorrektur** bezeichnet.)

Testen von Hypothesen (Ergänzung)

Zweiseitiger Signifikanztest

Beim **zweiseitigen Signifikanztest zum Signifikanzniveau α** soll eine Vermutung, dass p von einem bestimmten Wert p_0 abweicht, überprüft werden.

H_0: $p = p_o$ H_1: $p \neq p_o$

Entscheidungsregel: $K_1 < X < K_2 \rightarrow H_0$ $X \leq K_1$ oder $X \geq K_2 \rightarrow H_1$

Ablehnungsbereich: $\{0; 1; \ldots; K_1\} \cup \{K_2; K_2 + 1; \ldots; n\}$

Üblicherweise wählt man als sogenannte **kritische Zahl K_1** die **größte** ganze Zahl, für die bei $p = p_0$ gilt: $P(X \leq K_1) = P^n_{p_0}(X \leq K_1) \leq \frac{\alpha}{2}$,

und als **kritische Zahl K_2** die **kleinste** ganze Zahl, für die bei $p = p_0$ gilt:

$$P(X \geq K_2) = 1 - P^n_{p_0}(X \leq K_2 - 1) \leq \frac{\alpha}{2}$$

Beispiel
An einer Stichprobe von 50 Würfen soll zu einem Signifikanzniveau von 5 % getestet werden, ob bei einem Spielwürfel die Augenzahl 6 mit der Wahrscheinlichkeit $\frac{1}{6}$ gewürfelt wird. Die Prüfgröße X gibt die Anzahl der Sechsen in der Stichprobe an. Sie ist binomialverteilt wie $B(50; p)$.

Nullhypothese H_0: $p = \frac{1}{6}$ Gegenhypothese H_1: $p \neq \frac{1}{6}$

Die kritische Zahlen sind $K_1 = 3$ und $K_2 = 15$, da für $p = \frac{1}{6}$ gilt:

$P(X \leq 3) = P^{50}_{\frac{1}{6}}(X \leq 3) \approx 0{,}0238 < 2{,}5\,\%$

$P(X \geq 15) = 1 - P^{50}_{\frac{1}{6}}(X \leq 14) \approx 0{,}0138 < 2{,}5\,\%$

$P(X \leq 4) = P^{50}_{\frac{1}{6}}(X \leq 4) \approx 0{,}0643 > 2{,}5\,\%$

$P(X \geq 14) = 1 - P^{50}_{\frac{1}{6}}(X \leq 13) \approx 0{,}0307 > 2{,}5\,\%$

Der Ablehnungsbereich von H_0 ist $\{0; 1; 2; 3\} \cup \{15; 16; \ldots; 50\}$.
Erhält man bei 50 Würfen höchstens 3 oder mindestens 15 Sechsen, ist dies bei einem Signifikanzniveau von 5 % signifikant dafür, dass der Würfel gezinkt ist.

Stichwortverzeichnis

H

I

K

L

M

N

T

U